高等教育新形态融媒体教材

操作系统

主编　王红玲　褚晓敏　李映

中国教育出版传媒集团
高等教育出版社·北京

图书在版编目(CIP)数据

操作系统/王红玲，褚晓敏，李映主编. --北京：高等教育出版社，2024.1
ISBN 978-7-04-060083-4

Ⅰ.①操… Ⅱ.①王… ②褚… ③李… Ⅲ.①操作系统-高等教育-自学考试-自学参考资料 Ⅳ.①TP316

中国国家版本馆 CIP 数据核字(2023)第 036177 号

CAOZUO XITONG

策划编辑 袁 畅　　责任编辑 袁 畅　　封面设计 王 洋　　版式设计 童 丹
责任绘图 于 博　　责任校对 吕红颖　　责任印制 赵义民

出版发行	高等教育出版社	网　　址	http://www.hep.edu.cn
社　　址	北京市西城区德外大街4号		http://www.hep.com.cn
邮政编码	100120	网上订购	http://www.hepmall.com.cn
印　　刷	北京中科印刷有限公司		http://www.hepmall.com
开　　本	787mm×1092mm 1/16		http://www.hepmall.cn
印　　张	16.5		
字　　数	390千字	版　　次	2024年1月第1版
购书热线	010-58581118	印　　次	2024年1月第1次印刷
咨询电话	400-810-0598	定　　价	58.00元

本书如有缺页、倒页、脱页等质量问题，请到所购图书销售部门联系调换

物 料 号 60083-00

目　录

第 1 章　操作系统引论

本章导读

一个完整的计算机系统由硬件和软件组成。硬件是软件得以建立和开展活动的基础，而软件则是对硬件功能的扩充。操作系统是配置在计算机硬件上的第一层软件，是现代计算机系统中最基本和最重要的系统软件。本章对操作系统做一个概要性的介绍，使读者能够对操作系统有一个整体上的了解和认识。通过分别介绍操作系统的定义、地位、特征和功能，使读者了解操作系统的概念。本章在介绍了目前常用的几种操作系统的体系结构后，按照时间顺序介绍了操作系统的发展历史和类型。最后，本章简要讨论了几种操作系统的结构设计。

本章知识导图如图 1-1 所示，读者也可通过扫描二维码观看本章学习思路讲解视频。

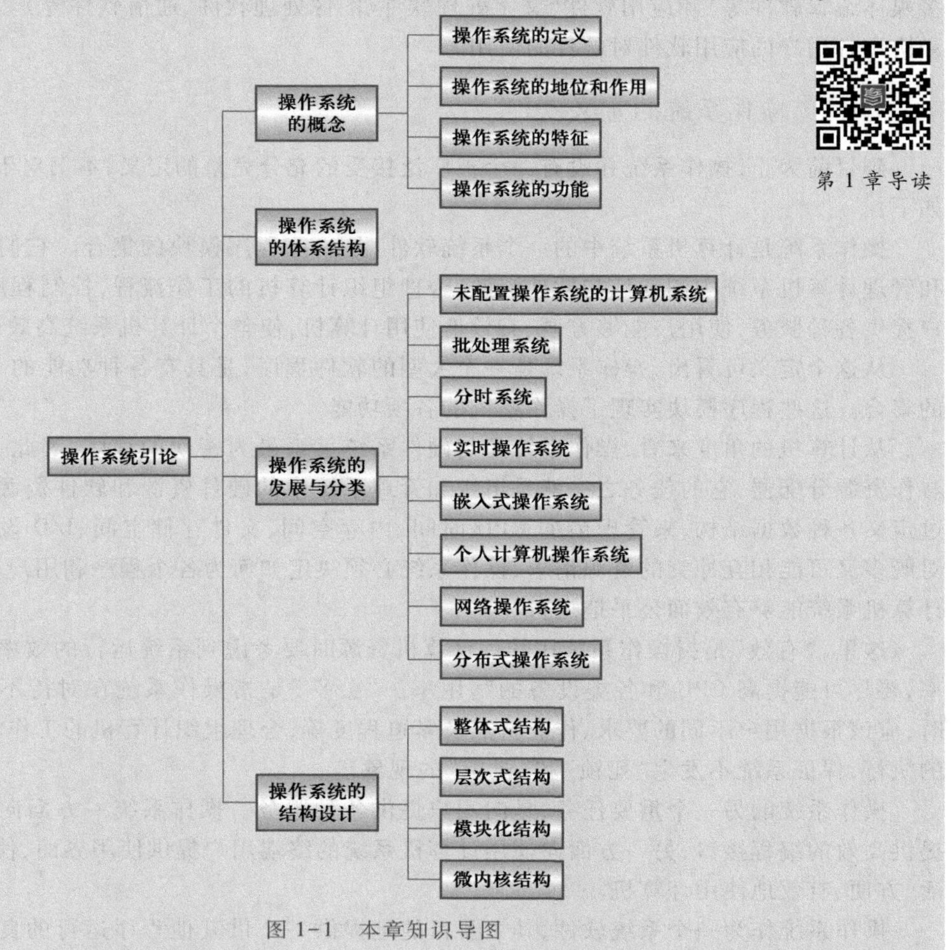

图 1-1　本章知识导图

1.1　操作系统的概念

操作系统的概念

操作系统几乎是所有计算机系统的一个重要组成部分。此处的计算机系统是指数字电子计算机系统，它是一种可以按照用户要求接收和存储信息、自动进行数据处理并输出信息的系统。

计算机系统由硬件（子）系统和软件（子）系统组成。硬件系统是计算机系统赖以工作的实体，也是软件系统得以建立和活动的基础。软件系统保证了计算机系统按用户要求协调工作，也是对硬件功能的扩充。因此，计算机系统的资源包括了硬件资源和软件资源两大类。

硬件系统由中央处理器（CPU，简称处理器）、内存储器（又称主存）、外存储器（磁盘、磁带等）和各类输入/输出设备（键盘、鼠标、显示器、打印机等）组成，硬件系统提供基本的计算资源。软件系统包括系统软件（操作系统、编译程序等）、支撑软件（数据库管理软件、网络软件、多媒体编辑软件等）和应用软件（文字处理软件、图像处理软件、通信软件等）。操作系统控制和协调各用户的应用软件对硬件的使用。

1.1.1　操作系统的定义

到目前为止，操作系统并没有一个被广泛接受的充分完整的定义，本书对于操作系统定义如下：

操作系统是计算机系统中的一个系统软件，是一些程序模块的集合。它们能够有效组织和管理计算机系统中的硬件与软件资源，合理组织计算机的工作流程，控制程序的执行；向用户提供各种服务，使用户能够方便、有效地使用计算机，使整个计算机系统高效运行。

从这个定义可看出，操作系统是一个大型的软件程序，是具有各种功能的、大量程序模块的集合。这些程序模块实现了操作系统的各项功能。

从计算机的角度来看，操作系统是与硬件系统关系最为密切的程序，因此，操作系统可以看作资源分配器，它的任务之一就是组织和管理系统中的硬件资源和软件资源。操作系统通过定义各种数据结构，来管理诸如 CPU 时间、内存空间、文件存储空间、I/O 设备等资源。面对既多又可能相互冲突的资源请求，操作系统必须决定如何为各个程序和用户分配资源，以便计算机系统能够有效而公平地运行。

这里，“有效”是指操作系统在管理计算机资源时要考虑到系统运行的效率和资源的利用率，要尽可能提高 CPU 和各类设备的利用率。“公平”是指操作系统在对待不同的用户程序时，应该根据用户不同的要求、作业特点及紧迫程度等，合理组织计算机的工作流程，控制程序的执行，保证系统不发生“死锁”和“饥饿”的现象。

操作系统的另一个重要任务，是向用户提供各种服务。操作系统一方面向程序开发人员提供高效的编程接口；另一方面向使用计算机系统的终端用户提供使用界面，使得用户能够灵活、方便、有效地使用计算机。

操作系统作为一个系统软件，其主要目的是提供一个供其他程序运行的良好环境，因此，它有两个主要的设计目标：

从用户观点看,操作系统应能使计算机系统使用方便。绝大部分的计算机用户希望能够方便地使用计算机资源,并优化所进行的工作。因此,操作系统的设计目的主要是为了用户使用方便。

从系统观点看,操作系统应能使计算机系统高效地工作。操作系统扩充了硬件的功能,使硬件功能发挥更好,并尽可能地提高中央处理器和其他设备的利用率。

"方便"和"高效"这两个目标有时是相互矛盾的。为求方便使用,可能要牺牲效率;同样,为了保证效率,可能会影响使用的方便性。早期,高效比方便更为重要,因此许多操作系统理论主要集中在如何优化计算资源的使用上。随着时间的推移,操作系统不断发展,硬件不断更新,使得操作系统不但高效也更方便用户使用。在设计操作系统时应根据计算机系统的功能和服务对象,权衡方便性和高效性,做出决策。

1.1.2 操作系统的地位和作用

操作系统在计算机系统中占据着非常重要的地位,它在计算机用户与计算机硬件之间起着中介的作用。用户和其他软件只有在操作系统的控制下,才能够使用各类计算机资源。也只有在操作系统的支撑下,其他的支撑软件和应用软件才能取得运行条件。

我们可以从资源管理、人机交互及资源抽象等不同方面来分析操作系统在计算机系统中所起的作用。

1. 操作系统是计算机系统资源的管理者

计算机系统资源包含多种硬件和软件资源,归纳起来可将这些资源分为4类:处理器、存储器、I/O设备以及信息(数据和程序)。相应地,操作系统的主要功能也正是对这4类资源进行有效的管理。处理器管理负责处理器的分配与控制;存储器管理负责内存的分配与回收;I/O设备管理负责I/O设备的分配(回收)与操纵;文件管理负责文件存取、共享与保护等的实现。可见,操作系统的确是计算机系统资源的管理者。

2. 操作系统通过接口为用户提供各种服务

操作系统位于用户与计算机硬件系统之间,它通过接口来为用户提供各种服务;用户通过操作系统来使用计算机硬件系统,或者说,用户在操作系统的帮助下能够方便、快捷、可靠地操纵计算机硬件和执行自己的程序。

3. 操作系统实现了对计算机资源的抽象

对于一台完全无软件的计算机系统(即裸机),由于它向用户提供的仅是硬件接口(物理接口),用户必须对物理接口的实现细节有充分的了解,这致使该物理机器难以被用户方便地使用。安装操作系统后,用户不需要直接使用该物理机器,而是通过操作系统提供的各种手段来控制和使用计算机。因此,操作系统实现了对计算机资源的抽象,把原来的物理机器扩充为功能强大、使用方便的计算机,我们把这种计算机称为虚拟机。虚拟机向用户提供了一个可以对硬件进行操作的抽象模型。用户可利用该模型提供的接口使用计算机,而无须了解物理接口实现的细节,从而可以更容易地使用计算机资源。

1.1.3 操作系统的特征

与其他软件相比,操作系统作为系统软件,具有如下特征。

1. 并发性

并发性是指在计算机系统中同时存在着多个运行着的程序,从宏观上看,这些程序是同时在向前推进的,但从微观上看,在单处理器环境下,这些程序是在处理器上交替运行的。

计算机程序的并发性体现在两个方面:用户程序与用户程序之间并发执行;用户程序与操作系统之间并发执行。正是系统中的程序能并发执行,才使得操作系统能有效地提高系统中资源的利用率,增加系统的吞吐量。

并行与并发,是既相似又有区别的两个概念。并行是指两个或多个事件在同一时刻发生,这是一个微观上的概念,即在物理上这些事件是同时发生的。而并发是指两个或多个事件在同一时间间隔内发生,这是一个宏观上的概念。可以说,并行的若干事件一定是并发的,反之则不真。在多道程序环境下,并发是指在一段时间内宏观上有多个程序在同时运行;但在单处理器系统中,每一时刻仅能有一道程序执行,故微观上这些程序只能分时交替执行。

如果在计算机系统中有多个处理器,这些可以并发执行的程序,便可被分配到多个处理器上实现并行执行,即利用每个处理器来处理一个可并发执行的程序。这样,多个程序便可同时执行。在分布式系统中,多个计算机的并存,使得程序的并发特征得到更充分的体现,因为在每个计算机上都可以有程序执行,而系统的多个计算机则共同构造了程序并发执行的图景。

2. 共享性

共享性是指系统中的各种资源可供内存中多个并发执行的程序共同使用。这种资源的共享,其管理比较复杂,因为系统中的资源远少于多道程序需求的总和,这就会造成它们对共享资源的争夺。因此,系统必须对共享资源进行妥善管理。共享的资源主要包括:中央处理器、内存储器、辅助存储器(外存储器)和外部设备。

由于资源属性的不同,程序对资源共享的方式也不同,目前实现资源共享的主要方式有如下两种。

(1) 互斥共享。

系统中的某些资源,如打印机、扫描仪等,虽然它们可以提供给多个用户程序使用,但应规定在一段时间内只允许一个程序访问该资源。

例如,当程序 A 要访问某资源时,必须先提出请求。若此时该资源空闲,系统便可将其分配给请求程序 A 使用。此后若再有其他程序也要访问该资源,则只要程序 A 未用完,其他程序就必须等待。仅当程序 A 访问完并释放后,才允许另一程序对该资源进行访问。我们把这种在一段时间内只允许一个进程访问的资源称为临界资源(或独占资源)。系统中的大多数物理设备以及栈、变量和表格等系统数据,都属于临界资源,都只能被互斥地共享。为此,在系统中必须建立某种机制,以保证各程序互斥地使用临界资源。

(2) 同时共享。

系统中还有另一类资源,允许在一段时间内由多个程序"同时"对它们进行访问。这里所谓的"同时",在单处理器环境下是宏观意义上的;而在微观上,这些程序对该资源的访问是交替进行的。典型的可供多个程序"同时"访问的资源是磁盘设备。一些用可重入代码编写的文件也可以被"同时"共享,即允许若干个用户同时访问该文件。

并发和共享是多用户(多任务)操作系统的两个最基本的特征。它们互为对方存在的条件,即一方面,资源共享是以程序的并发执行为条件的,若系统不允许并发执行,也就不存在资源共享问题；另一方面，若系统不能对资源共享实施有效管理，以协调好各程序对共享资源的访问，也必然会影响到各程序间并发执行的程度，甚至根本无法并发执行。

3. 虚拟性

虚拟性指的是在操作系统中通过某种技术将一个物理实体变为若干个逻辑上的对应物。前者是实的，即实际存在的；后者是虚的，是用户感觉上的东西，如虚拟处理机、虚拟打印机、虚拟内存等。相应地，把用于实现虚拟的技术称为虚拟技术。操作系统使用虚拟技术将少量的物理资源变成比物理资源多的逻辑资源，使共享资源的每个用户都感觉到自己独占了系统资源。

4. 异步性

并发程序以不可预知的速度向前推进。对于内存中的每个程序，在何时能获得处理器并运行，何时又因提出某种资源请求而暂停，以及以怎样的速度向前推进，每道程序总共需要多少时间才能完成等，都是不可预知的。系统中什么时候会出现需要特殊处理的事件，如键盘中断、鼠标中断等也是随机的、不可预知的。但是，这并不意味着操作系统不能很好地控制资源的使用和程序的运行，在进行操作系统设计和实现时需要充分考虑各种各样的可能性。因此，异步运行方式是允许的，而且是操作系统的一个重要特征。

1.1.4 操作系统的功能

引入操作系统的主要目的，是为程序的运行提供良好的运行环境，以保证多道程序能有条不紊地、高效地运行，并能最大限度地提高系统中各种资源的利用率和方便用户的使用。为此，操作系统应具有进程管理、存储管理、文件管理和设备管理等基本功能。此外，为了方便用户使用操作系统，还须向用户提供方便的用户接口。

1. 进程管理

处理器是计算机系统中最重要的硬件资源。为了提高处理器的利用率，现代操作系统都采用了多道程序技术。为了描述多道程序的并发执行，操作系统引入了进程的概念。所谓进程，是指在系统中能独立运行并能作为资源分配对象的基本单位，它是由一组机器指令、数据和堆栈等组成的，是一个能独立运行的活动实体。在一个未引入进程的系统中，同属于一个应用程序的计算程序和 I/O 程序只能顺序执行，但在为计算程序和 I/O 程序分别建立一个进程后，这两个进程便可并发执行。若对内存中的多个程序都分别建立一个进程，那它们就可以并发执行，这样便能极大地提高系统资源的利用率，也能增加系统的吞吐量。

在多道程序系统中，处理器的分配和运行都以进程为基本单位，因而对处理器的管理可归结为对进程的管理。进程管理的主要功能有：创建和撤销进程，对各进程的运行进行协调，实现进程之间的信息交换，以及按照一定的算法把处理器分配给进程。

（1）进程控制。

在多道程序环境下，进程是操作系统进行资源分配的单位，在进程被创建时，系统要为之分配必要的资源。当进程运行结束时，应立即撤销该进程，以便能及时回收该进程所占用的各类资源。在设置了线程的操作系统中，进程控制还应包括为一个进程创建若干个线程，以提高系统的并发性。因此，进程控制的主要功能是：创建进程、撤销（终止）已结束的进程，以及控制进程在运行过程中的状态转换。

（2）进程同步。

多个进程是以异步方式运行的，它们以不可预知的速度向前推进。为使多个进程能有条不紊地运行，系统中必须设置相应的进程同步机制。该机制的主要任务是对多个进程（含线程）的运行进行协调，有两种协调方式：① 进程互斥，指各进程在对临界资源进行访问时，应采用互斥方式；② 进程同步，指在相互合作以完成共同任务的各进程间，由同步机构对它们的执行次序加以协调。用于实现进程互斥的最简单的机制是，为每个临界资源配置一把锁，当锁打开时，进程可以对该临界资源进行访问；而当锁关上时，则禁止进程访问该临界资源。在实现进程同步时，最常用的机制是信号量机制。有关进程互斥与同步的内容将在第 5 章详细讲述。

（3）进程通信。

当有一组相互合作的进程在完成一个共同的任务时，它们之间往往需要交换信息。例如，有 3 个相互合作的进程，即输入进程、计算进程和打印进程。其中，输入进程负责将所输入的数据传送给计算进程；计算进程利用输入数据进行计算，并把计算结果传送给打印进程；最后由打印进程把计算结果打印出来。进程通信的任务是实现相互合作进程之间的信息交换。

（4）调度。

在传统操作系统中，调度包括进程调度和作业调度两步。进程调度：进程调度的任务是按照一定的算法，从进程的就绪队列中选出一个进程，将处理器分配给它，并为其设置运行现场，使其投入运行。作业调度：作业调度的基本任务是按照一定的算法，从后备队列中选择若干个作业，为它们分配运行所需的资源；在将这些作业调入内存后，分别为它们建立进程，使它们都成为可能获得处理器的就绪进程，并将它们插入就绪队列。

2. 存储管理

存储管理的主要任务是管理计算机的内存资源，即为多道程序的运行提供良好的环境，提高存储器的利用率，方便用户使用，并能从逻辑上扩充内存。为此，存储管理应实现内存的分配与回收、存储保护、地址映射和内存扩充等功能。

（1）内存的分配与回收。

操作系统需要为每个进程分配内存空间，并且在分配的过程中还要尽可能提高内存资源的使用率。因此内存分配的主要任务是：为每道程序分配内存空间，使它们“各得其所”；提高存储器的利用率，尽量减少不可用的内存空间（碎片）；允许正在运行的程序申请附加的内存空间，以适应程序和数据动态增长的需要。

内存是有限的资源，随着系统运行，内存会被逐渐消耗。因此当程序运行完毕，需要将其所占用的内存及时回收或释放，以提高系统内存资源的利用率。内存回收的任务就是回收程序所占用的内存，并根据当前的内存管理算法将回收的内存经过处理放入对应的管理数据结构中，供下次分配使用。

（2）存储保护。

内存是供多个程序共享的，在理想情况下，每道程序应该在分配给自己的内存空间中运行。但由于各种原因，有可能会发生某道程序越界的情况。因此，为了确保每道程序都只在自己的内存空间中运行，必须设置内存保护机制。内存保护的主要任务是：确保每道用户程序都仅在自己的内存空间中运行，彼此互不干扰；绝不允许用户程序访问操作系统的代码和数据，也不允许其转移到非共享的其他用户程序的内存空间中去执行。

统一起构成了基本的操作系统结构，它们使用户可以运行程序、管理文件并使用系统。

1. Linux 内核

Linux 内核是操作系统的核心，具有很多基本功能，负责管理系统的进程、内存、设备驱动程序、文件和网络系统，决定着系统的性能和稳定性。Linux 内核有如下功能：内存管理、进程管理、设备驱动程序、文件系统和网络管理等，如图 1-5 所示。

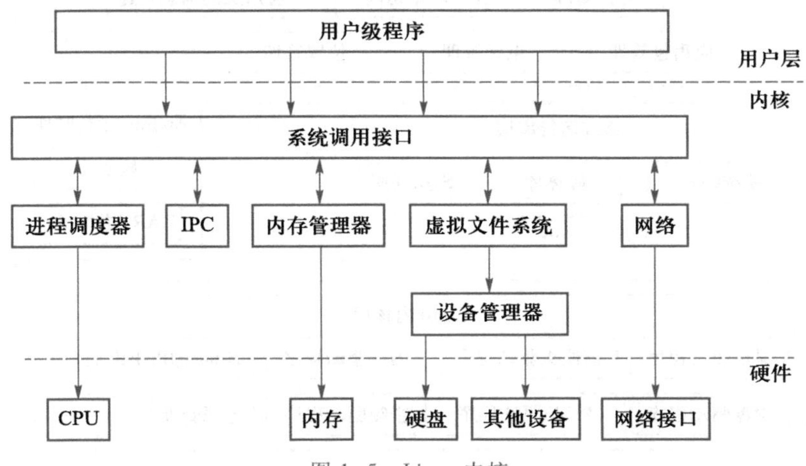

图 1-5 Linux 内核

2. Linux shell

shell 是系统的用户界面，提供了用户与内核进行交互操作的一种接口。其接收用户输入的命令并把命令送入内核去执行，是一个命令解释器。另外，shell 还支持 shell 编程语言，该语言具有普通编程语言的很多特点，用这种编程语言编写的 shell 程序与其他应用程序具有同样的功能。

3. Linux 文件系统

文件系统是在存储设备上组织文件的方法，负责管理和存储文件信息。Linux 系统使用虚拟文件系统，可以支持多种目前流行的文件系统，如 EXT2、EXT3、EXT4、VFAT、ISO9660 等。

4. Linux 应用程序

Linux 应用程序是指运行在标准 Linux 系统下的一组程序集合，包括文本编辑器、编程语言、X window、办公套件、网络工具、数据库软件等。

1.2.4 Android 操作系统的体系结构

Android（安卓）操作系统是一种基于 Linux 内核的自由及开放源代码的操作系统，主要用于移动设备，如智能手机和平板计算机。该系统因具有开放性和可移植性，所以目前被广泛应用于各种电子产品中。

Android 操作系统采用了分层架构，其系统结构如图 1-6 所示。从系统结构图看，Android 分为 4 层，从高层到低层分别是应用程序层、应用程序框架层、系统运行库层和 Linux 内核层。

1. 应用程序层

Android 系统与一系列核心应用程序包一起发布，该应用程序包包括 E-mail 客户端、SMS

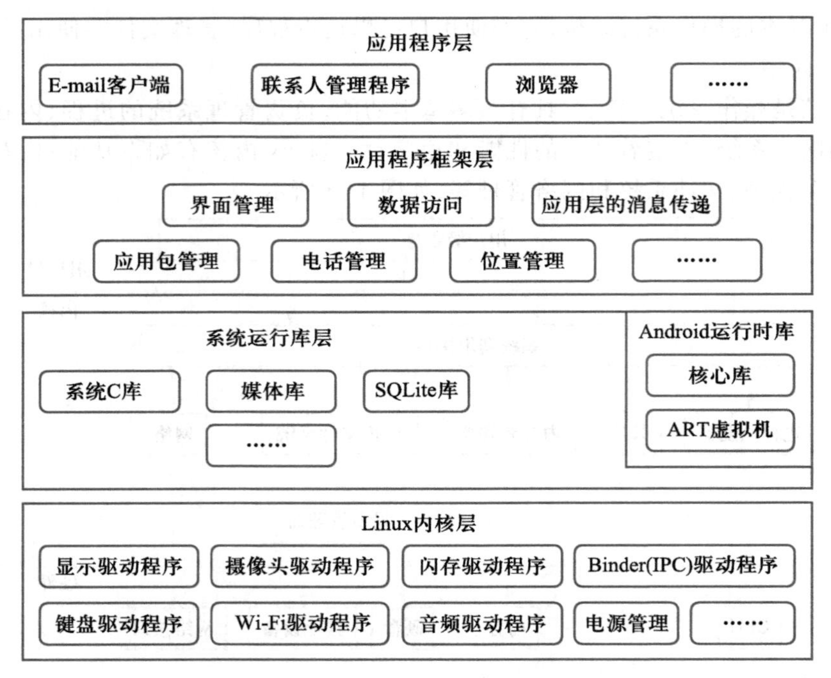

图 1-6　Android 系统结构图

短消息程序、日历、地图、联系人管理程序、浏览器等。所有的应用程序都是使用 Java 语言编写的。

2. 应用程序框架层

应用程序框架为应用程序开发人员提供了用以访问核心功能的 API 框架，由 Java 编写。该应用程序的架构设计简化了组件的重用；在遵循框架安全性限制的前提下，任何一个应用程序都可以发布它的功能模块，并且任何其他的应用程序都可以使用其所发布的功能模块。应用程序框架层提供了各种服务和管理工具，包括了应用程序开发所需的界面管理、数据访问、应用层的消息传递、应用包管理、电话管理、位置管理等。

3. 系统运行库层

系统运行库层分为两个部分：C/C++程序库和 Android 运行时库。

Android 系统包含一些 C/C++库，这些库能被 Android 系统中不同的组件使用。它们通过 Android 应用程序框架为开发者提供服务，如系统 C 库、媒体库、SQLite 库等。

Android 运行时库分为核心库和 ART 虚拟机（Android 5.0 系统之后，Dalvik 虚拟机被 ART 虚拟机取代）。核心库提供了 Java 编程语言核心库的大多数功能。运行时，将.class 文件通过编译器编译为更加紧凑的.dex 文件，然后由虚拟机执行。

4. Linux 内核层

由于 Android 基于不同版本的 Linux 内核，因此它能提供多种核心系统服务，如安全、内存管理、进程管理、网络堆栈、驱动模型。除了标准的 Linux 内核外，Android 还增加了内核的驱动程序，如 Binder（IPC）驱动程序、显示驱动程序、电源管理等。同时，Linux 内核层也作为硬件和软件之间的抽象层,被称为硬件抽象层(HAL)。它隐藏具体硬件细节而为上层提供统一的服务。HAL 包含多个库模块,每个模块都为特定类型的硬件组件实现一组接口,比如 Wi-Fi/蓝牙模块。

1.3 操作系统的发展与分类

操作系统是在解决计算机系统所面临的问题中产生的,有其产生、成长和发展的过程。操作系统的许多概念,都是在操作系统发展过程中出现并逐步得到完善的。操作系统的发展从时间顺序上经历了从无操作系统到单道批处理系统、多道程序系统(多道批处理系统、分时系统)的发展过程。随着计算机应用领域的扩大和计算机体系结构的变化,又出现了实时操作系统、个人计算机操作系统、嵌入式操作系统、网络操作系统和分布式操作系统。按照用户界面的使用环境和功能特征的不同,一般可以把操作系统分为 3 种基本类型:批处理系统、分时系统和实时系统。本节在介绍操作系统发展过程的基础上,简要介绍和分析不同类型的操作系统。

操作系统类型

1.3.1 未配置操作系统的计算机系统

第一代计算机(1946—1955 年)使用电子管作为主要的电子器件,用插件板上的硬连线或穿孔卡片表示程序,没有用来存储程序的内存,程序设计全部采用机器语言,没有程序设计语言(甚至没有汇编语言),当然也没有操作系统。

以 1946 年诞生于宾夕法尼亚大学的第一台实用电子计算机“埃尼阿克(ENIAC)”为例,它没有真正的内存,只有 20 个字节的寄存器用来存储数字。每个字节 10 位,也就是只有 200 位的存储容量,无法支持存储程序。在一个程序员上机期间,整台计算机连同附属设备全被其占用。程序员兼职操作员,效率低下。其特点是手工操作、独占计算机。

1.3.2 批处理系统

依据系统的复杂程度和出现时间的先后,批处理系统可以分为简单(单道)批处理系统和多道批处理系统。

1. 单道批处理系统

第二代计算机(1955—1965 年)使用晶体管作为主要的电子器件,开始使用磁性存储设备,内/外存容量增加,计算机运算速度提高,出现了早期的单道批处理系统和 FORTRAN、ALGOL 以及 COBOL 等高级语言。当要运行一个作业(一个或一组程序)时,程序员首先把程序写在纸上,然后穿孔成卡片,再将卡片交给输入室的操作员,程序员开始等输出结果。计算机运行完当前作业后,将运算结果从打印机输出。操作员到打印机上取下运算结果并送到输出室,程序员可以取得作业的运行结果。

这种计算机的人工控制模式存在的问题是,手工操作设备输入/输出信息与计算机的运算速度不匹配。因此,人们设计了监控程序(或管理程序)来实现作业的自动转换处理。操作员将作业“成批”输入到计算机中,由监控程序识别一个作业,进行处理后再取下一个作业运行。这种自动定序的处理方式称为“批处理(Batch Processing)”方式。由于系统串行执行作业,因此称为单道批处理系统。

单道批处理系统最主要的缺点是,系统中的资源得不到充分利用。这是因为在内存中仅有一道程序,每逢该程序在运行中发出I/O请求后,CPU便处于等待状态,必须在I/O完成后才能继续运行。此外,I/O设备的低速性也使CPU的利用率很低。

2. 多道批处理系统

随着电子技术的发展,20世纪60年代中期,计算机开始采用集成电路芯片作为主要的电子器件,相比于晶体管计算机,在体积、功耗、速度和可靠性上都有了显著的改善。与此同时,软件系统也随之发展,实现了多道程序设计。OS/360是IBM公司开发的第一个能运行多道程序的批处理系统。

所谓的多道程序是指允许多道程序同时存在于内存之中,由中央处理器以切换的方式为之服务,使得多道程序可以同时运行。程序不再是被“串行”地执行,因此计算机资源不再是“串行”地被用户独占,而是可以同时被多个用户共享,从而极大地提高了系统在单位时间内处理作业的能力。为此,管理程序也需要及时调整,从单一程序发展为一组软件,这组软件的功能包括:能有效地组织和管理资源,合理地对各类作业进行调度并控制它们运行,以及方便用户使用计算机。正是这样一组软件构成了操作系统。

3. 批处理系统的优缺点

批处理系统的特点是成批处理作业。在这个系统中,用户不能干预自己作业的运行,即使发现错误也无法及时改正,需要重新提交改正过的作业,再次排队运行。这种方式延长了软件开发时间,所以批处理系统更适合运行成熟的程序。

批处理系统的优点在于:

(1) 资源利用率高。引入多道程序,能使多道程序交替运行,以保持CPU处于忙碌状态;在内存中装入多道程序,不仅可以提高内存的利用率,还可以提高I/O设备的利用率。

(2) 系统吞吐量大。所谓吞吐量是指单位时间内计算机系统处理作业的个数。

批处理系统的缺点在于:

(1) 平均周转时间长。由于作业要排队依次运行,因而作业的周转时间较长,通常需要几个小时甚至几天。

(2) 无交互能力。用户一旦把作业提交给系统,那么直至作业完成,用户都不能与自己的作业进行交互,这对修改和调试程序来说是极不方便的。

1.3.3 分时系统

如果说,推动多道批处理系统形成和发展的主要动力是提高资源利用率和系统吞吐量,那么,推动分时系统(Time Sharing System)形成和发展的主要动力,则是为了满足用户对人机交互和共享主机的需求。

所谓分时系统是指在一台主机上连接多个配有显示器和键盘的终端所组成的系统,该系统允许多个用户同时通过自己的终端以交互方式使用计算机,共享主机中的资源。

分时系统与多道批处理系统相比,具有不同的且非常明显的特性,可以将其归纳为4点:

(1) 多路性,指系统允许将多台终端同时连接到一台主机,并按分时原则为每个用户服务。

（2）独立性，指系统提供了一种使用计算机的环境，每个用户在各自的终端上进行操作，彼此之间互不干扰，给用户的感觉就像是自己一人独占主机。

（3）及时性，指用户的请求能在很短的时间内获得响应。

（4）交互性，指用户可通过终端与系统进行广泛的人机对话。

1.3.4 实时系统

实时系统是指系统能及时响应外部事件的请求，在规定的时间内完成对该事件的处理，并控制所有实时设备和实时任务协调一致地工作的系统。实时系统可以使用操作系统，也可以不使用操作系统。在高端的实时系统中，通常都有高可靠性和支持实时资源调度的实时操作系统（Real Time Operating System，RTOS）。VxWorks 操作系统是美国风河（WindRiver）公司于1983 年设计开发的一种嵌入式实时操作系统；μC/OS-Ⅱ是一种被广泛应用于微处理器、微控制器和数字信号处理器的开源实时多任务操作系统内核；Linux 系统也支持实时任务。

随着计算机应用的普及，实时系统的类型也相应增多。当前常见的实时系统有：① 工业控制系统，是将计算机用于对生产过程的控制或用于对武器的控制，如火炮的自动控制系统、飞机的自动驾驶系统以及导弹的制导系统等。② 信息查询系统，如飞机或火车的订票系统等。③ 多媒体系统，用于播放视频和音频的多媒体系统必须是实时信息处理系统。④ 嵌入式系统，用于智能仪器和智能设备的嵌入式系统，同样需要具有实时控制或处理功能。

实时系统主要有两类：硬实时系统和软实时系统。硬实时系统是指系统对事件的响应和处理时间有极严格的要求，系统必须满足任务对截止时间的要求，否则可能出现难以预测的后果。工业控制、武器控制、机器人控制、核反应堆控制等是硬实时系统应用的典型领域。软实时系统对事件的响应和处理也有一个截止时间，但并不严格，若偶尔错过了任务的截止时间，则其对系统产生的影响也不会太大。例如，信息查询系统和多媒体系统通常就是软实时系统。

实时系统的主要设计目标是对实时任务进行实时处理。实时任务根据时间要求可以分为周期性实时任务和非周期性实时任务。周期性实时任务也称定时任务，是指这样一类任务：外部设备周期性地发出激励信号给计算机，要求它按指定周期循环执行，以便周期性地控制某外部设备。反之，非周期性实时任务也称延时任务，其并无明显的周期性，可以延后执行，但都必须联系着一个截止时间，或称之为最后期限。

与分时系统相比，实时系统具有如下特点。

（1）多路性。实时系统的多路性除具有与分时系统相同的特点外，还主要表现在系统周期性地对多路现场信息进行采集，以及对多个对象或多个执行机构进行控制。

（2）独立性。实时信息系统中的每个终端用户在与系统交互时，彼此相互独立、互不干扰；同样，在实时控制系统中，对信息的采集和对对象的控制，也都是彼此互不干扰的。

（3）及时性。信息查询系统对实时性的要求是依据人所能接受的等待时间确定的。对多媒体系统实时性的要求是播放出来的音频和视频能令人满意。实时控制系统的实时性则是以控制对象所要求的截止时间来确定的，一般为秒级到毫秒级。

（4）交互性。在信息查询系统中，人与系统的交互性仅限于用户访问系统中某些特定的专用服务程序。多媒体系统的交互性也仅限于用户发送某些特定的命令，如开始、停止、快进等，然后由系统立即响应。

（5）可靠性。分时系统要求系统可靠，实时系统要求系统高度可靠，因为任何差错都可能会带来无法预料的灾难性后果。因此，在实时系统中，往往采取了多级容错措施，以保障系统安全及数据安全。

1.3.5　嵌入式操作系统

与通用的计算机系统不同，嵌入式系统（Embedded System）或是为了完成某个特定功能而设计的系统，或是有附加机制的系统，或是其他部分的计算机硬件与软件的结合体。嵌入式系统是一个很宽泛的概念，小到手机的通信控制系统，大到导弹控制系统，都可以看作嵌入式系统。但在许多情况下，嵌入式系统都是一个大系统或产品中的一部分，如汽车中的防抱死系统。

嵌入式操作系统（Embedded Operating System）是指用于嵌入式系统的操作系统，是嵌入式系统的控制中心。嵌入式操作系统是运行在嵌入式芯片环境中，对整个芯片以及它所操作、控制的各种部件装置等资源进行统一协调、调度、指挥和控制的系统软件，通常包括与硬件相关的底层驱动软件、系统内核、设备驱动接口、通信协议、图形界面、标准化浏览器等。嵌入式操作系统负责嵌入式系统的全部软硬件资源的分配、任务的调度以及并发活动的协调等。

由于嵌入式系统对存储空间、功耗和实时性等有特定的要求，因此嵌入式操作系统也具有独特的特性，包括高可靠性、实时性、占用资源少、智能化能源管理、易于连接、低成本等。嵌入式操作系统的功能可针对需求进行裁剪、调整和生成，以便满足最终产品的设计要求。

目前在嵌入式领域广泛使用的操作系统有嵌入式（实时）μC/OS－Ⅱ、嵌入式 Linux、Windows CE、VxWorks 等，以及应用在智能手机和平板计算机上的 Android、iOS 等。嵌入式操作系统在智能手机、工业监控、智能家居、通信系统、导航系统等领域有着非常广泛的应用，也极为重要。

1.3.6　个人计算机操作系统

配置在微型计算机（微机）上的操作系统称为微机操作系统，由于使用者通常为个人，因此其也被称为个人计算机（Personal Computer，PC）操作系统。个人计算机操作系统主要供个人使用，功能强，价格便宜，在任何地方都能安装使用，它能满足一般人的学习、游戏等需求。这种操作系统通常采用图形化界面进行人机交互，界面友好，使用方便，用户无须具备专门知识也能熟练操作。

此外，个人计算机操作系统也可按运行方式来划分。现在流行的微机操作系统按运行方式可分为以下几类：单用户单任务操作系统、单用户多任务操作系统和多用户多任务操作系统。常见的个人计算机操作系统有 Windows 的个人操作系统系列、Linux 的不同发行版、MacOS 等。

1.3.7　网络操作系统

网络操作系统（Network Operating System）是指，在计算机网络环境下对网络资源进行管理和控制，实现数据通信及对网络资源的共享，为用户提供网络资源接口的一组软件。网络操作系统建立在网络中计算机各自不同的单机操作系统之上，为用户提供使用网络系统资源的桥梁。常见的局域网上的操作系统有 UNIX、Linux、Windows NT/2000/Server 等。

网络操作系统把计算机网络中的各个计算机有机地连接起来,其目标是相互通信及资源共享。通过网络操作系统,用户可以使用网络中其他计算机的资源,实现计算机之间的信息交换,从而扩大了计算机的应用范围。

网络操作系统有不同的模式:集中模式和分布式模式。集中模式网络操作系统是由分时操作系统加上网络功能演变的。系统的基本单元是由一台主机和若干台与主机相连的终端构成,信息的处理和控制是集中的。在分布式模式中,每台计算机都有运算能力,多台计算机通过网络交换数据并共享资源和服务,同时共享运算处理能力。分布式模式又可分为客户机/服务器模式和对等模式。在客户机/服务器模式的网络环境中有计算机承担服务器的角色,服务器是网络的控制中心,并向客户机提供服务,客户机是用于本地处理和服务服务器的计算机。对等模式则是指网络中计算机的地位都是相同的。

1.3.8 分布式操作系统

分布式系统(Distributed System)是基于软件实现的一种多处理机系统,是多个处理机通过通信线路互联而构成的松散耦合系统,系统的处理和控制功能分布在各个处理机上。换言之,分布式系统是利用软件系统方式构建在计算机网络上的一种多处理机系统。

分布式操作系统(Distributed Operating System)是配置在分布式系统上的公用操作系统,其以全局的方式对分布式系统中的所有资源进行统一管理,可以直接对系统中地理位置分散的各种物理和逻辑资源进行动态分配和调度,有效地协调和控制各个任务的并行执行,协调和保持系统内的各个计算机间的信息传输与协作运行,并向用户提供一个统一、方便、透明的系统界面和标准接口。

分布式操作系统可看成网络操作系统的高级形式。但与网络操作系统不同,分布式操作系统的用户在使用系统资源时,不需要了解诸如网络中各个计算机的功能与配置、操作系统的差异、软件资源、网络文件的结构、网络设备的地址、远程访问的方式等情况,即系统对用户屏蔽了其内部实现的细节。也就是说,分布式操作系统保持了网络操作系统所拥有的全部功能,同时又具有透明性、内聚性、可靠性和高性能等特点。

分布式系统把网络中的所有计算机构成一个完整的、功能更加强大的计算机系统。分布式操作系统可以使系统中的计算机相互协作,共同完成一个大型的计算任务,即可以把一个特定的计算任务划分为若干个并行的子任务,让每个子任务分散到不同的节点上运行,从而加快计算速度。

分布式系统的优点在于分布,它可以以较低的成本获得较高的运算性能,如集群(Cluster)就是使用低成本微型计算机和网络设备,构造出性能相当于超级计算机运算性能的分布式系统。分布式系统的另一个优势是具有高可靠性,如果其中某个节点失效了,则其余的节点可以继续运行,整个系统不会因为一个或少数几个节点的故障而全体崩溃。因此,分布式系统有很好的容错性能。

分布式操作系统的设计思想和网络操作系统是不同的,这决定了其在结构、工作方式和功能上也不同。网络操作系统要求网络用户在使用网络资源时必须先了解网络资源,包括网络中各个计算机的功能与配置、软件资源、网络文件结构等情况,如用户要读一个共享文件时,必须知道这个文件放在哪一台计算机的哪一个目录下；分布式操作系统是以全局方式管理系统资源的，它可以为用户任意调度网络资源，并且调度过程是“透明”的，用户不必关心资源所在的真正物理位置，或者是如何存储的。

1.4 操作系统的结构设计

早期操作系统的规模很小，如只有几十 KB，完全可以由一个人以手工方式用几个月的时间编制出来。此时，在编制程序上，操作系统是否有结构并不那么重要，重要的是程序员的程序设计技巧。但随着操作系统规模的增大，其所具有的代码也愈来愈多，往往需要由数十人、数百人甚至更多的人参与，通过分工合作来共同完成其设计。这意味着，应采用软件工程的开发方法来对操作系统这个大型软件进行开发。

操作系统的结构设计

系统设计的首要问题是，定义目标和规范。系统设计取决于所选硬件和系统类型。另外需要满足需求。需求分为两大类：用户需求和系统需求。用户要求系统应具有优良的性能；系统应该易于学习和使用、可靠、安全和快速。

操作系统的设计过程一般可分为3个部分：功能设计、算法设计和结构设计。功能设计是指根据系统的设计目标和使用要求，确定所设计的操作系统应具有哪些功能及操作系统的类型。算法设计是根据计算机的性能和操作系统的功能，来选择和设计满足系统功能的算法和策略，并分析和评估其效能。结构设计则是按照系统的功能和特性要求，选择合适的结构，使用相应方法设计系统。这3个部分中，结构设计尤其重要。

所谓操作系统的结构，是指操作系统各程序的存在方式及相互关系。操作系统是一种大型软件，为了研制操作系统，必须研究分析它的结构，也就是考虑如何把一个大型软件划分成若干子系统或模块，以及如何连接这些模块以构成内核。每个模块都应是定义明确的部分系统，且具有定义明确的输入/输出功能。无论设计哪种操作系统，都需要对操作系统的结构和结构设计方法进行研究。近年来，对操作系统的结构和结构设计方法的研究，已成为软件领域的一个重要研究方向。本节将简要介绍几种常见的操作系统结构。

1.4.1 整体式结构

很多操作系统缺乏明确定义的结构。在早期开发操作系统时，设计者只把注意力放在了功能的实现和获得更高的效率上，而缺乏首尾一致的设计思想。此时的操作系统是为数众多的一组过程的集合，每个过程均可任意地调用其他过程，致使操作系统内部既复杂又混乱。因此，这种操作系统是无结构的，也有人把它称为整体式结构或简单结构。

整体式操作系统的一个典型例子是 MS-DOS 系统。该系统并没有很好地区分功能的接口和层次。例如，应用程序能访问基本的 I/O 程序，并能将数据直接写入显示器和磁盘。这种自由度使 MS-DOS 系统易受错误（或恶意）程序的伤害，进而可能会导致整个系统崩溃。当然，MS-DOS 系统还受限于当时的硬件，其所用的 Intel 8088 微处理器未能提供双模式和硬件保护功能，因此，设计人员除了允许应用程序访问基础硬件外，没有其他选择。

另一个例子，是早期的 UNIX 操作系统，它采用的是有限结构。与 MS-DOS 一样，UNIX 系统开始是受限于硬件功能的。它由两个独立部分组成：内核和系统程序。内核又分为一系列接口、驱动程序和其他功能，随着 UNIX 的发展，内核功能也得以不断地增加和扩展。UNIX 系统的这种内核被称为单内核或宏内核（Monolithic Kernel），这种设计的一个性能优势在于，系统调用接口和内核通信的开销非常小。

1.4.2 层次式结构

有了适当的硬件支持后，操作系统可分成许多模块，与原来的 MS-DOS 相比，这些模块更小且更合适。这样，操作系统可以更好地控制计算机和使用计算机的应用程序。在改变系统的内部工作和创建模块时，开发人员有更多的自由，如采用自底向上的分层设计法。

层次式结构是将操作系统分成若干层（级），最低层（第 0 层）为硬件，最高层（第 N 层）为用户接口，每一层仅能使用其低层所提供的功能和服务。结构如图 1-7 所示。

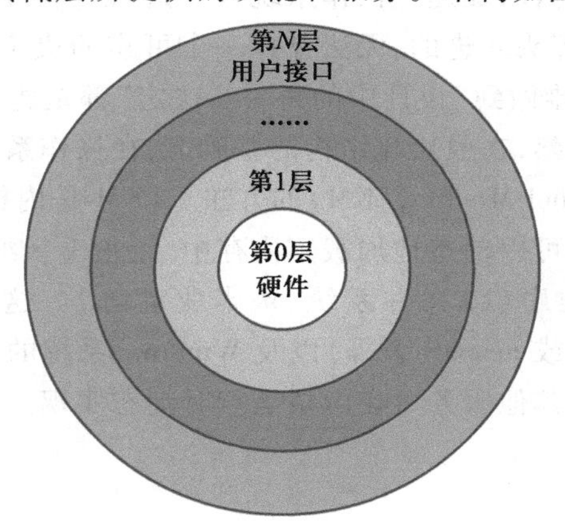

图 1-7 层次式操作系统结构

分层法的主要优点在于简化了构造和调试。所选的层次要求每层只能调用更低层的功能和服务，这种方法简化了系统的调试和验证。第 1 层可先调试而无须考虑系统的其他部分，这是因为根据定义，这层只使用基本硬件（第 0 层）。一旦第 1 层调试成功后，就可以调试第 2 层。如此向上，逐层推进。如果在调试某层时发现错误，那么错误应只定位在该层。因此，系统的设计和实现得以简化。

分层法的主要难点在于合理定义各层。由于每层只能利用更低层的功能，因此有必要仔细规划。例如，用于备份存储（虚拟内存中所用的磁盘空间）的设备驱动程序应位于内存管理程序之下，这是因为内存管理需要用到这个功能来备份存储。

分层法的主要缺点是系统效率较低。由于分层式结构是分层单向依赖的，因此必须在每层之间都建立通信机制，操作系统每执行一个功能，通常要自上而下地穿越多个层次，这无疑会增加系统的通信开销，从而导致系统效率的降低。

层次式结构最经典的例子是 20 世纪 60 年代由 Dijkstra 开发的 THE 系统。由于该操作系统中各功能模块之间的调用关系是网状的，因此分层设计的思想有很大的局限性。要实现一个真正的分层操作系统非常困难，所以它难以被商用操作系统采用和推广，但分层的思想仍然可以借鉴，使系统在抽象层次上努力达到分层的目标。

1.4.3　模块化结构

为使操作系统具有较清晰的结构，同时控制软件的复杂度，可以使用模块化程序设计技术。也就是说，将操作系统首先按其功能精心划分为若干个具有一定独立性和大小的模块。每个模块具有某方面的管理功能，如进程管理、存储器管理、I/O设备管理等，并规定好各模块间的接口，使各模块之间能通过接口实现交互。然后将各模块细分为若干个具有一定功能的子模块，如把进程管理模块又分为进程控制、进程同步等子模块，同样也要规定好各子模块之间的接口。若子模块较大，则可再进一步将其细分。由此构成的操作系统就是具有模块化结构的操作系统。

模块化结构的操作系统具有如下优点：提高了操作系统设计的正确性、可理解性和易维护性；增强了操作系统的可适应性；加速了操作系统开发进程。存在的问题主要在于：在设计操作系统中，各模块的设计是齐头并进的，无法寻找一个可靠的决定顺序，进而造成各种决定的"无序性"，这将使程序员很难做到"设计中的每一步决定"都是建立在可靠的基础上的。

随着软件开发技术的成熟，在模块化结构的基础上，在操作系统的设计上又提出了使用可加载内核模块（Loadable Kernel Module，LKM）的方法。LKM是内核为了扩展其功能所使用的功能模块，是内核的扩展，它可以动态地加载到内存中，无须重新编译内核。基于此特性，它经常被用作特殊设备的驱动程序（或文件系统、声卡驱动等）。这种类型的设计常见于现代UNIX系统（如Solaris、Linux或macOS X等）以及Windows系统的实现过程中。这种设计的思想是：内核提供核心服务，而其他服务可在内核运行时动态实现。动态内核服务优于直接添加新功能到内核。

1.4.4　微内核结构

传统操作系统一般将所有功能都放在内核中完成。但是随着操作系统功能的增加，操作系统内核的代码量迅速增加，结构也变得非常复杂。这样，系统代码的可扩展性、可移植性和可维护性越来越差，错误也随之增多。为此，人们提出了微内核结构。

操作系统的微内核（Microkernel）结构，是20世纪80年代后期发展起来的。它的核心思想是内核功能外移，即把传统操作系统内核中的一些组成部分（如文件系统、网络、驱动程序等）放到内核之外，作为一个独立的服务器进程来实现，只在内核中保留操作系统最基本的功能，包括处理器调度、存储管理和消息通信等。这样就可以确保操作系统的内核做得很小。而服务器进程则借助微内核传递消息来实现进程之间的交互。例如，当用户进程请求系统服务时，内核将用户的请求以消息的形式发送给相应的服务器进程（文件服务器），并将服务器进程返回的信息以消息的形式传送给用户进程，如图1-8所示。

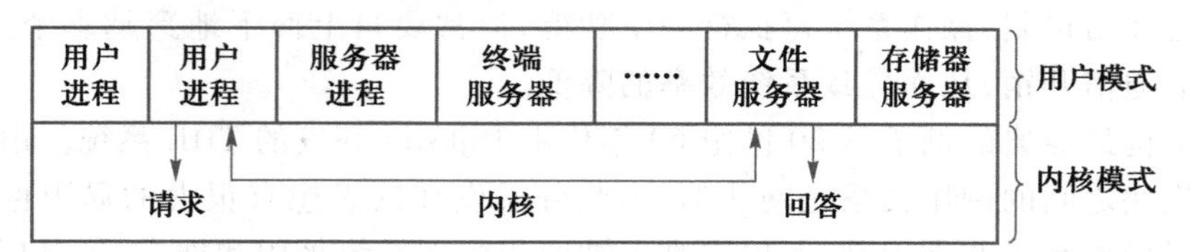

图1-8　微内核结构示意图

由于微内核结构建立在模块化、层次式结构的基础上，并采用了客户机/服务器模式和面向对象的程序设计技术。由此可见，微内核结构的操作系统是集各种技术优点之大成，具有较明显的优点。系统结构清晰，具有较高的灵活性、可靠性和可移植性：① 只要接口规范，操作系统可以方便地增加或删除服务功能，因此系统具有很好的灵活性和可扩展性。② 由于服务器进程运行在独立的用户空间中，即使某个服务器程序出问题，也不会引起系统中其他服务器及内核的崩溃，可靠性好。③ 微内核结构体积小，便于测试、管理和维护，也方便内核在不同平台上的移植。④ 由于微内核技术基于客户机/服务器模式，这种结构能有效地支持多处理机运行，故非常适用于分布式系统环境。

但是，微内核结构也有一个明显的缺陷，就是效率不高。效率降低最主要的原因是，在完成一次客户对操作系统内核提出的服务请求时，需要利用消息传递机制实现多次交互，以及进行用户模式/内核模式和上下文的多次切换。为了改善运行效率，可以重新把一些操作系统的常用基本功能，由服务器移入微内核中。但这又会使微内核的容量明显增大，使其在接口定义和适应性方面的优点也有所下降，同时会提高微内核的设计代价。

微内核结构是现代操作系统的一个发展趋势，结合面向对象设计方法，可以有更大的应用空间，特别在嵌入式系统中。由于大多数嵌入式系统要求系统的规模比较小，微内核结构正好满足这个需求。典型的采用微内核结构的操作系统有：卡内基梅隆大学研制的 Mach OS、微软公司研制的 Windows 2000/XP/NT 等早期系统。

本章小结

一个完整的计算机系统包括硬件和软件两部分。硬件是软件得以建立和开展活动的基础，而软件则是对硬件功能的扩充。操作系统是裸机之上的第一层系统软件，它向下管理系统中各类资源，向上为用户和程序提供服务。

一般来说，操作系统要实现进程管理、存储管理、设备管理、文件管理、用户接口管理等功能，它具有并发、共享、虚拟和异步等特征。

操作系统的发展过程很长，从操作系统开始替代操作人员到发展出现代多道程序系统，这一过程中依次发展出了多种类型的操作系统。

批处理操作系统分为单道批处理系统和多道批处理系统。它的特点是成批处理作业，其追求的目标是系统资源利用率高、作业吞吐量高；缺点是用户不能直接与计算机交互。

分时操作系统是为了弥补批处理方式不能提供交互的缺点而发展起来的，由一台主机连接若干个终端，用户通过终端交互式地向系统发出命令请求，系统采用时间片轮转的方式处理服务请求。分时操作系统具有多路性、交互性、独占性和分时性等特点。

实时操作系统要求计算机能在规定的时间内，及时响应外部事件的请求，同时完成对该事件的处理，并能够控制所有实时设备和协调实时任务。其主要类型分为硬实时系统和软实时系统。

个人计算机操作系统是为微机配置的操作系统，其主要特点是提供交互式、友好的图形化界面服务，使用方便，用户无须专门的知识也能使用系统。

网络操作系统是基于计算机网络的操作系统，它是按照网络体系结构协议标准设计开发的软件，包括网络管理软件、通信软件、安全软件、资源共享和各种网络应用软件。设计该系统的主要目的是通过网络共享资源和数据。

分布式操作系统是网络操作系统的更高级形式，除了有一般网络操作系统的功能外，分布式操作系统中所有主机使用同一个操作系统，资源深度共享，具有透明性和自治性。设计该系统的主要目的是使网络中的多台计算机相互协作，共同完成一个大型的计算任务。

操作系统是一个大型的系统软件，其设计的困难之处在于系统复杂度高、正确性难以保证和研发周期长。一个高质量的操作系统应具有可靠性、高效性、易维护性、安全性等特征。早期的操作系统基本无结构，现代流行的操作系统则多采用整体式结构、模块化结构、分层式结构、微内核结构等设计而成。

习题

第1章习题解析

一、单项选择题

1. 计算机系统是由(　　)组成的。

A. 程序和数据　　B. 处理器、存储器和输入输出设备

C. 处理器和内存　　D. 硬件系统和软件系统

2. 执行 Windows 操作系统中最基本的操作的是(　　)。

A. 硬件抽象层　　B. 执行体

C. 内核　　D. 系统进程

3. 能在个人计算机、工作站甚至巨型机上运行的操作系统是(　　)。

A. UNIX　　B. Linux　　C. Windows　　D. Android

4. 能实现把一个计算问题分成若干个子计算，每个子计算可以在计算机网络中的各个计算机上并行执行的操作系统是(　　)。

A. 分布式操作系统　　B. 网络操作系统

C. 多处理器操作系统　　D. 嵌入式操作系统

5. 如果把操作系统当作一种接口，是指该接口位于(　　)。

A. 用户与硬件之间　　B. 主机与外设之间

C. 编程语言与执行单元之间　　D. 服务器与客户机之间

6. 在单 CPU 的计算机上用迅雷下载文件，同时用 Excel 做表格，这体现了操作系统的(　　)特征。

A. 共享　　B. 虚拟　　C. 并发　　D. 并行

7. 下列不属于微内核结构的操作系统是(　　)。

A. VxWorks　　B. Linux　　C. Windows NT　　D. COS-IX V2.3

8. 操作系统提供的用户接口不包括(　　)。

A. 命令接口　　B. 程序接口　　C. RS232 接口　　D. 图形用户接口

9. 现代操作系统具有并发的特征，主要是引入了(　　)。

A. 通道技术　　B. 中断机制

C. SPOOLing 技术　　D. 多道程序设计

10. 将操作系统分成用于实现操作系统最基本功能的内核和提供各种服务的服务进程两个部分，这样的操作系统结构是(　　)。

A. 层次式结构　　B. 整体式结构

C. 微内核结构　　D. 模块化结构

二、填空题

1. 为了使用户能方便使用计算机系统，操作系统提供了两类接口，分别为程序接口和用户接口。程序接口是指一组________，而用户接口是指一组________。

2. Android 操作系统由于其开放性和________，目前被应用于多种电子产品上。

3. 操作系统的设计过程一般可分为 3 个部分：功能设计、________和结构设计。

4. 设计实时操作系统必须先考虑系统的实时性和________，其次才考虑________等。

5. 操作系统的主要功能包括：________、________、设备管理和文件管理等。

三、简答题

1. 什么是操作系统？说明操作系统在计算机系统中的作用和地位。

2. 请从资源管理的角度说明操作系统的主要功能。

3. 请从资源管理的角度简述操作系统的层次结构。

4. 简述分时操作系统的基本工作方式。

5. 请比较批处理系统、分时系统和实时系统之间的相同点和不同点。

第 2 章　操作系统的运行环境

本章导读

操作系统的运行环境主要包括系统的硬件环境、由其他系统软件组成的软件环境，以及操作系统和使用它的用户之间的关系。为了安全，操作系统在指令和状态上进行区分；在硬件层面，操作系统与用户程序分离；通过软硬件配合，共同完成中断；用户程序也可以通过系统调用来使用操作系统提供的服务。

本章首先介绍了处理器的基本工作原理，然后介绍了与操作系统密切相关的计算机硬件的知识，对中断机制和系统调用的相关原理进行叙述后，分析其处理的过程。

本章知识导图如图 2-1 所示，读者也可以通过扫描二维码观看本章学习思路讲解视频。

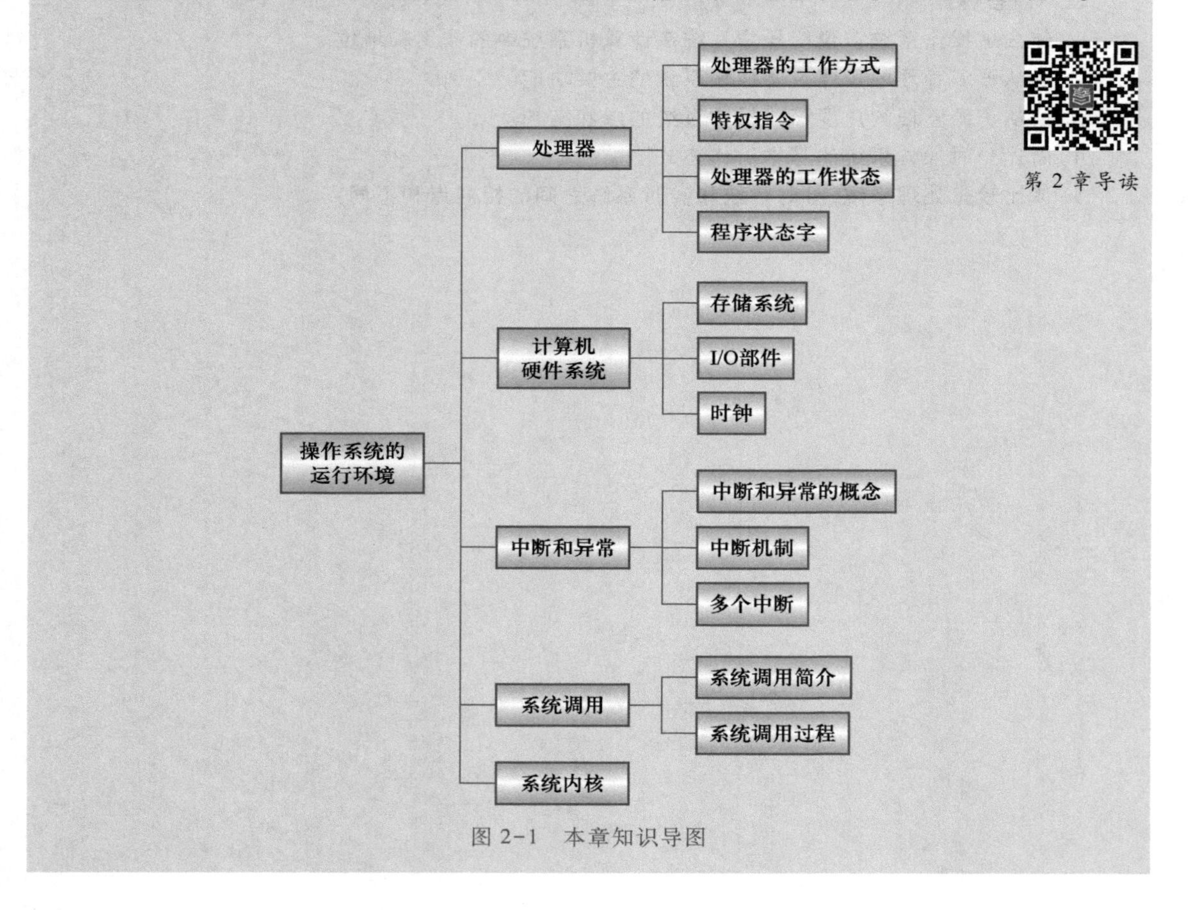

图 2-1　本章知识导图

2.1 处 理 器

操作系统作为一个程序需要在处理器上运行。如果一个计算机系统只有一个处理器，称为单机系统，如果有多个处理器则称为多处理器系统。本节首先叙述处理器的工作方式，然后介绍特权指令和非特权指令，之后详细介绍处理器的工作状态，最后介绍程序状态字。

2.1.1 处理器的工作方式

处理器的工作方式

处理器一般由运算器、控制器、一系列的寄存器和高速缓存构成，其中运算器实现指令中的算术和逻辑运算，是计算机进行计算的核心部件；控制器负责控制程序运行的流程，包括取指令、维护处理器状态、处理器与内存交互等；寄存器是一种暂时存储器件，用于在处理器执行指令的过程中暂取数据、地址以及指令信息。

1. 处理器中的寄存器

在处理器中通常有两类寄存器，分别是用户可见寄存器、控制和状态寄存器。

通常，用户可见寄存器对所有程序都是可用的，由机器语言直接引用。它一般包括数据寄存器(Data Register)、地址寄存器(Address Register)和条件码寄存器。数据寄存器又称为通用寄存器，主要用于存储算术逻辑指令和访存指令；地址寄存器存储数据及指令的物理地址、线性地址或者有效地址，用于某种特定方式的寻址；条件码寄存器用于保存处理器操作结果的各种标记位，例如算术运算产生的溢出、符号等，这些标记在条件分支指令中被测试，以控制程序指令的流向。

控制和状态寄存器是处理器中用于控制处理器操作的寄存器，这些寄存器大部分对用户是不可见的，但操作系统可以在某种特权状态下访问它们。最常见的控制和状态寄存器有程序计数器(Program Counter, PC)，其记录了将要取出的指令的地址；指令计数器(Instruction Register, IR)，其中包含了最近取出的指令；程序状态字(Program Status Word, PSW 寄存器)记录了处理器的运行模式信息等。

2. 指令执行的基本过程

指令执行的基本过程包括两个步骤：首先，处理器每次从存储器中读取一条指令，并在取指令完成后，根据指令类别自动将程序计数器的值变成下一条指令的地址，通常是自增 1；然后，取到的指令被存储在处理器的指令寄存器中，处理器解释并执行这条指令。一个这样的单条指令处理过程被称为一个指令周期，如图 2-2 所示。

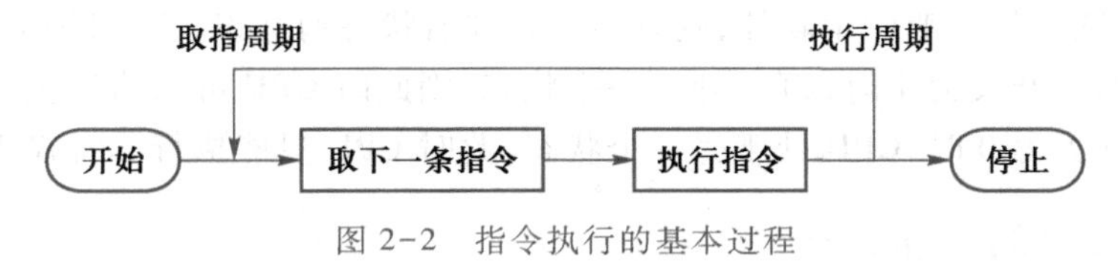

图 2-2 指令执行的基本过程

程序的执行是由反复取指令和执行指令的指令周期组成的。仅仅当机器关闭、发生某些未发现的错误或者遇到停机相关指令时,程序才会停止。PC中始终存有下一条待取指令的地址。指令执行的结果就是使寄存器或内存单元的值发生变化,指令执行的过程也就是存储体内容不断变化的过程。取指令和执行指令是由硬件完成的,不同硬件的体系结构支持不同的指令集合。任何高级程序设计语言的程序被编译成指令集合,其中的每一条指令属于运行该程序的计算机体系结构的指令集。

指令大致可以分为5类:访问存储器指令、I/O指令、算术逻辑指令、控制转移指令、处理器控制指令。访问存储器指令,负责处理器和存储器之间的数据传送;I/O指令,负责处理器和I/O模块之间的数据传送和命令发送;算术逻辑指令,有时又称为数据处理指令,用以执行有关数据的算术和逻辑操作;控制转移指令,指定一条新指令的执行起点;处理器控制指令,用于修改处理器状态、改变处理器工作方式等。

2.1.2 特权指令

在单用户、单任务的操作系统中,即便是普通的非系统用户,都可以使用该计算机指令系统中的全部指令。但是在多用户或多任务的多道程序设计环境中,为了防止操作系统和用户程序受到错误用户程序的影响,需要提供保护手段,因此必须把指令系统中的指令分为两部分:特权指令和非特权指令。

特权指令是指指令系统中那些只能由操作系统使用的指令。这些特权指令是不允许一般的用户使用的,如果用户随便使用这些指令(如设置程序状态字、启动某设备、设置中断屏蔽、设置时钟指令、使用清内存指令和建立存储保护指令等),就有可能使系统陷入混乱,甚至引起系统崩溃。所以一个使用多道程序设计技术的计算机指令系统中的指令必须区分为特权指令和非特权指令。

一般用户只能使用非特权指令,只有操作系统才能使用所有的指令(包括特权指令和非特权指令)。特权指令基本不受内存空间访问范围的限制,即特权指令不仅能访问用户空间,也能访问系统空间。非特权指令供应用程序使用,它们只能完成一般性的操作和任务,不能直接对系统中的硬件和软件进行访问,对内存的访问范围也局限于用户空间。这样,可以防止应用程序的运行异常对系统造成破坏。

如果一个用户程序需要使用特权指令,一般将引起一次处理器状态的切换,这是处理器通过特殊的机制,将状态切换到操作系统运行的特权状态,然后将处理权移交给操作系统自身的一段特殊代码。这一个过程通常被形象地称为陷入(Trap)。

如果在某种计算机的指令系统中不能区分特权指令和非特权指令,那么在这样的硬件环境下,要设计出一个允许多道程序运行的操作系统是相当困难的。至于处理器如何知道当前运行的是操作系统还是一般应用软件,则有赖于处理器状态的标识。可以理解为CPU内部有一个状态开关,如当开关为1时,CPU处于一个状态,则此时CPU可以执行包括特权指令在内的所有指令;当开关为0时,CPU处于另一个状态,此时CPU只能执行非特权指令。

2.1.3 处理器的工作状态

1. 管态和目态

在计算机系统中,CPU通常执行两种不同性质的程序:一种是操作系统自身的程序,另一种是系统外层的应用程序(即用户自编程序或用户程序)。对操作系统来说,这两种程序的作用不同,前者是后者的管理者,因此“管理程序”(即系统程序)要执行一些特权指令,而出于安全考虑,“被管理程序”(即应用程序)不能执行这些指令。在运行不同的程序时,需要根据运行程序对资源和机器指令的使用权限而将此时的处理器设置为不同状态。

多数系统将处理器工作状态划分为管态和目态。前者一般指操作系统管理程序运行的状态,具有较高的特权级别,又称为内核态、核心态、特权态(特态)、系统态;后者一般指用户程序运行时的状态,具有较低的特权级别,又称为用户态、普通态(普态)。当处理器处于管态时,可以执行包括特权指令在内的全部指令,可使用所有资源,并具有改变处理器状态的能力。当处理器处于目态时,就只有非特权指令能执行。不同处理器状态之间的改变就在于赋予程序的特权级别不同,可以运行的指令集合也不相同,一般来说,特权级别越高,可以运行的指令集合也越大,而且高特权级别对应的可运行指令集合包含低特权级别。

另外,也有一些系统具有多种处理器特权级别,例如,Intel 出品的 x86 系列处理器支持 4 个处理器特权级别,分别为 R0、R1、R2 和 R3,从 R0 到 R3 特权能力逐级降低。R0 相当于双模态系统的管态,R3 相当于目态,而 R1 和 R2 介于两者之间,它们能够运行的指令集合具有包含关系,用 I 表示指令集合,则 $I_{R0} \supseteq I_{R1} \supseteq I_{R2} \supseteq I_{R3}$。不过现有的基于 x86 处理器的操作系统,包括多数的 UNIX、Linux 和 Windows 系列大都只用到了 R0 和 R3 两个特权级别。

2. 处理器工作状态的转换

在操作系统的运行过程中,处理器的状态是动态改变的,如系统服务运行于管态,用户程序运行于目态,即管态与目态这两种状态可以互相转换。

(1) 目态到管态的转换。目态到管态转换的唯一途径是通过中断,响应中断时交换中断向量,新的中断向量中 PSW 的处理器状态位标志为管态。

(2) 管态到目态的转换。可通过设置 PSW 指令(修改程序状态字),实现操作系统向用户程序的转换。

当处理器处于管态时,它可执行包括特权指令在内的一切机器指令;当处理器处于目态时不允许执行特权指令。系统启动时处理器的初始状态为管态,然后装入操作系统程序。操作系统退出执行状态时,用户程序在目态执行。

3. 限制用户程序执行特权指令

考虑到系统安全,用户程序不能使用特权指令。所以,当用户程序占用处理器时,应让处理器在目态下工作。若此刻取到了一条特权指令,则处理器将拒绝执行该指令,并形成一个“非法操作”事件。中断机制识别到该事件后,转交给操作系统去处理,由操作系统产生出错提示来通知用户:程序中有非法指令。

2.1.4 程序状态字

所有的处理器都有一些特定的寄存器,用以表明处理器当前的工作状态。比如,程序状态字(PSW)专门用来指示处理器状态、控制指令的执行顺序,并且保留和指示运行程序有关的各种信息。每个正在执行的程序都有一个与其执行相关的 PSW,而每个处理器都设置一个寄存器来存放 PSW,称为程序状态字寄存器。PSW 通常包括以下几类内容:

(1) 程序的基本状态,包括① 程序计数器(PC):指明下一条执行指令的地址。② 条件码:反映指令执行后的结果特征,如算术运算产生的溢出、符号等。③ CPU 的工作状态代码,指明当前处理器的工作状态是管态还是目态,是运行状态还是等待状态。

(2) 中断码,保存程序执行时当前发生的中断事件。

(3) 中断屏蔽码,指出在程序执行中发生中断事件时,是否响应该中断事件。

不同机器的 PSW 格式及其包含的信息都是不同的。如图 2-3 所示是微处理器 Pentium Pro、Pentium Ⅱ和 Pentium Ⅲ的对应程序状态字寄存器(EFLAGS)中的若干标志位。

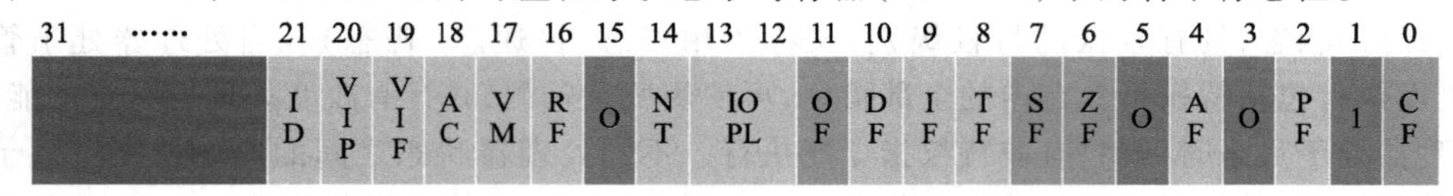

图 2-3　Pentium 系列程序状态字标志位

其中,CF(进位标志位)、ZF(结果为零标志位)、SF(符号标志位)和 OF(溢出标志位)为 4 个标准条件位,还有 TF(陷阱标志位)、IF(中断屏蔽位)、IOPL(IO 特权级别)等其他标志位。从这些标志位的设计可以看出 Pentium 系列中微处理器的功能是非常强的,关于其他标志位的信息读者可以自行查阅相关资料。

2.2　计算机硬件系统

在计算机系统中,中央处理器能直接访问的存储介质除寄存器、高速缓存外,就是内存储器(内存)了。因此,一个作业必须把程序和数据存储在内存储器中才能运行,操作系统本身也要存储在内存储器中才能运行。内存储器以及与存储器有关的硬件部分是支持操作系统运行的重要部件,同时,I/O 部件和时钟部件也是计算机硬件的重要组成部分。本节首先介绍存储系统,接下来介绍 I/O 部件和时钟部件的相关硬件知识。

2.2.1　存储系统

1. 存储器的类别

存储器一般可分为读写型存储器和只读型存储器。读写型存储器是指可以把数据存入任一地址单元,并且可以在之后的任何时候把数据读出来,或者重新存入新数据的一种存储器。这种类型的存储器通常被称为随机访问存储器(Random Access Memory,RAM)。RAM 主要用作存储随机存取的程序或数据。只读型存储器(Read-Only Memory,ROM)是指只能从其中读取数据,但不能随意地用普通的方法向其中写入数据的一种存储器。通常,只能用特殊的方法向只读型存储器中写入数据。作为 ROM 的变型,还有 PROM 和 EPROM。PROM 是一种可编程的只读存储器,用户使用特殊 PROM 写入器向其中写入数据。EPROM 是一种可擦除可编程的只读存储器,可用特殊的紫外线光照射,以“擦去”其中的信息位,使之恢复原来的状态,然后使用特殊的 EPROM 写入器写入数据。

最小的存储单位是二进制位(bit,简写为 b),其包含的信息为 0 或 1。存储器的最小编制单位是字节(Byte,简写为 B),一个字节包含 8 个二进制位。一般地,2 个字节称为一个字,

4个字节称为双字。1 024个字节称为1 KB(2^{10}),1 024个1 KB称为1 MB(2^{20}),1 024个1 MB称为1 GB(2^{30}),1 024个1 GB称为1 TB(2^{40}),等等。现在的个人计算机内存容量通常为4 GB~16 GB,辅助存储器(即外存,一般为硬盘)的存储量一般为2 TB~8 TB;而各种工作站、服务器的内存容量为16 GB~256 GB,硬盘容量可以高达数百TB,有的系统还配有磁带机,用于海量数据存取。

为了简化对存储器的分配和管理,有不少计算机系统把存储器分成块(Block),在为用户分配内存空间时,以块为最小单位,这样的块有时被称为1个物理页(Page)。而块的大小随机器而异,有512 B、1 KB、4 KB、8 KB等。同样,为文件分配磁盘空间时,也以块为单位。

2. 存储器的层次结构

计算机存储系统的设计主要考虑以下3个问题:容量、速度和成本。

容量是存储系统的基础。计算机系统对容量的需求一般来说是无止境的。存储系统的速度要匹配处理器的速度,在处理器工作时不应该因为等待指令和操作符而发生暂停。实际上,成本也是一个很重要的问题,存储器的成本和其他部件相比应该在一个合适的范围之内。综合起来考虑就是一个性价比的问题。

(1) 容量、速度和成本的匹配。

一般来说,容量、速度和成本这3个目标不能做到同时达到最优,需要做权衡,也就是做到性价比较高即可。存取速度越快,平均每位价格越高,容量越小;存取速度越慢,平均每位的价格越低,同时容量也越大。这就遇到了一个问题,一方面需要较低的成本和较大的容量,另一方面又对计算机性能有要求。因此,存储器应该是存取速度快的,但这样的存储器价格相对昂贵、存储容量较小。对于这个问题,可以采用层次化的存储体系结构解决。当层次降低时,每位的价格将下降,容量将增大,但存取速度会下降。

从整个系统来看,计算机系统中层次化存储体系是由寄存器、高速缓存、内存储器、本地二级存储和远程二级存储等构成的,如图2-4所示。在存储层次中,层次越高,存储介质的访问速度越快,每位价格越高,所配置的存储容量也越小。较小、较贵而快速的存储设备由较大、较便宜而慢速的存储设备做后盾,在整体上通过对访问频率的控制来提高存储系统的效能。其中,寄存器、高速缓存和内存储器均属于操作系统存储管理的范畴,这些存储设备具有易失性,即断电后它们所存储的信息将不再存在。而低层的磁盘和可移动存储介质,则属于设备管理的范畴,它们所存储的信息会被长期保存。

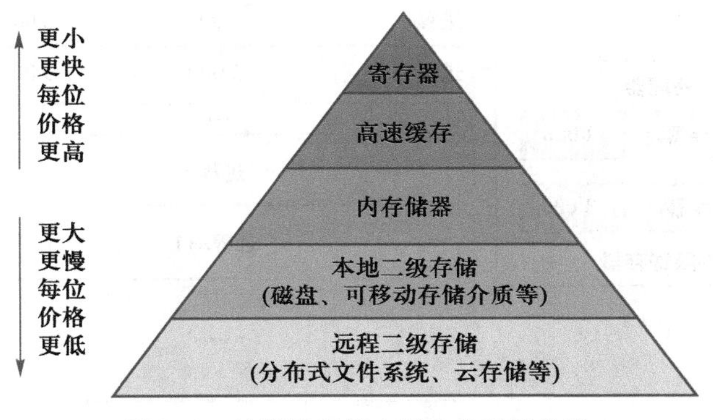

图2-4　计算机系统中层次化存储体系

（2）存储访问局部性原理。

局部性原理是指程序在执行时将呈现出局部性规律，即在一段较短的时间内，程序的执行仅局限于某个部分，相应地，它所访问的存储空间也局限于某个区域。提高存储系统效能的关键在于合理利用程序的存储访问局部性原理。

基于这个原理，需要设计出多级存储的体系结构，并使得存储级别较低的存储器比率小于存储级别较高的存储器的比率。

假设某处理器存取两级存储器，第 Ⅰ 级存储器容量为 1 KB，存取时间为 0.1 μs，第 Ⅱ 级存储器容量为 1 MB，存取时间为 1 μs。如果需要存取的内容在第 Ⅰ 级存储器，处理器只需直接访问第 Ⅰ 级存储器；如果需要存取的内容在第 Ⅱ 级存储器，则要先转移到 Ⅰ 级存储器，再到 Ⅱ 级存储器存取。这里忽略确定内容位置的时间，如果处理器在 Ⅰ 级存储器中发现存取对象的概率是 95%，那么平均访问时间（Effective Access Time，EAT）为

$$95\% \times 0.1\ \mu s + (1-95\%) \times (0.1\ \mu s + 1\ \mu s) = 0.15\ \mu s$$

这个结果非常接近 Ⅰ 级存储器的存取时间。

（3）存储器保护。

在多用户系统上，存储在内存中的用户程序和操作系统，以及它们的数据，有可能受到正在 CPU 上运行的某用户程序有意或无意的破坏，这会造成十分严重的后果。例如，一旦有程序向操作系统区写入数据，就有可能造成系统崩溃。对内存中的信息加以严格保护，使操作系统和其他程序不被破坏，是操作系统正确运行的基本条件之一。

要实现存储保护，必须要有硬件的支持。如果在某种计算机系统中没有对存储器的硬件保护机构，想单纯通过操作系统保护存储内容不受有意或无意的破坏，那几乎是不可能的，因为会导致性能损失。可见，存储保护机构是操作系统运行环境中一个非常重要的部分。

在进行存储保护时，首先需要确保每个进程都有一个单独的内存空间。单独的内存空间可以保护进程，使不同进程之间不相互影响，这对于将多个进程加载到内存以便并发执行的系统至关重要。其次，界地址寄存器（界限寄存器）是被广泛使用的一种存储保护技术。这种机制比较简单，易于实现，其方法是先在处理器中设置一对界限寄存器来存储该用户作业在内存中的下限和上限地址，分别称为下限寄存器和上限寄存器，然后判断“下限地址 ≤ 内存地址 < 上限地址”是否成立，如图 2-5 所示。

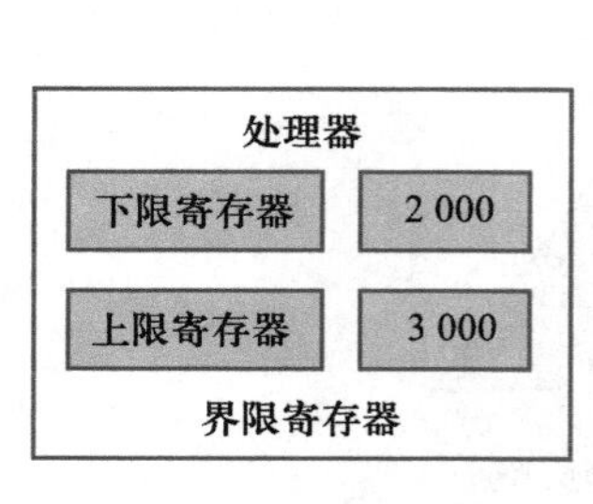

进程序号	下限寄存器	上限寄存器
进程n	1 000	2 000
进程n+1	2 000	3 000
……		

……
1 000
进程n
2 000
进程n+1
3 000
……

图 2-5　界限寄存器存储保护技术

也可使用以下方法，即用一个寄存器作为基址寄存器保存基地址（即首地址），另一个寄存器作为限长寄存器保存限长地址（指示存储区长度），来指出程序在内存的存储区域。每当处理器要访问内存时，硬件自动将被访问的内存地址与基址寄存器和限长寄存器的内容进行比较，以判断是否越界，即判断“基地址≤内存地址<基地址+限长地址”是否成立。如果未越界，则按此地址访问内存，否则将产生程序中断——越界中断（或存储保护中断）。

2.2.2 I/O 部件

1. I/O 结构

在现代计算机系统中都有大量的 I/O 设备，并且随着技术的发展，还会不断出现各种各样新的 I/O 设备。为了满足对这些 I/O 设备的控制，提高 CPU 和 I/O 设备的运行效率，人们设计开发了各种不同的 I/O 结构。

每个 I/O 设备都由两部分组成：I/O 设备和其设备控制器。I/O 设备控制器控制 I/O 设备的运行。在不同的计算机系统中，对于 I/O 设备控制器和 CPU 之间的 I/O 硬件结构设计，有着不同的设计方案。

在早期的计算机系统中，设备控制器通过 I/O 硬件结构与 CPU 连接，CPU 通过直接发出 I/O 指令来实现对设备控制器的操作。在这种方法中，CPU 需要定期询问 I/O 设备的状态，先接收 I/O 请求，然后处理 I/O 操作，直到 I/O 处理结束。这种方法称为程序直接控制 I/O（也称轮询），其缺陷是，CPU 为了获得设备的状态，耗费了大量时间轮询，严重降低了系统的性能。因此，这种方式目前已被淘汰。

在现代计算机系统中，设备控制器可通过中断、直接内存访问（Direct Memory Access，DMA）、通道等 I/O 结构与 CPU 连接。其中，中断适合少量数据的传输，但是对于大量的数据移动，如磁盘 I/O，会带来很高的开销。DMA 和通道这样的 I/O 结构适合大量数据的移动。

2. DMA 技术

DMA 技术的基本思想是，通过系统总线中的一个独立控制单位——DMA 控制器，在 I/O 设备和内存之间开辟直接的数据交换通路，节约 CPU 资源。

当 CPU 要从磁盘读入一个数据块时，它首先向 DMA 控制器发送指令，指令中包含 I/O 设备的地址、读或写的内存起始地址、需要传送的数据长度、是否请求一次读或写等信息。然后，CPU 启动 DMA 控制器进行数据传送。之后，CPU 便可去处理其他任务，整个数据传送过程由 DMA 控制器进行控制。当传送过程结束后，DMA 控制器向 CPU 发出一个中断请求。这样，CPU 只在传送数据块的开始和结束时干预，整块数据的传送是在 DMA 控制器的控制下完成的，大大提高了 I/O 处理的性能。

不过，CPU 和 DMA 传送也不能够做到完全并行，它们之间可能会有总线竞争的情况，例如总线上正在进行 DMA 的传送，而 CPU 此时也想使用总线，不过这种总线竞争不会引起中断，也不需要保存程序上下文，通常这个过程只会使用一个总线周期，于是 CPU 会稍微等待。也就是说，在 DMA 传送发生时，CPU 访问总线的速度会变慢。尽管如此，对于有大量数据的 I/O 传送来说，DMA 技术还是很有价值的。现在在一些高端系统中，多个组件可以与其他组件同时对话，而不是竞争公共总线的周期。此时，相较于其他方法，DMA 方式更为有效。

3. 通道

通道是指专门负责数据输入/输出的处理单元,它独立于 CPU,具有自己的通道指令,这些指令由 CPU 启动,并在操作结束后向 CPU 发出中断信号。从计算机结构上看,I/O 设备控制器通过通道连接在计算机系统的公共系统总线上,从而与 CPU 相连接。

通道对 I/O 设备实行统一的管理,它代替 CPU 对 I/O 设备进行控制,从而使 CPU 与 I/O 设备可以并行工作。所以通道又被称为 I/O 处理器。

在配备通道的计算机系统中,当要完成一组相关的读(或写)操作及其有关控制时,CPU 只需向 I/O 通道发送一条指令,以给出其所要执行的通道程序的首地址和要访问的 I/O 设备,通道接到该指令后,执行通道程序便可完成 CPU 指定的 I/O 任务,数据传送结束时向 CPU 发中断请求。

采用通道这种 I/O 结构的最大优点是,可以实现 CPU 和 I/O 设备之间的并行操作,从而更有效地提高整个系统的资源利用率。

I/O 通道与一般处理机的区别是:通道指令的类型单一,没有自己的内存,通道所执行的通道程序是放在主机的内存中的,也就是说通道与 CPU 共享内存。

有了通道,利用 CPU 与外部设备之间以及各外部设备之间的并行工作能力,操作系统就可以让多个程序同时执行,并在同一时刻让各个程序分别使用计算机系统的不同资源。

举例来说,如果程序 A 启动了某个硬盘设备读取一块数据,它必须等待该硬盘设备完成信息传送后才能继续进行。如果程序 A 处于等待状态,暂停执行指令,那么这时操作系统可以让另一个程序 B 占用 CPU 运行。当然程序 B 在运行时也可以申请使用某个外部设备,如程序 B 启动了一台打印设备,也在等待信息传送,那么操作系统可以调用程序 C 占用 CPU 运行。从这里可以看出,有了通道,多道程序的运行使得 CPU 和外部设备的运行效率都得到了提高。

通道技术一般用于大型机系统和对 I/O 处理能力要求比较严格的系统中。

4. 缓冲技术

缓冲技术是用在外部设备与其他硬件部件之间的一种数据暂存技术,它利用存储器件在外部设备中设置了数据的一个存储区域,称为缓冲区。缓冲技术一般有两个用途,一种用于外部设备与外部设备之间的通信,另一种用于外部设备与处理器之间的信息传递。

例如,大家都知道,处理器的计算速度远远大于打印机的打印速度。当某个计算程序需要将计算完成的数据打印输出时,如果让处理器等待慢速的打印机打印一个数据后,再处理下一个数据,明显效率太低。通常是先把数据输出到打印缓冲区中,然后打印机再把数据一次性打印输出。

引入缓冲区的目的有多个,最根本的是缓和 CPU 与 I/O 设备间传输数据速度不匹配的矛盾,其他的目的包括:减少输入输出的次数,以减轻对通道和输入输出设备的压力;缓冲区信息可供多个用户共同使用和反复使用,减少不必要的信息传递工作,提高效率,方便对缓冲区的管理;解决基本数据单元大小不匹配的问题,提高 CPU 和 I/O 设备之间的并行性。

为了提高设备利用率,通常使用单个缓冲区是不够的,可以设置双缓冲区,甚至多缓冲区。比如,在单缓冲区情况下,当外部设备向缓冲区输入数据装满之后,必须等待处理器将其取完,才能继续向其中输入数据。如果有两个缓冲区,在一个缓冲区等待处理器取用数据时,另一个缓冲区可以继续接收数据,设备利用率可大为提高。

2.2.3 时钟

在计算机的各种部件中，时钟是操作系统中必不可少的部件，具有如下几个重要功能。

(1) 时钟最重要的功能是计时，操作系统需要通过时钟管理，向用户提供标准的系统时间（绝对时间）。

(2) 通过对时钟中断的管理，可以实现进程的切换，防止进程陷入死循环。

(3) 在分时操作系统中，采用间隔时钟来实现时间片轮转调度算法。

(4) 在实时系统中，按截止时间控制运行的设备。

(5) 在批处理系统中，通过时钟管理来衡量一个作业的运行程度。

(6) 记录用户使用各种设备的时间和某外部事件发生的时间间隔。

(7) 定时唤醒要求按照事先给定的时间执行的各个外部事件。

可以从硬件和软件的角度将时钟分为硬件时钟和软件时钟。

硬件时钟的工作原理是，电路的晶体震荡管每隔一定间隔产生固定的脉冲频率，时钟电路中的时钟寄存器依据时钟电路所产生的脉冲数，对时钟寄存器进行加 1 操作。这种时钟独立于操作系统，所以被称为硬件时钟，它为整个计算机提供一个计时标准，是最底层的时钟数据。

软件时钟，也叫系统时钟，它并不是本质意义上的时钟，它的主要工作原理是利用内存单元模拟时钟寄存器，并采用一段程序来计算相应的脉冲数，对内存时钟寄存器进行加 1 或减 1 的操作，从而模拟了时钟的功能。由于硬件提供的时钟比较少，常无法满足操作系统和应用程序对时钟的需求，所以需要软件时钟，操作系统负责维护软件时钟和硬件时钟的同步。

按用途分，时钟可以分为绝对时钟和相对时钟。

绝对时钟是在计算机系统中不受外界干扰、独立运行的一种时钟。一般来说，绝对时钟很准确，不会停止，当计算机系统关闭时，绝对时钟仍然始终不停地保持运行，作为整个计算机系统中的时间参考基准。绝对时钟通常按照公元日历的时间（即年、月、日、时、分、秒）显示。

相对时钟又称为间隔时钟，它只计算从某一个时间初值开始的一段时间间隔。在设置初值后，每经过一个单位的时间，时钟值减 1。当该值变为 0 时，触发时钟中断。间隔时钟可以通过时钟寄存器来实现，例如，部分操作系统实用程序中的电子闹钟，每隔一段时间发一次中断，触发一个音响事件。间隔时钟也可以通过软件时钟来实现。

2.3 中断和异常

并发是现代计算机系统的重要特性，它允许多个程序同时在系统中活动。而实施并发的基础是由硬件和软件结合而成的中断机制。因此，中断机制是操作系统中极为重要的一个部分。操作系统在管理 I/O 设备时，在处理外部的各种事件时，都需要通过中断机制进行处理。所以，许多人称操作系统是由“中断”驱动的。

中断和异常

中断的实现必须依靠相关硬件支持，所以硬件中断装置是操作系统运行环境中一个非常重要的组成部分。本节中首先介绍了中断和异常的概念，其次叙述了中断机制的工作原理，最后分析了中断处理的过程。

2.3.1 中断和异常的概念

1. 中断与异常

(1) 中断的概念。

中断是指处理器对系统中或系统外发生的异步事件的响应。异步事件是指无一定时间关系的随机发生的事件,如打印机完成了打印任务,手写板设备出现故障等。

“中断”这个名称来源于:当发生某个异步事件后,处理器中断了当前程序的执行,而转去处理该异步事件(称作执行该事件的中断处理程序)。处理完该异步事件之后,处理器再跳转回原程序的中断处继续执行。举个形象的例子,日常生活中某人正在看视频,此时门铃响了(异步事件),于是暂停播放视频并记住正在看的那个时间点(中断点),再去开门(响应异步事件并进行处理),处理事务后再从被打断那个时间点继续看视频(返回原程序的中断点执行)。

中断是所有要打断处理器的正常工作次序,并要求其去处理某一事件的一种常用手段。我们把引起中断的事件或发出中断请求的来源称为中断源;中断源向处理器发出的请求信号称为中断请求;而把处理中断事件的程序称为中断处理程序;发生中断时正在执行的程序的暂停点叫作中断断点;处理器暂停当前程序转而处理中断的过程称为中断响应。中断处理结束之后恢复原来程序的执行称为中断返回。

一个计算机系统提供的中断源的有序集合一般被称为中断字,这是一个逻辑结构,在不同的处理器中有着很不相同的实现方式。在一台计算机中有多少种中断源,是根据各个计算机系统的需要安排的。比如,Intel 的 x86 微处理器能处理 256 种不同的中断。

为了使中断装置可以找到恰当的中断处理程序,程序设计人员专门设计了中断处理程序入口地址映射表,又称为中断向量表。表中的每一项称为一个中断向量,这个向量包含了专门的中断处理程序的内存地址(主要由 PSW 和 PC 的值组成)。不同性质的中断源需要不同的中断处理程序来处理,也就是对应不同的中断向量。通过中断向量,可以找到中断处理程序在内存中的位置。

中断系统广泛应用在实时控制、故障自动处理、计算机与外部设备间的数据传送方面,实现了 CPU 和 I/O 设备并行执行,为多机操作和实时处理提供了硬件基础,大大提高了计算机的工作效率。一般来说中断具有以下作用:

- 提高主机的利用率,使高速 CPU 可以和低速的外部设备并行工作。
- 提高系统的实时能力。因为在具有较高实时处理要求的设备中,很多信号是随机产生的,只有通过中断方式,系统才能及时处理这些设备的请求,避免信息的丢失。所以目前的各种微型机、小型机及大型机均有中断系统。
- 及时进行故障处理。当计算机发生硬件故障或出现程序性错误时,可以通过中断系统来进行处理。
- 方便程序调试。利用中断可以方便地调试程序,可人为设置断点,随时中断程序的执行,查看中间结果,了解机器的工作状态,输入临时命令等。

另外,从用户的角度来看,中断如字面含义一样,只是打断正常的程序,中断处理完后再恢复执行原来的程序。这完全由操作系统控制,用户不必做任何特殊处理。这一过程可以用图 2-6 示意。

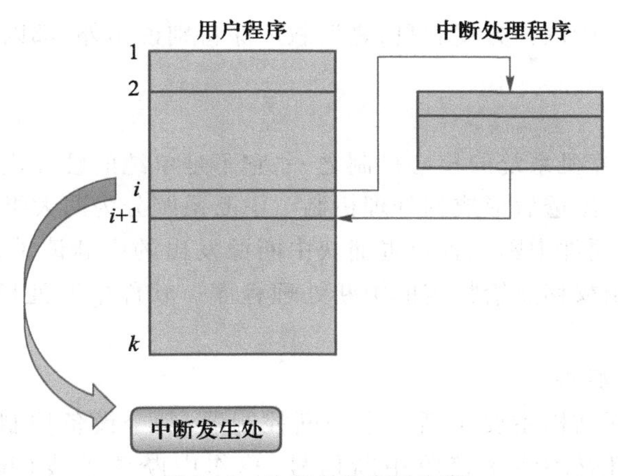

图 2-6 从用户角度看中断

（2）异常的概念。

中断的概念后来得到了进一步扩展。在现代计算机系统中，不仅通道或设备控制器可向CPU发送中断信号，其他部件也可以造成中断。例如，程序在CPU上运行时出现运算溢出、时钟计数到时等都可以成为中断源，这就是异常事件。

所以，现在所说的中断（Interrupt）一般指硬件产生的中断，是指CPU对I/O设备发来的中断信号的一种响应。由于这种中断是由外部设备引起的，故又称外中断、硬中断。

异常（Trap）是指由CPU内部事件所引起的中断，例如，进程在运算中发生了上溢或下溢、程序出错（如非法指令、地址越界、虚存系统的缺页）、电源故障，以及专门的陷入指令等。通常把这类中断称为内中断、软中断或陷入（陷阱）。与中断一样，若系统发现了异常事件，CPU也将暂停正在执行的程序，转去执行该异常事件的处理程序。对异常的处理一般要依赖于当前程序的运行现场，而且异常不能被屏蔽，一旦出现应立即处理。

2. 中断与异常的分类

现代计算机都根据实际需要配置不同类型的中断机构，有的简单，有的复杂。由此，按照不同的分类方法有不同的中断类型。在此，只给出典型的中断，包括：

（1）时钟中断，由处理器内部的计数器产生，允许操作系统以一定规律执行函数，如时间片到时、硬件时钟到时等；

（2）输入输出（I/O）中断，由I/O控制器产生，用于通知一个I/O操作正常完成或者发生了错误；

（3）控制台中断，如系统操作员通过控制台发出命令等；

（4）硬件故障中断，由掉电、存储器校验错等硬件故障引起的中断等。

异常发生的时间和位置具有确定性，典型的异常包括：

（1）程序性中断，在某些条件下由指令执行结果产生，例如算术溢出、被零除、目态程序试图执行特权指令、访问不被允许访问的存储位置、虚拟内存中的缺页等；

（2）访管指令（CPU提供的专用指令）异常，目的是要求操作系统提供系统服务。

中断和异常的主要区别是信号的来源，即是来自CPU外部，还是CPU内部。但中断和异常的工作原理是类似的，所以为方便起见，之后叙述除特别说明外，都以中断来表示。

2.3.2　中断机制

中断系统是现代计算机系统的核心机制之一，它不是单纯的硬件或者软件的概念，而是硬件和软件相互配合、相互渗透后形成的处理机制。中断系统分为两大组成部分：硬件中断装置和软件中断处理程序。硬件中断装置负责捕获中断源发出的中断请求，并以一定的方式响应中断源，将处理器的控制权移交给特定的中断处理程序。软件中断处理程序则针对中断事件而执行一组操作。

1. 中断机制的基本原理

通常，硬件级的中断结构主要包括一个中断控制器，每个设备控制器均通过总线与其连接。CPU 硬件上也有相应的线来接收中断信号，称作中断请求线（Interrupt-Request Line，IRL）。当某设备完成某个操作时，该设备的设备控制器产生中断信号，它是通过在分配给它的一条总线信号线上设置信号而产生中断的。该信号被主板上的中断控制器检测到，由中断控制器决定做什么。当中断控制器决定处理中断时，在地址线上放置一个数字表明哪个设备需要关注，并且设置一个中断 CPU 的信号。当 CPU 检测到中断控制器把一个信号插到中断请求线上时，就开始处理中断请求。

中断机制的基本工作原理如下：CPU 在执行完每条指令后，都会检测 IRL。当 CPU 检测到中断控制器已在 IRL 上发出了一个信号时，CPU 执行状态保存指令并跳转到内存固定位置的中断处理程序。中断处理程序确定中断原因，执行必要处理，并进行状态恢复，执行返回中断指令以便 CPU 回到中断前的执行状态。可以说，中断控制器通过中断请求线发送信号而引起中断，CPU 捕获中断信号并且将中断请求分派到中断处理程序，中断处理程序通过处理设备来清除中断。

上述中断机制的基本原理可以使得 CPU 响应异步事件，如设备控制器处于就绪状态等待处理。然而，对于现代操作系统，需要更为复杂的中断处理特性。比如，在处理关键事件时，能够延迟中断处理；需要更为有效地将中断分派到合适的中断处理程序，而不是检查所有设备以决定哪个设备引起中断；需要多级中断等。这些特性可由 CPU 与中断控制器硬件提供。

2. 中断响应

对中断请求的整个处理过程是由硬件和软件结合而形成的一套中断处理机构实施的。在发生中断时，CPU 暂停执行当前的程序，转去处理中断，这个由硬件对中断请求做出反应的过程，称为中断响应。一般来说，中断响应执行下述 3 步动作：

（1）中止当前程序的执行；

（2）保存原程序的断点信息（主要是 PC 和 PSW 的内容）；

（3）转到相应的处理程序。

通常，CPU 在执行一条指令后，立即检查有无中断请求。若有，而且“中断允许”触发器为 1（表示 CPU 可以响应中断请求），则立即做出响应。

中断信号导致 CPU 停止执行当前程序的下一条指令，并且“关闭”中断，即把“中断允许”触发器置“0”。这就意味着，在中断响应期间，CPU 不再响应任何其他中断源的中断请求，不管其级别高低。

在进行中断处理过程之前，硬件总要保存某些信息。至于保存哪些信息、保存在什么地方，这些随 CPU 的不同而不同。但至少要把 PC 的内容（即程序断点）自动压入堆栈，以便中断返回时，把 PC 的值从堆栈中弹出，继续原程序的执行。

然后，形成中断处理程序的入口地址，将其送入 PC 中，并转入中断程序入口。通常，不同的中断有不同的入口。CPU 接到中断请求后，就从中断控制器那里得到一个称作中断号的地址，它是检索中断向量表的位移。中断向量表的表项是中断向量，其内容因机器而异，通常包括相应的中断处理程序入口地址和中断处理时的 PSW。所以，根据中断号找到对应的中断向量，取出中断处理程序的入口地址并送入 PC，完成中断响应。

总结来说，中断响应的具体过程为：① 处理器接收中断信号；② 保护现场，将被中断程序的 PSW 和 PC 值存入系统堆栈；③ 根据中断号分析中断向量，取得中断处理程序的入口地址；④ 将处理器的 PC 值置为中断处理程序的入口地址；⑤开始执行中断处理程序。

3. 中断处理的具体过程

不同计算机的中断处理过程可能不同，就其多数而论，中断处理流程如图 2-7 所示，对各个步骤的描述如下：

(1) 关中断。CPU 响应中断后，首先要保护程序的现场状态，在保护现场的过程中，CPU 不应响应更高级中断源的中断请求。若现场保存不完整，在中断服务程序结束后，也就不能正确地恢复并继续执行原程序。

(2) 保存断点。为保证中断服务程序执行完毕后能正确地返回到原来的程序，必须将原来程序的断点（即 PC）保存起来。

(3) 中断服务程序寻址。其实质是，取出中断服务程序的入口地址，送入 PC。

(4) 保存现场和屏蔽字。进入中断服务程序后，首先要保存现场，现场信息一般是指 PSW 和某些通用寄存器的内容。

(5) 开中断。允许更高级中断请求得到响应。

(6) 执行中断服务程序。这是中断服务的目的。

(7) 关中断。保证在恢复现场和屏蔽字时不被中断。

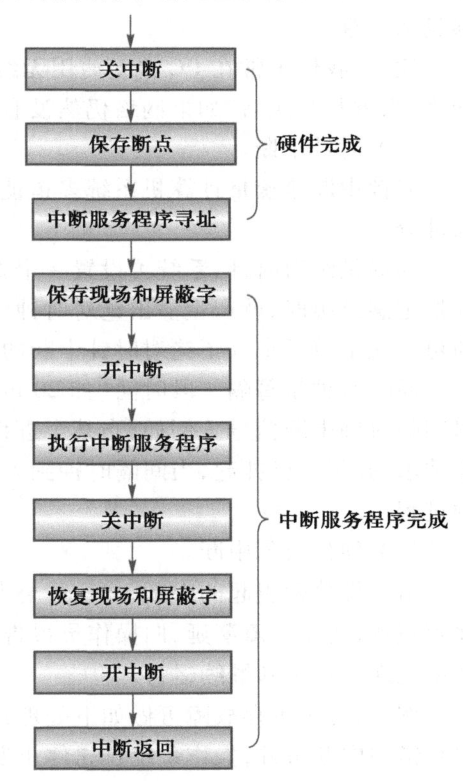

图 2-7 中断处理流程

(8) 恢复现场和屏蔽字。将现场和屏蔽字恢复到原来的状态。

(9) 开中断、中断返回。中断服务程序的最后一条指令通常是一条中断返回指令，返回到原程序的断点处，以便继续执行原程序。

其中，(1)—(3)步是在 CPU 进入中断周期后，由硬件自动完成，也就是前文讲的中断响应过程；(4)—(9)步由中断服务程序完成。恢复现场是指在中断返回前，必须将寄存器的内容恢复到中断处理前的状态，这部分工作由中断服务程序完成。中断返回由中断服务程序的最后一条中断返回指令完成。

4. 几种典型的中断处理

这里介绍几种比较典型的小型机或微型机的中断处理，包括 I/O 中断、时钟中断、硬件故障中断、程序性中断和系统服务请求（自愿性中断）等。

（1）I/O 中断。

I/O 中断一般由 I/O 设备的设备控制器或者通道发出。I/O 中断通常可分成两大类：I/O 正常结束及 I/O 异常。对于前者来说，对 I/O 中断的响应须决定整个 I/O 是否结束，即决定是否要完成下一次 I/O。若整个 I/O 结束，则先置设备及相应的设备控制器为空闲状态；再判断是否有等待 I/O 者，若有，则组织等待者的 I/O。对于 I/O 异常的处理，常需要重新执行失败的 I/O 操作，不过这个重试的次数常常有一个上限，因为错误可能由硬件故障引起，当重试次数过多的时候，系统将判定为硬件故障，形成一个“I/O 异常”结束事件，并通知管理员。具体参见第 9 章。

比如，我们平常在 PC 机上使用无线网上网，有时会出现网络故障，系统会尝试重新连接网络，当重复几次后，如果网络仍然没有联通，系统就会停止网络连接，并报告出错。

（2）时钟中断。

时钟中断是衡量计算机系统多道能力的重要条件之一（有关时钟的概念，参看本章的前面部分）。

为提供绝对时钟，系统可设置一个寄存器，每隔一定时间间隔，寄存器值加 1。当这个寄存器记满溢出时，就产生溢出绝对时钟中断信号。此时，系统只要将主存的一个固定单元加 1 即可。这个单元记录了绝对时钟中断的次数。

间隔时钟是每隔一段时间（如 20 ms）将一个寄存器内容减 1，当该寄存器内容为 0 时，发出间隔时钟中断信号。例如，当某个进程需要延迟若干时间，它可以通过一个系统调用发出这个请求，并将自己挂起，当间隔时钟到来时，产生时钟中断信号，时钟中断处理程序叫醒被延迟的进程。

（3）硬件故障中断。

由硬件故障引起的中断，往往需要人为干预去排除故障，而操作系统所做的工作一般只是保存现场，防止故障蔓延，向操作员报告并提供故障信息。这样做虽不能排除故障，但是有利于系统恢复正常和继续运行。

例如，对于主存故障可做如下处理：主存的奇偶校验装置在发现主存读写错误时，产生读主存错的中断事件，操作系统首先停止发生该错误的程序运行，然后向操作员报告出错单元的地址和错误性质。再如，Windows 系列系统在关键硬件发生故障时，会出现系统蓝屏死机的现象，这时操作系统实际上进入了相应的故障处理程序，并发现这个故障是不可恢复的，于是在屏幕上显示发生故障的程序位置，并且开始进行内存转储（将一定范围的内存内容写到磁盘上，实际上是系统发生故障时的全系统“快照”），以备日后进行程序调试及故障诊断。

（4）程序性中断。

程序性中断多数是程序指令出错、指令越权或者指令寻址越界而引发的系统保护。处理程序性中断一般有两种办法：其一，对于那些纯属程序错误而又难以克服的事件，例如地址越界、非管态时用了特权指令、企图写入半固定存储器或禁写区等，操作系统只能将出错的程序名、出错位置和错误性质报告给操作员，请求干预；其二，对于其他一些程序性中断事件，例如溢出、跟踪等，不同的用户往往有不同的处理要求，所以，操作系统可以将这些程序性中断事件交给用户程序处理，这就要求用户编制该类中断事件的处理程序。

（5）系统服务请求（自愿性中断）。

系统服务请求一般由处理器提供的专用指令来激发，表示正在运行的进程要调用操作系统的功能。例如，x86 处理器提供 int 指令，用来激发软件中断，其他的不少处理器则专门提供系统调用指令 syscall。这种指令的格式通常是指令名加上请求的服务识别号（有时是中断号）。中断处理程序可设置一张“系统调用程序入口表”，按照服务识别号检索这张入口表，找到相应的系统调用服务程序的入口地址，把处理转交给实现调用功能的程序执行。

现代操作系统一般不会提供直接使用系统调用指令的接口，通常的做法是提供一套方便、实用的应用程序函数库（又称为 API）。这些函数从应用的较高层面重新封装了系统调用，一方面屏蔽了复杂的系统调用参数传递问题（用汇编语言传递参数），另一方面，API 是高级语言接口，有助于快速开发。还有的系统在更高层面提供了系统程序设计的模板库和类库。

2.3.3 多个中断

现代计算机系统通常有多个中断信号源，也就对应多个中断。对于多个中断的处理，不同系统的方式不同，但大致涉及以下几种方式，包括设定多级中断和中断优先级，中断屏蔽和中断禁止，中断嵌套等。

1. 多级中断和中断优先级

从硬件上看，多级中断系统表现为有多根中断信号线从不同设备连接到中断请求线上。每个中断源对服务要求的紧急程度并不相同，例如，键盘终端中断请求的紧急程度不如打印机，而打印机中断请求的紧急程度又不如磁盘等。为此，系统就需要为它们分别规定不同的优先级。由此，连接在不同中断请求线上的中断信号，表示了它们有不同的中断级别。这个级别代表了该中断信号是否具有被优先处理的特权，以及这个特权的大小。可见，在多级中断系统中，硬件决定了各个中断的优先级别。

与某种中断相关的优先权称作它的中断优先级。中断优先级高的中断在线路上有优先响应权，可以通过线路排队的办法实现。在不同级别的中断同时到达的情况下，级别最高的中断源先被响应，同时封锁对其他中断的响应；它被响应之后，解除封锁，再响应次高级的中断。如此下去，级别最低的中断最后被响应。

另外，级别高的中断一般有打断级别低的中断处理程序的权利。也就是说，当级别低的中断处理程序正在执行时，如果发生级别比它高的中断，则立即中止该程序的执行，转去执行高级中断处理程序。后者处理完才返回刚才被中止的断点，继续处理前者。但是，在处理高级别中断过程中，不允许低级中断打扰，通常也不允许后来的中断打断同级中断的处理过程。

2. 中断屏蔽和中断禁止

中断屏蔽是指在提出中断请求之后，CPU 不予响应的状态。中断屏蔽常常用来在处理某个中断时防止同级中断的干扰，或在处理一级不可分割的、必须连续执行的程序时防止意外事件打断。通过设置 PSW 中的中断屏蔽位来实现中断屏蔽，这些屏蔽位标识了被屏蔽的中断类或者中断。

中断禁止是指在可引起中断的事件发生时系统不接收该中断信号,因而这些事件就不可能提出中断请求而导致中断。也就是说,就是不让某些事件产生中断。中断禁止常用在执行某些特殊工作的条件下,如在按模取余运算时强制忽略某些中断(如定点溢出中断)。在中断禁止的情况下,CPU 正常运行,根本不理睬所发生的那些事件。

从概念上讲,中断屏蔽和中断禁止是不同的。前者表明硬件接受了中断,但暂时不能响应,要延迟一段时间,等待中断开放(撤销屏蔽)后,被屏蔽的中断就能被响应并得到处理。而后者,硬件不准许事件提出中断请求,从而使中断被禁止。

引入中断屏蔽和中断禁止的原因有 3 个:① 延迟或禁止对某些中断的响应。② 协调中断响应与中断处理的关系,处理中断的优先次序不一定与响应的次序一致。③ 防止同类中断的相互干扰。

很显然,有了中断屏蔽,中断系统中原先由硬件事先给定的中断优先级,就可能发生改变。例如,在一个计算机系统中,从 CD-ROM 到硬盘的数据传送,其优先级低于硬盘内部数据操作的优先级。但是,一旦机器正在进行 CD-ROM 到硬盘的数据传送,硬盘内部的其他数据操作就被暂时屏蔽,这些硬盘操作必须在该 CD-ROM 到硬盘的数据传送结束之后才能进行。换句话说,此时 CD-ROM 到硬盘的数据传送的优先级高于硬盘内部数据操作的优先级。

还有一类中断信号是不可屏蔽的,这类中断信号一般属于机器故障中断,比如内存奇偶校验错和掉电等使得机器无法继续操作的故障。一旦发生这类不可屏蔽的中断,不管 PSW 中的屏蔽位是否建立,处理器都要立即响应这类中断,并进行处理。

3. 中断嵌套

在有多个中断源的系统中,如果在一个中断的处理过程中又发生了中断,那么将引起多个中断处理问题。对多个中断的处理策略一般有顺序处理和嵌套处理两种方式。

对多个中断进行顺序处理的策略是,当一个中断正被处理期间,屏蔽其他的中断;在该中断处理完后,开放中断,由处理器查看有无尚未处理的中断。如果有,则依次处理。

这种处理方法可以用软件简单地实现,只要在任何中断处理之前使用禁止中断指令,在处理结束之后,再使用开放中断指令就可以了。这样,所有的中断将严格地按照发生的顺序被处理。不过,这种处理策略的缺点是没有考虑中断的相对优先级或时间的紧迫程度。

对多个中断进行处理的另一种策略是中断嵌套,即中断按照优先度分级,允许优先级较高的中断打断优先级较低的中断处理过程,于是引起中断处理的嵌套,如图 2-8 所示。

由于在中断嵌套中,优先级较高的中断打断了优先级较低的中断的处理过程,因此必须把优先级较低的中断处理过程的现场保存起来。这些被保存现场的次序,与恢复现场的次序正好相反,所以应该采用堆栈作为现场保护区。堆栈应该处于系统空间中,以防止被破坏。

作为中断嵌套策略的一个例子,考虑在一个系统中存在打印机、硬盘及通信链路 3 个设备同时操作的情况。假定三者的中断优先级依次为 2、4、5,其中数字大的具有较高的优先级。打印机的处理从某个时间开始,它的处理时间较长,其间发生了一次通信中断。由于通信链路的中断优先级高于打印机的中断优先级,于是打印中断处理被打断,处理器转而去处理通信中断。在处理通信中断期间,用户恰好提交了一个硬盘存储文件的请求。但是因为硬盘中断优先级较低,于是硬盘中断的处理就被推迟到通信中断处理完之后,同时由于硬盘中断的优先级高于打印机中断的优先级,所以对硬盘中断的处理优先于对打印机中断的处理。在硬盘中断

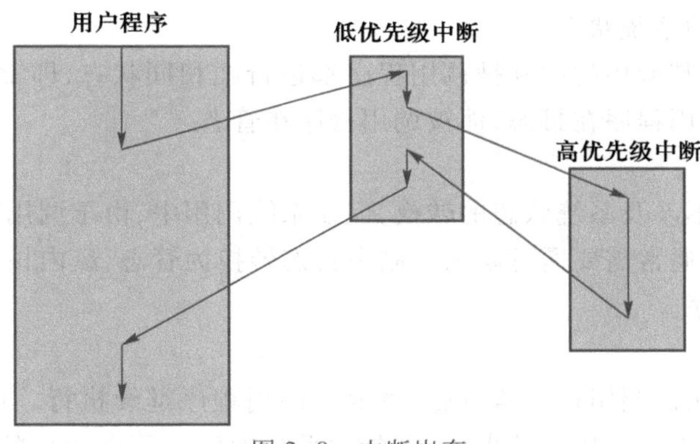

图 2-8　中断嵌套

处理完毕之后,处理器才回到原先对打印机的中断处理程序上。在这个中断处理的过程中发生了三重中断嵌套。

可以看出,中断嵌套往往会给程序设计带来困难。在有些系统(如 Linux)中,当响应中断并进入中断处理程序时,CPU 会自动将中断关闭。

2.4　系统调用

程序接口是操作系统专门为用户程序设置的,提供给程序员在编程时使用,这也是用户程序取得操作系统服务的唯一途径。程序接口由一组系统调用(System Call)组成,因此可以说,系统调用提供了用户程序和操作系统之间的接口。在每个系统中,通常有几十条甚至上百条系统调用,可根据功能将它们划分成若干类,每一个系统调用都是一个能完成特定功能的子程序。

系统调用

2.4.1　系统调用简介

系统调用是操作系统提供的与用户程序之间的接口,也就是操作系统提供给程序员的接口,它一般位于系统核心的最高层。当 CPU 执行到用户程序中的系统调用(如使用 read()从文件中读取数据)时,处理器的状态就从目态变为管态,从而进入操作系统内部,执行它的有关代码,实现操作系统对外的服务。当系统调用完成后,控制返回到用户程序,处理器的状态由管态变为目态。

系统调用是通过中断机制实现的,并且一个操作系统的所有系统调用都通过同一个中断入口来实现。例如,MS-DOS 系统提供了 INT 21H 这一中断,应用程序通过该中断获取操作系统的服务。

1. 系统调用与函数调用的区别

由于操作系统的特殊性,应用程序不能采用一般的函数调用方式来调用这些功能,而是利用一种系统调用命令去调用所需的操作系统过程。因此,系统调用在本质上是应用程序请求操作系统内核完成某一特定功能的一种函数调用,是一种特殊的函数调用。它与一般的函数调用有以下几方面的区别:

（1）运行在不同的系统状态。

一般的函数调用，其调用程序和被调用程序都运行在相同状态，即都在管态或目态；而系统调用与之区别为：调用程序在目态，而被调用程序在管态。

（2）状态的转换。

一般的函数调用不涉及系统状态的转换，但在系统调用中，由于调用程序和被调用程序在不同的系统状态，所以通常需要通过陷入机制由目态转换为管态，经内核分析后才能转向相应的系统调用处理子程序。

（3）返回问题。

一般的函数调用在被调用程序执行后，将返回调用程序继续执行。但在采用抢占式调度方式的系统中，在被调用程序执行结束后，需要对系统中所有要求运行的程序做优先级分析。当被调用的程序仍然具有最高的优先级时，才返回调用程序继续执行；否则，将引起重新调度，优先执行优先级最高的程序。此时，系统将调用程序放入就绪队列。

（4）嵌套调用。

一般的函数调用和系统调用都允许嵌套，即在一个被调用程序执行期间，还可以利用系统调用命令去调用另一个系统调用。在一般情况下，每个系统调用对嵌套的深度具有一定的限制，如最大深度为6。但一般的函数调用对嵌套的深度没有限制。

2. 系统调用的分类

不同的系统提供不同的系统调用。每个系统一般为用户提供几十到几百条系统调用。系统调用按功能大致可分为5大类。

（1）进程控制类：完成进程的创建、撤销、阻塞及唤醒、分配和释放内存等功能。

（2）文件管理类：完成文件的读、写、创建或删除等功能。

（3）设备管理类：完成设备的请求或释放，以及设备启动等功能。

（4）信息维护类：完成用户程序与操作系统之间传输信息的功能，例如空闲内存、磁盘空间大小、当前时间和日期、系统当前用户数、操作系统版本号等信息。

（5）进程通信类：完成进程之间的消息传递或通过共享内存进行通信等功能。

3. 系统调用与库函数、API、内核函数的关系

库函数是高级程序设计语言（如C语言）中放在函数库中的函数，是所有匹配标准的头文件（Head File）的集合。库函数由软件开发商提供，由编译链接工具链入用户程序。API是软件系统不同组成部分衔接的约定，目的是提供给应用程序调用的代码。库函数与API的主要目的是让应用程序开发人员得以调用一组例程功能，而无须考虑其底层的源代码，也无须理解其内部的工作机制。在编写应用程序时，用户使用库函数和API来完成具体功能的实现。

系统调用通常以汇编语言指令的形式提供。有的系统中允许直接用高级程序设计语言（如C、C++和Perl）来编制系统调用，在这种情况下，系统调用就以函数调用的形式出现。例如，UNIX、BSD、Linux等现代操作系统中都提供用C语言编制的系统调用，而Windows平台的系统调用是Win32 API的一部分，可以被Windows平台的编译程序所用。

在大部分情况下，应用程序是使用API在用户空间里实现的，而不是直接使用系统调用实现的。用户使用库函数和API来完成系统调用的执行，这二者相当于系统调用的封装。系统调用、API、库函数、内核函数之间的关系如图2-9所示。

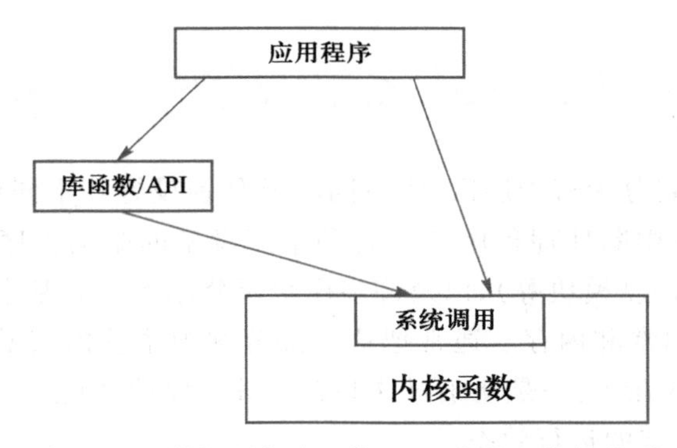

图 2-9　系统调用与库函数、API、内核函数的关系

2.4.2　系统调用过程

系统调用相关功能涉及系统资源管理、进程管理之类的操作，对整个系统的影响非常大，因此必定需要使用某些特权指令才能完成，所以系统调用的处理需要由操作系统核心程序负责完成，要运行在内核态。用户程序可以执行陷入指令（又称访管指令，该指令不是特权指令，它在用户态下使用）来发起系统调用，请求操作系统提供服务。操作系统中的每个系统调用都对应一个事先给定的功能号，如 0、1、2 等。在陷入指令中必须包含对应系统调用的功能号。而且，在有些陷入指令中，还带有传给处理机构和内部处理程序的有关参数。

不同的计算机提供的系统调用格式和功能号的解释不相同，但都具有以下共同的特点：① 每个系统调用对应一个功能号，要调用操作系统的某一特定例程，必须要在访管时给出对应的功能号；② 按功能号实现调用的过程大体相同，都是由软件通过对功能号的解释分别转入相应的系统调用例程中。

系统调用的具体过程如下：在用户程序中，需要请求操作系统服务的地方安排一条系统调用。这样，当程序执行到这条命令时，就会发生中断，系统由用户态转为内核态，操作系统的访管中断处理程序得到控制权，其按系统调用的功能号，借助例行子程序入口地址表转到相应的例程去执行，在完成了用户所需要的功能服务后，退出中断，返回到用户程序的断点继续执行，如图 2-10 所示。

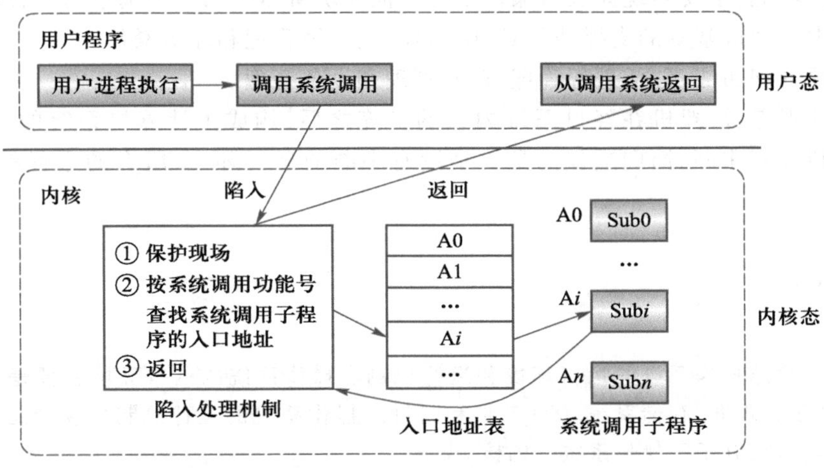

图 2-10　系统调用执行过程

2.5 系统内核

现代操作系统一般划分为若干层次，将不同功能分别设置在不同层次中。通常将一些与硬件紧密相关的模块（如中断处理程序等）、各种常用设备的驱动程序、运行频率较高的模块（如时钟管理模块、进程调度模块等），以及许多模块所公用的一些基本操作，都安排在紧靠硬件的软件层次中，将它们常驻内存。通常把这一部分称为系统内核或系统核心，简称为内核（Kernel）。这样做的目的在于：一是便于对这些软件进行保护，防止其遭受其他应用程序的破坏；二是可以提高操作系统的运行效率。

简单来说，内核是指操作系统一直运行在计算机上的程序。它只占整个操作系统代码中的一小部分，是操作系统中最接近裸机的部分。除了内核外，还有其他两类程序：系统程序和应用程序。前者是与系统运行有关的程序，但不是内核的一部分；后者是与系统运行无关的其他所有程序。

一旦内核被加载到内存并执行，它就会开始为系统与用户提供服务。系统内核的运行不受系统其他部分和最终用户干预。操作系统的其他部分和最终用户只能使用系统内核所提供的系统调用和服务，而不能去中断或干预它。除了内核外，系统程序也提供一些服务，它们在启动时会被加载到内存而成为系统进程或系统后台程序，其生命周期与内核一样。例如，对于UNIX 系统，首个系统进程为“init”，它启动了许多其他系统的后台程序。一旦这个阶段完成，系统就完全启动了，并且会等待事件发生。事件发生后通常会通过硬件或软件中断来通知内核，操作系统会一直这样运行到系统关机。

系统内核本身并不是进程，是系统进程和用户进程赖以活动的基础。因此，在内存空间有限的条件下，只使系统内核常驻内存之中，而操作系统的其他部分则根据需要调进或调出内存。

在不同的操作系统中，对系统内核功能的设计和安排是有巨大差别的。一般而言，系统内核提供以下两大方面的功能：

（1）支撑功能，主要实现提供给操作系统其他模块所需要的一些基本功能，以支撑这些模块工作。其中 3 种最基本的支撑功能是：中断处理、时钟管理和原语操作。

（2）资源管理功能，包括进程管理、存储管理和设备管理。

从虚拟的观点看，裸机在经过系统内核的扩充之后，构成了计算机系统的第一层“虚拟机”，该虚拟机没有中断，面向进程的是一个没有中断的运行环境，所有的进程都在这个虚拟机上运行。

本章小结

本章主要介绍操作系统的运行环境和运行机制。操作系统的运行环境主要是指涉及的硬件部件，包括了处理器、存储系统、I/O 部件和时钟。操作系统的运行机制主要介绍了中断机制和系统调用。最后介绍了操作系统的内核。

处理器由运算器、控制器及一系列的寄存器构成。最常见的控制寄存器有程序状态字(PSW)。在多用户或多任务的多道程序设计环境中,指令必须区分成特权指令和非特权指令,特权指令是指只能由操作系统使用的指令,用户只能使用非特权指令。操作系统管理程序运行的状态称为管态,一般用户程序运行时的状态称为目态。这样的工作状态是由处理器的态决定的。

计算机系统中的存储系统由多种存储设备组成,包括了寄存器、高速缓存、内存、本地二级存储和远程二级存储,它们形成了一种层次化结构。整个存储系统主要考虑3个问题:容量、速度和成本。提高存储系统效能的关键在于合理利用程序的存储访问局部性原理。操作系统必须对内存中的信息加以严格的保护,存储保护机构是操作系统运行环境中的重要部分。在界地址寄存器方法中,设置了一对界地址寄存器,用于存储作业在内存中的下限和上限地址。在访问内存时,硬件将被访问的地址与界地址寄存器的内容比较以防止越界。

计算机系统中存在非常多的I/O部件,这些部件在与系统进行I/O时,常使用通道以及直接存储器存取(DMA)技术。除了以上两种,还有程序直接控制方式和中断驱动方式。缓冲技术是用以缓解处理器处理数据的速度与设备传输数据的速度不匹配的一种数据暂存技术。

计算机系统中的时钟可分为硬件时钟和软件时钟,以及绝对时钟和相对时钟。时钟可防止系统陷入死循环,实现作业按时间片轮转运行,给出正确的时间信号,定时唤醒事先按确定时间执行的事件,记录事项,等等。

中断是操作系统中非常重要的组成部分。中断是指处理器对系统中或系统外发生的异步事件的响应。中断能充分发挥处理器的使用效率,提高系统的实时能力。中断可划分为强迫性中断和自愿性中断。中断系统包括硬件中断装置和中断处理程序。中断事件的处理需要硬件和软件两方面的配合,共同完成分辨和接收中断信号、保护现场、分析中断原因、调用中断处理程序进行处理、处理完毕恢复现场和使原程序继续执行的整个中断处理过程。如果在中断的处理过程中又发生了中断,将引起中断处理的嵌套。

为了从操作系统中获得服务,用户程序必须使用系统调用,系统调用陷入内核并调用操作系统。系统调用和普通函数调用非常相似,二者的区别在于,系统调用由操作系统内核实现,运行于管态;而函数调用由函数库或用户自己提供,运行于目态。系统调用是操作系统提供给编程人员的唯一接口。当用户使用系统调用时,通过使用访管指令产生中断,把目态切换成管态,并启用操作系统内核。

为了提高系统运行效率、保护系统的关键部分,把支持系统运行的各种基本操作和基础功能的一组程序模块集中安排,形成系统内核。一般而言,内核提供中断处理、进程同步与互斥、进程调度、控制与通信、存储管理的基本操作以及时钟管理等。内核只占整个操作系统代码中的一小部分,是最接近裸机的部分,内核是进程赖以活动的基础,内核的功能通过执行原语操作来实现。

习题

第2章习题解析

一、单项选择题

1. 关于中断,正确的描述是(   )。

A. 程序中断是自愿性中断事件
B. 输入/输出中断是强迫性中断事件
C. 外部中断是自愿性中断事件
D. 硬件故障中断是自愿性中断事件

2. 中央处理器有两种工作状态,当它处于目态时不允许执行的指令是(　　)。
A. 转移指令　　B. I/O 指令
C. 访管指令　　D. 四则运算指令

3. 一般而言,程序状态字包含的3部分内容是(　　)。
A. 程序基本状态、中断码、中断屏蔽位
B. 中断码、中断屏蔽位、等待/计算
C. 中断屏蔽位、等待/计算、程序基本状态
D. 等待/计算、程序基本状态、中断码

4. 一个正在运行的进程要求操作系统为其启动外围设备时,应该执行的指令是(　　)。
A. 访管　　B. 输入/输出
C. 启动外设　　D. 转移

5. 保存处理器操作结果的各种标记位是(　　)。
A. 数据寄存器　　B. 地址寄存器
C. 条件码寄存器　　D. 指令寄存器

6. 若操作系统管理的某用户程序当前正占有中央处理器,该用户程序欲读磁盘上的文件信息,那么用户程序中相应的指令应该是(　　)。
A. 启动 I/O 指令　　B. 等待 I/O 指令
C. 转移指令　　D. 访管指令

7. 当一次系统调用功能完成后,中央处理器的工作状态应(　　)。
A. 保持管态　　B. 保持目态
C. 从管态转换成目态　　D. 从目态转换成管态

8. 当中央处理器在目态工作时,如果收到一条特权指令,此时中央处理器将(　　)。
A. 维持在目态　　B. 从目态转换到管态
C. 拒绝执行该指令　　D. 继续执行该指令

9. 用户程序是通过(　　)请求操作系统服务的。
A. 转移指令　　B. 子程序调用指令
C. 访管指令　　D. 以上三种都可以

10. 中断装置总是在处理器(　　)检查有无中断事件发生。
A. 取出一条指令后　　B. 执行一条指令时
C. 执行完一条指令后　　D. 修改指令地址时

二、填空题

1. 计算机中,存储单元通常以________为单位进行编址。
2. 当中央处理器处于________态时,不允许执行特权指令。
3. 当前正占用处理器运行的进程的 PSW 是存放在________中的。

4. A 和 B 两道用户程序的执行过程十分相似，都是逐段从磁盘调出信息进行处理，处理后把对该段的处理结果送到磁带上存储。如果 A 程序的读盘和 B 程序的写磁带正在同时进行，一旦 A 的读盘操作完成，依靠________，操作系统及时得知和处理后，会使 A 马上继续向下运行。

5. 在计算机的存储系统中，________具有最快的访问速度。

三、简答题

1. 简述中断请求响应的工作过程。

2. 为什么要把“启动 I/O”等指令定义为特权指令?

3. 何为系统调用? 请简述系统调用与一般函数调用的区别。

4. 简述多个中断的处理策略。

5. 简述时钟对操作系统的作用。

6. 简述通道的功能。

7. 为了支持操作系统，现代处理器一般都提供多种工作状态，以隔离操作系统和普通程序，请说明处理器的各种状态及其特点。

8. 请说明什么是操作系统的分级存储体系结构以及它解决的问题。

第 3 章　进程与线程

本章导读

早期的计算机一次只能执行一道程序，这种程序完全控制系统，并且访问所有系统资源。为了提高资源利用率和系统吞吐量，现代计算机系统通常会采用多道程序技术，将多道程序同时装入内存，并使它们并发执行，即传统意义上的程序不再独立运行。这种改进要求系统对各种程序提供更严格的控制和更好的划分。这些需求促使了进程的产生。此后，资源分配和独立运行的基本单位都是进程，操作系统所具有的 4 大特征也都是基于进程而形成的。由此可见，在操作系统中，进程是一个极其重要的概念。

本章主要讲解操作系统中与进程有关的知识。首先分析多道程序设计的思想，接着讨论进程的定义和进程的控制，最后介绍线程的基本概念。

本章知识导图如图 3-1 所示，读者也可以通过扫描二维码观看本章学习思路讲解视频。

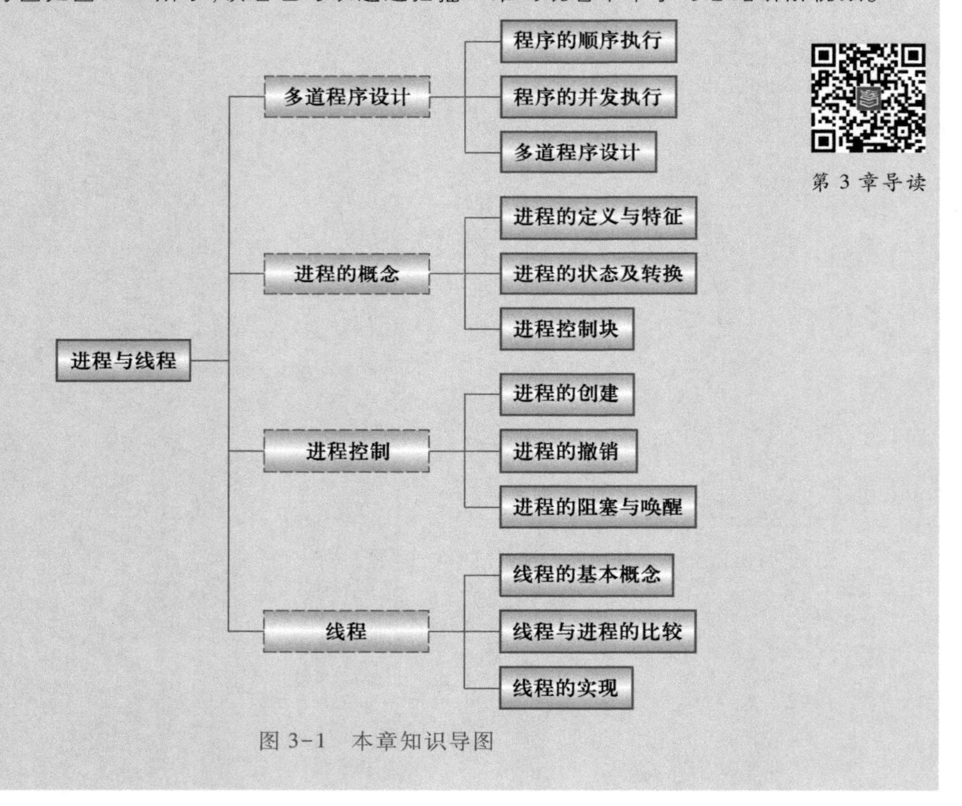

图 3-1　本章知识导图

3.1 多道程序设计

3.1.1 程序的顺序执行

人们习惯的传统程序设计方式是顺序方式，计算机也以顺序方式执行。顺序执行是指一个具有独立功能的程序独占处理器直至最终结束的过程。具体而言，处理器一次执行一条指令，对内存一次访问一个字或字节，对外部设备一次传送一个数据块。

程序的顺序执行具有如下特点：

1. 顺序性

程序严格地按照顺序执行，即每执行一条指令，系统将从上一个执行状态转移到下一个执行状态，且上一条指令的执行结束是下一条指令执行开始的充分必要条件。

2. 封闭性

程序执行结果只取决于程序自身，由给定的初始条件决定，不受外界因素的影响。程序执行时独占全机资源（包括处理器、内存、存储设备等），资源的状态（除了初始状态外）只有程序本身才能改变它。

3. 程序执行结果的确定性

程序执行结果的确定性也称为程序执行结果与时间无关性。程序执行的结果与它的执行速度无关，即处理器在执行程序时，任意两个动作之间的停顿都不会对程序的计算结果产生影响。

4. 程序执行结果的可再现性

只要程序执行时的环境和初始条件相同，当程序重复执行时，不论它是从头到尾不停顿地执行，还是“走走停停”地执行，都获得相同的结果。

程序的顺序性和封闭性是程序顺序执行所应具有的特性，从这两个特性出发，不难引出程序执行时所具有的另外两个特性（与时间无关性和可再现性）。顺序执行程序与时间无关的特性，可使程序员不必去关心不属于他控制的那些细节（如操作系统的进程调度算法和外部设备读写的精确时间等）；而顺序程序执行的结果可再现性，则为程序员检测和校正程序的错误带来了很大的方便。

3.1.2 程序的并发执行

程序在顺序执行时，虽然可以给程序员带来方便，但是系统资源的利用率却是极其低下的。为此，在系统中引入了多道程序技术，使程序和程序之间能并发执行。然而，并非所有的程序都能并发执行，有些程序在执行上有着先后关系，这样的程序是无法并发执行的。

程序并发执行，是指两道或两道以上程序在计算机系统中同时处于已开始执行且尚未结束的状态。能够参与并发执行的程序称为并发程序。程序的并发执行，可以充分利用计算机系统的资源，提高计算机的处理能力。在引入程序的并发执行功能后，虽然提高了系统吞吐量和资源利用率，但是由于它们共享系统资源，以及为完成同一任务而相互合作，因此这些并发执行的程序之间必将形成相互制约关系，这会给程序并发执行带来新的特征。程序的并发执行具有如下特征：

1. 间断性

程序在并发执行时，这些并发执行的程序之间形成了相互制约关系。例如，输入程序 I 和计算程序 C 是两个相互合作的程序，当计算程序 C 完成计算后，如果输入程序 I 尚未完成数据输入，则计算程序 C 就无法进行数据处理，必须暂停运行。只有当致使程序暂停的因素消失后（如 I 已完成数据输入），计算程序 C 才可恢复执行。由此可见，相互制约关系将导致并发程序具有“执行—暂停—执行”这种间断性的规律。

2. 失去封闭性

当系统中存在着多道可以并发执行的程序时，系统中的各种资源将为它们所共享，而这些资源的状态也会由这些程序来改变，这也使得其中任一程序在运行时，其运行环境必然会受到其他程序的影响。例如，当处理器已被分配给某个进程运行时，其他程序必须等待。显然，程序的运行失去了封闭性。

3. 不可再现性

程序在并发执行时，失去封闭性会导致其执行结果失去可再现性。例如，有两个循环程序 A 和 B，它们共享一个变量 N。程序 A 每执行一次时，都要执行 $N=N+1$ 操作；程序 B 每执行一次时，都要执行 Print(N)操作，然后再将 N 置成“0”。程序 A 和 B 以不同的速度运行。这样，可能出现下述 3 种情况（假定某一时刻变量 N 的值为 n）。① 若 $N=N+1$ 在 Print(N)和 $N=0$之前执行，则各次操作对应的 N 值分别为 $n+1,n+1,0$。② 若 $N=N+1$ 在 Print(N)和 $N=0$ 之后执行，则各次操作对应的 N 值分别为 $n,0,1$。③ 若 $N=N+1$ 在 Print(N)和 $N=0$ 之间执行，则各次操作对应的 N 值分别为 $n,n+1,0$。

上述情况说明，程序在并发执行时，由于失去了封闭性，其计算结果必将与并发程序的执行速度有关，从而使程序的执行失去了可再现性。换言之，程序经过多次执行后，虽然它们执行时的环境和初始条件相同，但得到的结果却各不相同。这个问题将在第 5 章进行更具体的讨论，并提出解决方法。

4. 程序的并行执行与程序的并发执行

多道程序的并发执行是指它们在宏观上，即在某一段时间周期内是同时运行的（这个时间周期，比处理器的指令处理周期要长得多，但是从操作人员的感觉来看，仍然是一个瞬间）。但从微观上看，在单处理器系统中，这些系统仍然是顺序执行的，它们轮流占用处理器。

程序的并行执行与程序的并发执行，这两者存在着差别。并行执行是指不论从宏观的时间周期上看，还是从微观上看，若干程序确实在同时运行。

3.1.3 多道程序设计

在现代计算机系统中，为了提高系统中各种资源的利用效率，缩短程序执行的周转时间，广泛采用了多道程序设计技术。多道程序设计技术是现代操作系统所采用的最基本、最重要的技术。

多道程序同时在系统中存在并且运行，这时的工作环境与单道程序的运行环境相比，大不相同。首先，每个程序都需要一定的资源，如内存、设备、处理器等，因此系统中的软、硬件资源都不再是单道程序独占，而是由几道程序共享。

此外,系统中各部分的工作方式不再是单纯的串行执行,而是并发执行。所谓并发执行,如果是单处理器,则这些并发程序按照给定的时间片交替地在处理器上执行;如果是多处理器,则这些并发程序在各自的处理器上运行。

举一个例子,有两个程序 A 和 B。程序 A 的执行顺序为:在 CPU 上执行 10 s,在设备 DEV1 上执行 5 s,又在 CPU 上执行 5 s,在设备 DEV2 上执行 10 s,最后在 CPU 上执行 10 s。程序 B 的执行顺序为:在设备 DEV1 上执行 10 s,在 CPU 上执行 10 s,在设备 DEV2 上执行 5 s,又在 CPU 上执行 5 s,最后在设备 DEV2 上执行 10 s。

在顺序执行环境下,或者 A 程序先执行,然后 B 程序执行,或者 B 程序先执行,然后 A 程序执行。假设 A 程序先执行,如图 3-2(a)所示,A、B 两个程序全部执行完毕需要 80 s,其中 40 s 是程序使用 CPU 的时间,15 s 是使用设备 DEV1 的时间,25 s 是使用设备 DEV2 的时间。经过计算,得出在顺序执行环境下:

CPU 利用率 = 40/80 = 50%;

DEV1 利用率 = 15/80 = 18.75%;

DEV2 利用率 = 25/80 = 31.25%。

在并发执行环境下,A、B 两个程序可以同时执行,当 A 程序在 CPU 上执行的时候,B 程序可以使用设备 DEV1,如图 3-2(b)所示,A、B 两个程序全部执行完毕只需要 45 s。经过计算,得出在并发执行环境下:

CPU 利用率 = 40/45 = 88.9%;

DEV1 利用率 = 15/45 = 33.3%;

DEV2 利用率 = 25/45 = 55.6%。

由此可见,采用多道程序设计技术执行同样的两道程序,能大大改进系统性能,提高各类资源的利用率。

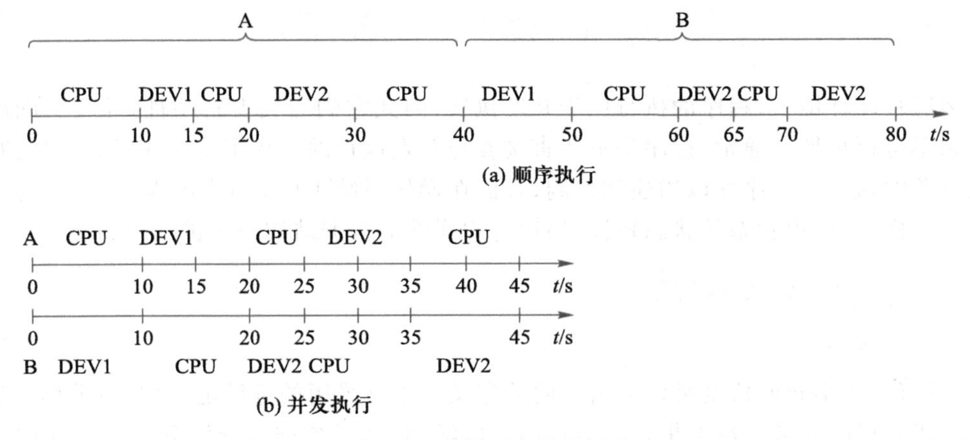

图 3-2 多道程序设计例子

衡量系统效率的重要指标是系统吞吐量。所谓吞吐量指的是单位时间内系统所处理进程的道数(数量)。如果系统的资源利用率高,则单位时间内完成的有效工作多,吞吐量大;反之,如果系统的资源利用率低,则单位时间内完成的有效工作少,吞吐量小。引入多道程序设计技术后,提高了设备资源利用率,使系统中各种设备经常处于忙碌状态,提高了内存资源和处理器资源利用率。最终提高了系统吞吐量。

多道程序设计技术改善了各种资源的使用情况,增加了系统吞吐量,提高了整个系统的效率,但也带来了资源的竞争。因此,在实现多道程序设计时,必须协调好资源使用者与被使用资源之间的关系,即对处理器资源加以管理,以实现处理器在各可运行程序之间的分配与调度;对内存资源加以管理,将内存分配给各运行程序,还要解决程序在内存中的定位问题,防止内存中各道程序之间互相干扰或对操作系统本身的干扰;对设备资源进行管理,保证各道程序在使用设备时不会发生冲突。

多道程序设计环境具有以下特点:

(1)独立性。多道程序环境下的程序在逻辑上都是独立的,且执行速度与其他程序无关。

(2)随机性。在多道程序环境下,程序和数据的输入与执行开始时间都是随机的。

(3)资源共享性。一般来说,多道程序环境下执行的程序道数总是多于系统中处理器的个数,因此同时执行的程序需要共享系统中的处理器及其他资源。

尽管多道程序设计改善了资源的使用情况,提高了系统效率,但也存在一些缺陷。主要问题在于:

(1)可能延长程序执行的时间。从图3-2的例子可看出,尽管整体上节省了时间,但就其中一个程序而言,原先只要40 s,现在需要45 s,执行时间变长了。

(2)系统效率的提高有一定限度。如果在多道程序设计环境下,继续增加并行运行的程序道数,系统的效率提高是有限的,因为这些程序在彼此竞争系统中的各种资源。有的程序竞争成功,而暂时的竞争失败者不得不等待,降低了效率。所以,多道程序设计对系统效率的提高有一定的限度。

3.2 进程的概念

在多道程序环境下,程序的执行属于并发执行,因此它们会失去封闭性,并具有间断性和运行结果不可再现性。通常,程序是不能直接参与并发执行的。为了使程序可以并发执行,并且可以对并发执行的程序加以描述和控制,人们在操作系统中引入了“进程”这一概念。下面介绍进程的概念、进程状态及状态转换、描述进程属性的数据结构——进程控制块。

3.2.1 进程的定义与特征

1. 进程的定义

对于进程,从不同的角度可以给出不同的定义。本书采用的进程定义如下:进程是具有一定独立功能的程序在某个数据集合上运行的一次活动,是系统进行资源分配和调度的一个独立单位。

简单来说,进程就是执行的程序。因此,进程不只是程序代码(程序代码有时称为文本段或代码段),还包括当前活动,如程序计数器的值和处理器寄存器的内容等。另外,进程通常还包括进程堆栈和数据段。进程堆栈包括临时数据,如函数参数、返回地址和局部变量,数据段包括全局变量。进程还可能包括堆(Heap),这是进程运行时动态分配的内存。

从操作系统角度来看,进程可分为系统进程和用户进程两类。系统进程执行操作系统程序,完成操作系统的某些功能。用户进程运行用户程序,直接为用户服务。系统进程的优先级通常高于一般用户进程的优先级。

2. 进程的特征

进程和程序是两个截然不同的概念,进程具有以下特征:

(1) 动态性。进程的实质是进程的执行过程,因此,动态性就是进程最基本的特征。动态性还表现在,它由创建而产生,由调度而执行,由撤销而消亡。由此可见,进程有一定的生命期,而程序只是一组有序指令的集合,并存放于某种介质上,其本身并不具有活动的含义,因而是静态的。

(2) 并发性。并发性是指多个进程共存于内存中,且能在一段时间内同时运行。引入进程的目的也正是使进程之间能够并发执行。因此,并发性是进程的另一个重要特征,同时并发性也成为操作系统的重要特征。

(3) 独立性。在传统操作系统中,独立性是指进程是一个能独立运行、独立获得资源、独立接受调度的基本单位。而程序不能作为一个独立的单位参与并发执行。

(4) 异步性。异步性是指进程是按异步方式运行的,即按各自独立的、不可预知的速度向前推进。正是这一特征才使得传统意义上的程序若参与并发执行,会使其结果不可再现。为了使并发执行的结果是可再现的,在操作系统中引入了进程的概念,并且配置了相应的进程同步机制。

3. 进程和程序的区别和联系

从前述的进程定义和特征可以看出,进程和程序既有联系又有区别。

进程和程序的联系在于:

(1) 程序是进程的组成部分之一,提供了进程的执行代码。从静态的角度看,进程是由程序、数据和进程控制块(Process Control Block,PCB)组成的。

(2) 进程是程序的一个实例,是程序的一次执行。

进程和程序的区别在于:

(1) 程序是静态的,进程是动态的。程序的存在是永久的;而进程是为了程序的一次执行而暂时存在的,有生命周期,有诞生,亦有消亡。

(2) 程序保存在外存,进程存在于内存。

(3) 一个程序可产生一个或多个进程,同样,一个进程可包括一道或多道程序的执行。例如,一个 Word 进程在运行时需要执行语法分析、单词拼写检查等若干程序。而一个 Word 程序可能需要同时生成几个 Word 进程,同时编辑几个不同文档。

4. 可再入程序

前文提到,一道程序可产生一个或多个进程。但要注意的是,一道程序不是在任何条件下都可以产生多个进程的。如果程序在执行过程中发生变化,那么这道程序的功能可能发生改变,不同用户在调用这道程序的时候,就可能得到不同的结果,因此这样的程序不能同时为多个用户服务。

有一种能被多个用户同时调用的程序,在执行过程中其自身是不能改变的。这样的程序称为“可再入程序”或“可重入程序”。可再入程序必须是纯代码。换句话说,可再入程序的代码与数据是分离的，调用它的进程需要为其提供专用工作区保存数据，这样才能保证程序以同样的方式为各用户服务。现代操作系统及编译程序等都属于可再入程序。

3.2.2 进程的状态及转换

进程的状态及转换

进程在从被创建到终止的全过程中一直处于不断变化的状态。进程的状态部分取决于进程的当前活动。为了刻画进程的变化过程，所有操作系统都把进程分成若干种状态，约定各种状态间的转换条件。下面我们讨论进程的状态模型。

1. 三状态进程模型

运行中的进程可以处于以下3种状态之一：运行、就绪、等待。

- 运行状态

运行状态是指进程已经获得处理器，并且在处理器上执行的状态。对任何一个时刻而言，在单处理器系统中，只有一个进程处于运行状态，而在多处理器系统中，则可能会有多个进程处于运行状态。

- 就绪状态

就绪状态是指一个进程已经具备运行条件，即进程已分配到除处理器以外的所有必要资源，但是由于没有获得处理器而不能运行的状态。一旦把处理器分配给它，该进程就转化为运行状态。处于就绪状态的进程可以是多个，通常会将它们按一定的策略（如优先级策略）排成一个队列，称该队列为就绪队列。

- 等待状态

等待状态也称阻塞状态或封锁状态，是指进程因等待某事件（如I/O请求）发生而暂时不能运行的状态。例如，当两个进程竞争同一个资源时，没有占用该资源的进程便处于等待状态，该进程必须等到该资源被释放之后才可以使用它。引起等待的原因一旦消失，进程便会进入就绪状态，以便在获得处理器后投入运行。系统中处于等待状态的进程可以有多个，通常系统会将处于等待状态的进程排成一个队列，称该队列为等待队列。实际上，在较大的系统中，为了减少队列操作开销，提高系统效率，根据等待原因的不同，会设置多个等待队列。

在任何时刻，任何进程都处于以上3种状态之一。进程在运行过程中，由于进程自身的进展情况和外界环境条件的变化，3种状态之间可以相互转换。这种转换是由操作系统完成的。图3-3表示了3种基本状态之间的转换，以及典型的转换原因。

（1）就绪→运行。处于就绪状态的进程已具备运行条件，但由于未能获得处理器仍然不能运行。对于单处理器系统而言，处于就绪状态的进程往往不止一个。进程调度程序根据调度算法（如优先级调度算法、时间片轮转调度算法等）把处理器分配给某个就绪进程，将控制转入该进程的启动程序，并把它从就绪状态变为运行状态。

（2）运行→就绪。处于运行状态的进程，如果因分配给它的时间片已用完，系统发出超时中断请求，或被抢占，该进程将被剥夺处理器并暂停执行，其状态便会由运行转为就绪，系统保留进程现场信息，并根据进程特点将其插入就绪队列的适当位置。

（3）运行→等待。处于运行状态的进程能否继续运行，除了受时间限制外，还受其他因素的影响。如果发生某事件而致使当前进程的执行受阻（例如进程需要访问某临界资源，而该资源又正在被其他进程访问），使之无法继续执行，则该进程状态将由运行转变为等待。

（4）等待→就绪。处于等待状态的进程在其被阻塞的原因获得解除后，不能立即转换为运行状态，而是由等待状态转换成就绪状态，当进程调度程序再次将处理器分配给它时，该进程才可恢复现场继续运行。

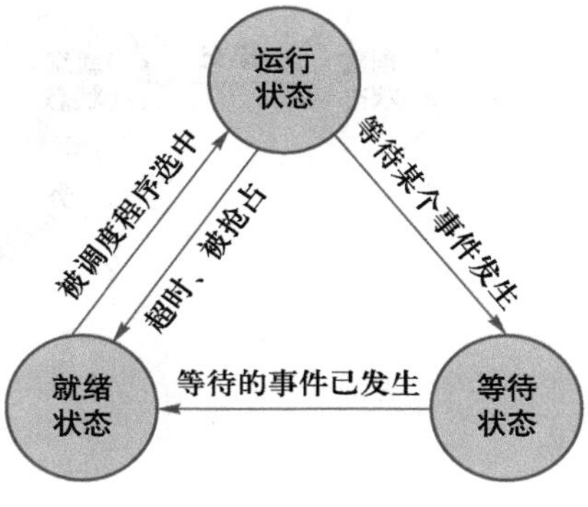

图 3-3　进程状态转换图

2. 五状态进程模型

在三状态进程模型中，进程在就绪、运行、等待 3 种状态间进行转换。而在五状态进程模型中，除了这 3 种状态外，还新增了创建状态和结束状态，用于描述进程创建和退出的过程。

- 创建状态

创建状态表示进程正在创建过程中，还不能运行。操作系统在创建进程时要进行的工作包括分配和建立 PCB 表项，创建资源表（如打开文件表）并分配资源，加载程序并建立地址空间表等。具体而言：首先，由进程申请一个空白 PCB，并在 PCB 中填写用于控制和管理进程的信息；然后，操作系统为该进程分配运行时所必需的资源；最后，操作系统把该进程的状态转换为就绪状态并将其插入就绪队列之中。但如果进程所需的资源尚不能得到满足，比如系统尚无足够的内存来存储进程，此时创建工作尚未完成，进程不能被调度运行，于是我们把此时进程所处的状态称为创建状态或新建状态。

引入创建状态，是为了保证进程的调度必须在创建工作完成后进行，以确保对进程控制块操作的完整性。同时，创建状态的引入也增加了管理的灵活性，操作系统可以根据系统性能或主存容量的限制，推迟新进程的提交（使进程处于创建状态）。对于处于创建状态的进程，当其获得了所需的资源，并完成了对 PCB 的初始化工作后，便可由创建状态转入就绪状态。

- 结束状态

进程已经结束运行，系统回收该进程中除进程控制块之外的其他资源，并让其他进程从该进程的进程控制块中收集有关信息（如记账和将返回值传递给父进程）。

进程的结束也有两个步骤：首先，等待操作系统进行善后处理；然后，将进程的 PCB 清零，并将 PCB 空间返还操作系统。当一个进程到达了自然结束点，或是出现了无法克服的错误，或是被操作系统所终结，或是被其他有终止权的进程所终结时，它就会进入结束状态。进入结束状态的进程不能再被执行，但在操作系统中依然会保留一个记录。其中，状态码和一些计时统计数据可供其他进程收集。一旦其他进程完成了对其信息的提取，操作系统就会删除该进程，即将其 PCB 清零，并将该空白 PCB 返还系统。图 3-4 所示为增加了创建状态和结束状态后，进程的 5 种状态及其转换关系。

3. 七状态进程模型

五状态进程模型没有区分进程地址空间是处于内存还是外存，而在操作系统引入虚拟存储管理技术后，需要进一步区分进程的地址空间状态。随着进程优先级的引入，一些低优先级

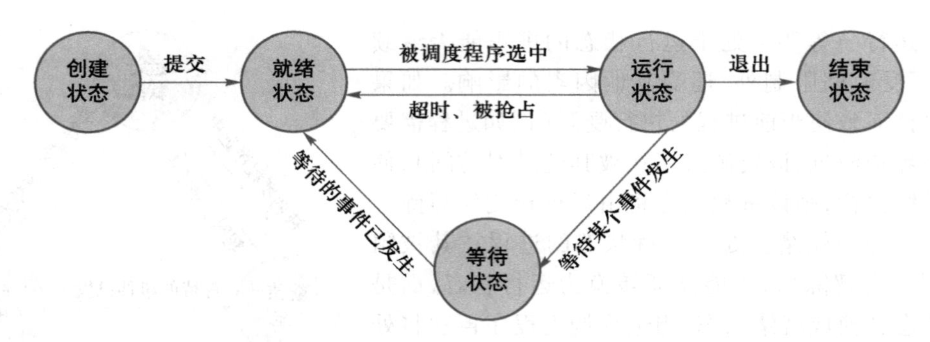

图3-4 五状态进程模型

进程可能要等待较长时间，从而被交换至外存。这种做法可以得到下列好处：

（1）提高处理器效率：就绪进程队列为空时，有空闲内存空间用于提交新进程，可以提高处理器的效率。

（2）为运行进程提供足够内存：当内存资源紧张时，可以把一些进程交换至外存，给运行中的进程提供更多内存空间。

（3）有利于调试：在调试时，挂起被调试进程，可方便对其地址空间进行读写。

与五状态进程模型相比，七状态进程模型把原来的就绪状态和等待（阻塞）状态进行了细分，增加了就绪挂起和等待挂起两个状态，如图3-5所示。其实质是在五状态进程模型基础上，引入了挂起和激活操作（使用挂起和激活原语实现）。

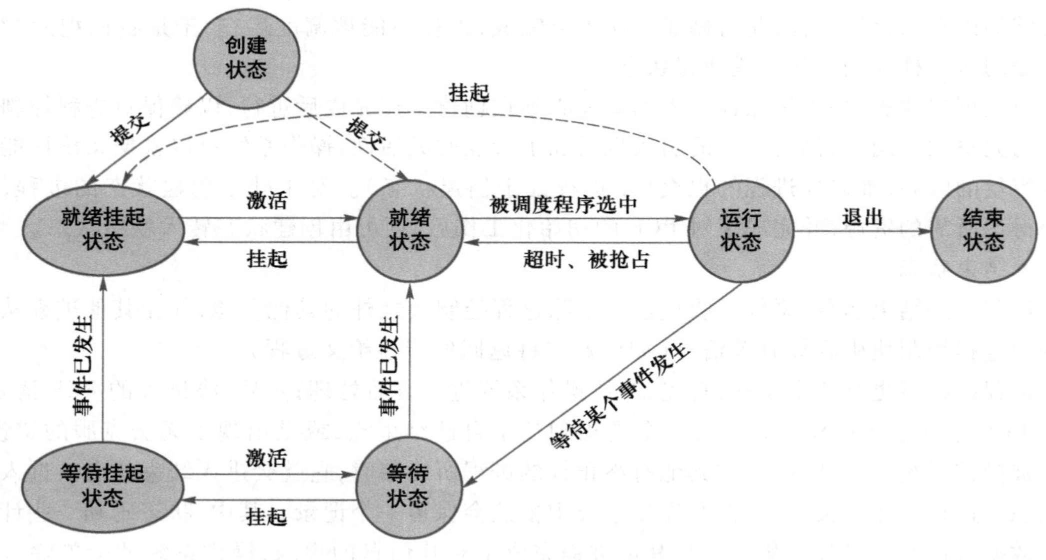

图3-5 七状态进程模型

以下列出的是在七状态进程模型中意义发生变化的4种状态或新的状态。

（1）就绪状态：进程在内存且可立即进入运行状态。

（2）等待状态：进程在内存并等待某事件的发生。

列的第一个和最后一个进程的 PCB 地址，以便进行双向搜索。

一个刚被创建的进程，其初始状态为就绪状态。因此，新进程被加到就绪队列，它在就绪队列中等待，直到被选中执行或被分派，状态变为运行状态。当该进程分配到 CPU 并执行时，以下事件可能发生：

- 进程可能发出 I/O 请求，则进程被放到对应的 I/O 队列中。
- 进程可能创建一个新的子进程，则进程等待子进程执行终止。
- 进程可能由于中断而被强制释放 CPU，则进程被放回就绪队列中。

对于前面两种情况，进程最终完成对应的操作后会从等待状态切换到就绪状态，并放回就绪队列。进程重复这一循环直到其终止。最后它会从所有队列中移去，其 PCB 和资源也会被释放。

3.3 进程控制

进程控制是进程管理中最基本的功能，包括创建新进程，终止已完成的进程，将因发生异常情况而无法继续运行的进程置于等待状态，转换运行中进程的状态等。例如，当一个正在运行的进程因等待某事件而暂时不能继续运行时，则将其置于等待状态，而在该进程所期待的事件出现后，又将其置于就绪状态。进程控制一般是由操作系统内核中的进程控制原语来实现的。

进程控制

所谓原语，是指由若干条指令组成的一个指令序列，用来实现某个特定的操作功能。这个指令序列的执行是连续的，具有不可分割性，在执行时也不可间断，直至该指令序列执行结束。原语又可称为原子操作。

用于进程控制的原语一般有：创建进程、撤销进程、挂起进程、激活进程、等待进程、唤醒进程，以及改变进程优先级等。下面介绍最常用的原语：进程的创建、进程的撤销、进程的等待与唤醒。

3.3.1 进程的创建

1. 进程的层次结构

在操作系统中，允许一个进程创建另一个进程，通常把创建进程的进程称为父进程，而把被创建的进程称为子进程。若进程 P_i 创建了进程 P_j，则称 P_i 是 P_j 的父进程，P_j 是 P_i 的子进程。子进程可以继续创建自己的子进程（即父进程的孙进程），由此便形成了进程的层次结构，从而整个系统可以形成一个树形结构的进程家族。例如，在 UNIX 中，进程与其子孙进程可共同组成一个进程家族。

为了形象地描述一个进程的家族关系，引入了进程树。所谓进程树，就是用于描述进程间关系的一棵树，典型 Linux 系统的进程树如图 3-8 所示。图中的结点代表进程。

可用一条由进程 P_i 指向进程 P_j 的边来描述进程之间的父子关系。创建父进程的进程称为祖先进程，这样便形成了一棵进程树，树的根结点作为进程家族的祖先。

2. 进程的创建

每当在系统中出现创建进程的请求时，操作系统便会调用进程创建原语，并按下述步骤创

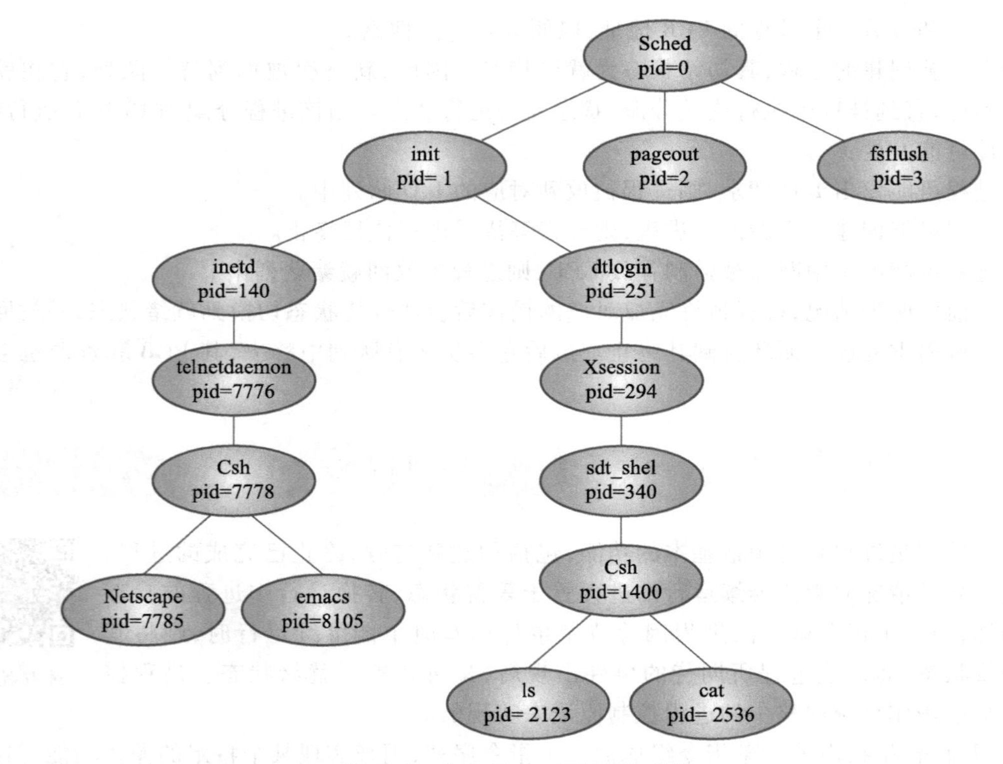

图 3-8　典型 Linux 系统的进程树

建一个新进程。

(1) 申请空白 PCB。为新进程申请获得唯一的数字标识符,并从 PCB 集合中索取一个空白 PCB。

(2) 为新进程分配其运行所需的资源。包括各种物理和逻辑资源,如内存、文件、I/O 设备和 CPU 时间等。这些资源或从操作系统获得,或从其父进程获得。

(3) 初始化 PCB。在 PCB 中填入各类初始化信息,包括标识信息、处理器状态信息、控制信息等。

(4) 如果进程就绪队列能够接纳新进程,就将新进程插入就绪队列。

当进程创建新进程时,有两种可能的执行方式:

- 父进程与子进程并发执行;
- 父进程等待,直到其某个或全部子进程执行完毕。

新进程的地址空间也有两种可能的情况:

- 子进程是父进程的复制品(即子进程具有与父进程相同的程序和数据);
- 子进程加载另一个新程序。

上述不同功能的实现,可以用 UNIX 系统中创建新进程的系统调用 fork( ) 为例进行说明。使用 fork( ) 创建的新进程是通过复制原进程的地址空间而形成的,这种机制支持父进程与子进程方便地进行通信。这两个进程(父进程和子进程)都会继续执行位于系统调用 fork( ) 之后的指令。但不同的是,对于子进程,系统调用 fork()的返回值为 0;而对于父进程,返回值为子进程的进程标识符(非 0)。

通常,在执行系统调用 fork()后,进程会使用另一个系统调用,即 exec(),用新程序来取代进程的内存空间。系统调用 exec()会将二进制文件装入内存(取代了原来包含 exec()程序的内存映射),并开始执行。采用这种方式,两个进程能够相互通信,并能按各自的方法执行。父进程能创建更多的子进程,或者如果在子进程运行时父进程没有事情可做,那么它可以使用系统调用 wait()把自己移出就绪队列以等待子进程的终止。

如下所示的 C 程序说明了上述 UNIX 的系统调用。这里有两个不同进程,但运行同一个程序。这两个进程的唯一差别是,子进程的 pid 值为 0,而父进程的 pid 值大于 0(实际上,它就是子进程的 pid)。子进程继承了父进程的权限、调度属性和某些资源。通过系统调用 execlp()(这是系统调用 exec()的一个版本),子进程采用 UNIX 命令/bin/ls(列出目录清单)来覆盖其地址空间。通过系统调用 wait(),父进程等待子进程的完成。当子进程完成后,父进程会从 wait()调用处继续执行,并且在结束时会调用系统调用 exit()。

```
#include <unistd.h>
#include <sys/types.h>
#include <sys/wait.h>
#include <stdio.h>
#include <errno.h>
int main( )
{
   pid_t pid;
   pid = fork( );          //创建子进程
   if ( pid < 0 ) {          //发生错误,创建不成功
      fprintf( stderr, "Fork Failed" ) ;
      return 1;
   }
   else if ( pid == 0 ) {   //子进程
      execlp( "/bin/ls" , "ls -al " , NULL) ;  //装载子进程的运行代码/bin/ls
   }
   else {   //父进程
      wait ( NULL) ;//父进程等待子进程运行结束
      printf( " child process return %d\n", pid ) ;    //输出子进程的 pid
   }
   return 0;
}
```

3.3.2 进程的撤销

1. 引起进程终止的事件

进程终止分为正常退出(Exit)和异常退出(Abort)。正常退出表示进程的任务已经完成,准备退出运行。在任何系统中,都应有一个用于表示进程已经运行完成的指示。如批处理系统中的Holt指令,用于向操作系统表示运行已结束。异常退出是指进程在运行时,发生了某种异常事件,使进程无法继续运行而退出。常见的异常事件有:内存不足、非法指令或地址访问越界、进程执行超时、运算出错、I/O操作失败、被其他进程(如父进程)所终止等。

2. 进程终止的过程

当系统中发生了要求终止进程的某事件后,操作系统便会调用进程终止原语,按下述步骤终止指定的进程:① 根据被终止进程的标识符,从PCB集合中检索出该进程的PCB,并从该进程的PCB中读出该进程的状态;② 若被终止进程正处于执行状态,则立即终止该进程的执行,并置调度标志为真,以指示该进程被终止后应重新进行调度;③ 若该进程还有子孙进程,则还应终止其所有子孙进程,以防它们成为不可控的进程;④ 将被终止的进程所拥有的全部资源,或归还给其父进程,或归还给系统;⑤ 将被终止进程的PCB从所在队列(或链表)中移出,等待其他程序来搜集信息。

3.3.3 进程的阻塞与唤醒

1. 进程阻塞的过程

对于正在运行的进程,如果发生了某个事件(如等待I/O操作),进程便会通过阻塞原语block将自己阻塞。由此可见,阻塞是进程自身的一种主动行为。

进入阻塞阶段后,由于该进程还处于执行状态,因此系统应该首先立即停止执行该进程,把PCB中的现行状态由运行改为等待(阻塞),然后将PCB插入等待(阻塞)队列。如果系统中设置了因不同事件而阻塞的多个阻塞队列,则应将该进程插入相同事件的阻塞队列。最后,转至调度程序重新进行调度操作,将处理器分配给另一就绪进程并进行切换,即保留被阻塞进程的处理器状态,并按新进程的PCB中处理器状态设置CPU环境。

2. 进程唤醒的过程

当被阻塞的进程所期待的事件发生时,例如它所启动的I/O操作已完成,或其所期待的数据已经到达,有关进程(如提供数据的进程)就会调用唤醒原语wakeup,将等待该事件的进程唤醒。

具体执行过程是:首先把被阻塞的进程从等待该事件的阻塞队列中移出,将其PCB中的现行状态由等待(阻塞)状态改为就绪状态;然后将该PCB插入就绪队列中,等待被调度执行。

应当指出,block原语和wakeup原语是一对作用刚好相反的原语。在使用它们时,必须成对使用,即如果在某进程中调用了阻塞原语,则必须在与之相合作的或其他相关进程中调用一条相应的唤醒原语,以便能唤醒被阻塞的进程;否则,阻塞进程将会因不能被唤醒而永久地处于阻塞状态,再无机会继续运行。

3.4 线 程

20 世纪 60 年代中期，人们在设计多道程序操作系统时，引入了进程的概念，从而解决了在单处理器环境下的程序并发执行问题。此后在长达 20 年的时间里，多道程序操作系统中一直以进程为拥有资源并独立调度(运行)的基本单位。直到 20 世纪 80 年代中期，人们才提出了比进程更小的基本单位——线程(Thread)的概念，并试图用它来提高程序并发执行的程度，以进一步改善系统的服务质量。特别是在进入 20 世纪 90 年代后，多处理器系统得到了迅速发展，由于线程能更好地提高程序的并行执行程度，近些年推出的多处理器操作系统无一例外地都引入了线程，用于改善操作系统的性能。

本节简要介绍线程的基本概念、将进程和线程进行比较，并简单讨论了线程的实现技术，为今后读者更好地理解、掌握和使用线程打下初步的基础。

3.4.1 线程的基本概念

如果说在操作系统中引入进程的目的是使多个程序能并发执行，以提高资源利用率和系统吞吐量，那么，在操作系统中再引入线程，则是为了减少程序在并发执行时所付出的时空(时间和空间)开销，以使操作系统具有更好的并发性。

1. 进程的两个基本属性

让我们来回顾进程的两个基本属性。① 进程是一个可拥有资源的独立单位。一个进程要能独立运行，就必须拥有一定的资源，包括用于存放程序和数据的磁盘，内存地址空间，以及运行时所需要的 I/O 设备、已打开的文件、信号量等。② 进程同时又是一个可独立调度和分派的基本单位。每个进程在系统中均有唯一的 PCB，系统可根据 PCB 感知进程的存在，也可根据 PCB 中的信息对进程进行调度，还可将断点信息保存在进程的 PCB 中，再利用 PCB 中的信息来恢复进程运行的现场。正是由于具有这两个基本属性，进程才能成为一个能独立运行的基本单位，从而也就构成了进程并发执行的基础。

2. 程序并发执行所须付出的时空开销

为使程序能并发执行，系统必须进行以下一系列操作。① 创建进程。系统在创建一个进程时，必须为其分配其所必需的、除处理器以外的所有资源(如内存空间、I/O 设备等)，并建立相应的 PCB。② 撤销进程。系统在撤销进程时，必须先对其所占有的资源执行回收操作，然后再撤销 PCB。③ 进程切换。对进程进行上下文切换时，需要保留当前进程的 CPU 环境，并设置新选中进程的 CPU 环境，这一过程须花费不少的处理器时间。

据此可知，由于进程是一个资源的拥有者，因而在创建、撤销和切换中，系统必须为其付出较大的时空开销。这就限制了系统中所设置进程的数目，而且进程切换也不宜过于频繁，从而限制了并发执行程度的进一步提高。

3. 线程的概念

为了能使多个程序更好地并发执行，同时又能尽量减少系统开销，可以将进程的两个基本属性分开，由操作系统分别处理，即无须同时满足“作为调度和分派的基本单位”和“作为拥有资源的基本单位”，以实现“轻装上阵”；而对于拥有资源的基本单位，又不对之施以频繁切换。

正是在这种思想的指导下,形成了线程的概念。

线程是进程中的一个实体,是处理器调度和分派的基本单位。线程自己基本上不拥有系统资源,只拥有少量在运行中必不可少的资源(如程序计数器、一组寄存器和栈等),但它可与同属一个进程的其他线程共享进程所拥有的全部资源。

同进程类似,一个线程也可以创建和撤销另一个线程;同一进程中的多个线程可以并发执行。线程的运行也跟进程一样呈现出间隔性,也有不同的状态,如3个基本状态:就绪、运行和等待。

4. 线程的属性

线程具有如下属性:

(1) 如同每个进程有一个PCB一样,系统也为每个线程配置了一个线程控制块(Thread Control Block,TCB),将所有用于控制和管理线程的信息均记录在TCB中。TCB主要由4部分组成:① 线程标识符,每个线程有一个唯一的线程标识符;② 一组寄存器(包括程序计数器、状态寄存器和通用寄存器等);③ 两个栈指针,一个指向核心栈,一个指向用户栈,当用户线程转换到内核态下运行时,使用核心栈;当线程在用户态下运行时,使用用户栈;④ 线程专有存储区,用于在线程切换时存放现场保护信息和与该线程相关的统计信息等。

(2) 不同的线程可以执行相同的程序,即同一个服务程序在被不同用户调用时,操作系统为它们建立不同的线程。

(3) 同一个进程中的各个线程共享该进程的内存地址空间。

(4) 引入线程后,线程是处理器的独立调度和分派单位,多个线程可以并发执行。在单处理器的计算机系统中,多个线程交替占用处理器;在多处理器的计算机系统中,各线程可同时占用不同的处理器,如果多个处理器同时运行同一个进程的线程,则可缩短该进程的处理时间。

(5) 线程具有生命周期,从创建到终止,经历等待、就绪和运行状态等各种状态变化。

5. 引入线程的优点

引入线程具有以下四大优点:

(1) 提高并发性:利用线程,系统可以方便有效地实现并发性。进程可创建多个线程来执行同一程序的不同部分。这样,不仅进程之间可并发执行,而且同一进程中的多个线程也可以并发执行。

(2) 利于资源共享:线程默认共享它们所属进程的内存和资源。代码和数据共享的优点是:允许一个应用程序在同一地址空间内有多个不同的活动线程,线程之间相互通信更简便、速度更快。

(3) 开销小:由于线程能够共享它们所属进程的资源,所以创建和切换线程更加经济。例如Solaris系统,进程创建的时间开销比线程创建大30倍,进程切换的时间开销比线程切换大5倍。

(4) 利于充分发挥多处理器的功能:对于多处理器体系结构,多线程的优点更多,因为线程可以在多处理核上并行运行。而不管有多少可用CPU,单线程进程只能运行在一个CPU上。

3.4.2 线程与进程的比较

线程具有传统进程所具有的很多特征，因此又称线程为轻型进程（Light-Weight Process）或进程元，相应地，把传统进程称为重型进程（Heavy-Weight Process），其相当于只有一个线程的任务。下面将从调度、并发性、拥有资源和系统开销等方面对线程和进程进行比较。

1. 调度

在传统的操作系统中，进程作为独立调度和分派的基本单位，能够独立运行。在每次进程被调度时，都需要进行上下文切换，开销较大。而在引入线程的操作系统中，已把线程作为调度和分派的基本单位，因而线程是能独立运行的基本单位。当进行线程切换时，仅须保存和设置少量寄存器内容，切换代价远低于进程。在同一进程中，线程的切换不会引起进程的切换，但从一个进程中的线程切换到另一个进程中的线程时，必然会引起进程的切换。

2. 并发性

在引入线程的操作系统中，不仅进程之间可以并发执行，而且一个进程中的多个线程之间亦可并发执行，甚至还允许一个进程中的所有线程都并发执行。同样，不同进程中的线程也能并发执行。这使得操作系统具有了更好的并发性，从而能更加有效地提高资源利用率和系统吞吐量。例如，在文字处理器中可设置 3 个线程：第 1 个线程用于显示文字和图形，第 2 个线程通过键盘读入数据，第 3 个线程在后台检查拼写和语法。又如，在网页浏览器中可设置 2 个线程：第 1 个线程用于显示图像或文本，第 2 个线程用于从网络中接收数据。

此外，有的应用程序需要执行多个相似的任务。例如，一个网络服务器经常会接到许多客户的请求，如果仍采用传统单线程的进程来执行该任务，则每次只能为一个客户提供服务。但如果在一个进程中设置多个线程，并使其中的一个线程专用于监听客户的请求，则每当有一个客户请求时，便会立即创建一个线程来处理该客户的请求。

3. 拥有资源

不论操作系统是否引入线程，进程都是拥有资源的独立单位。一般来说，线程不拥有自己的系统资源（当然其拥有运行必不可少的资源），但线程可以访问其隶属进程的资源，进程的系统资源包括打开的文件、内存空间、分配使用的 I/O 设备等。

4. 系统开销

创建进程所需的内存和资源非常多。而线程的创建花费时间少，不需要另行分配资源，所以创建线程的速度比进程快，系统开销也少。

类似地，在进行进程切换时，涉及进程的上下文切换，需要消耗的系统资源多。而在进行线程切换时，同一个进程中的线程切换只需保存和设置少量寄存器的内容，并不涉及存储器方面的操作；而不同进程中的线程切换等同于进程切换。由此可见，进程切换的开销也远大于线程切换的开销。

此外，由于同一进程中的多个线程具有相同的地址空间，这使它们之间同步和通信的实现也变得比较容易，甚至无须内核的干预。

3.4.3 线程的实现

多线程模型

线程已在许多系统中实现，但各系统中实现的方式并不完全相同。线程可分为用户级线程和内核级线程。在有的系统中，特别是一些数据库管理系统，如 Informix，所实现的是用户级线程；而在另一些系统中，如 Windows XP，Linux，Mac OS X 和 OS/2 等，所实现的是内核级线程；此外，在 Solaris 等系统中，所实现的则是这两种线程的组合。

1. 用户级线程

用户级线程（User-Level Threads）不依赖于内核，只存在于用户态中，对它的创建、撤销和切换不会通过系统调用来实现，因而这种线程与内核无关。相应地，内核也并不知道用户级线程的存在，内核是按照正常的方式进行管理，即单线程进程。

这种方法最明显的优点是，用户级线程可以在不支持线程的操作系统上实现。过去所有的操作系统都属于这个范围，可以通过线程库来实现用户级线程。

在用户空间管理线程时，每个进程有一个私有的线程表（Thread Table），用来记载该进程所拥有的各个线程的情况，如每个线程的程序计数器、堆栈指针、寄存器和状态等。该线程表由运行时系统管理。当一个线程转换到就绪状态或阻塞状态时，在该线程表中存放重新启动该线程所需的信息，与内核在进程表中存储进程的信息完全一样。

用户级线程的主要优点是：

（1）线程切换速度很快。例如，当一个线程要等待同一个进程中的另一个线程完成某项工作时，就调用一个运行时系统的过程，这个过程检查该线程是否必须进入阻塞状态。如果是，就把它的寄存器保存在线程表中，并在该表中找一个可运行的就绪线程，重新把新线程的值装入机器寄存器中。只要堆栈指针和程序计数器一被切换，新的线程就自动投入运行。如果机器指令集中有用于保存所有寄存器的指令和恢复寄存器的指令，那么整个线程的切换可以在几条指令内完成。很显然，这比使用系统调用并陷入内核去处理要快得多。

（2）允许每个进程有自己定制的调度算法，并且不干扰操作系统的调度程序。

（3）用户级线程可以运行在任何操作系统上，包括不支持线程机制的操作系统。线程库是一组应用级的实用程序，所有应用程序都可共享。

用户级线程的主要缺点在于：系统调用的阻塞问题。在典型的操作系统中，系统调用都是阻塞式的。当一个线程执行系统调用时，不仅它自己被阻塞，而且在同一个进程内的所有线程都被阻塞。另外，在单纯的用户级线程方式中，多线程应用程序不具有多处理器的优点。

2. 内核级线程

内核级线程或内核支持线程（Kernel-Supported Threads）依赖于内核，无论是用户进程中的线程还是系统进程中的线程，它们的创建、撤销和切换都由内核实现。在内核中保留了一个线程控制块，系统根据该控制块感知线程的存在并对其实施管理和控制。采用内核级线程后，线程表不在每个进程的空间中，而在内核空间中有用来记录系统中所有线程的线程表。当某个线程想创建一个新线程或撤销一个已有线程时，必须执行系统调用，这个系统调用通过对线程表的更新来完成线程创建或撤销的工作。线程表中的信息与用户级线程相同。另外，在内核空间中，还保存一个传统的进程表，其中记载系统中所有进程的信息。

在内核级线程管理方式下，系统将进程作为一个整体来管理，它的有关信息由内核保管，内核进行调度时以线程为基本单位。这种方式克服了用户级线程的两个主要缺陷：在多处理器系统中，内核可以同时调度同一进程的多个线程；如果一个进程的某个线程被阻塞了，内核可以调度同一进程的其他线程。这种方式还有一个优点是：内核级线程本身也可以是多线程的。

内核级线程的主要缺点是控制转移开销大。在同一个进程中,从一个线程切换到另一个线程时,需将模式从用户态切换到内核态。统计表明,在单 CPU 系统中,采用内核级线程,线程的创建、调度、执行开销,以及线程间同步开销都很大。

我们从以下几个方面对用户级线程和内核级线程进行比较。

(1) 线程的调度与切换速度。

内核级线程的调度和切换与进程的调度和切换十分相似。例如,线程调度方式,同样采用抢占方式和非抢占方式两种;在线程的调度算法上,也同样可采用进程调度算法。当然,线程在调度和切换上所花费的开销要比进程小得多。在用户级线程的系统中,切换通常发生在同一个进程的诸线程之间,这时,不仅无须通过中断进入操作系统的内核,而且切换的规则也比进程调度和切换的规则简单。因此,用户级线程的切换速度特别快。

(2) 系统调用。

当传统的用户进程调用一个系统调用时,要由用户态转入内核态,用户进程将被阻塞。当内核完成系统调用而返回时,才将该进程唤醒,继续执行。而在用户级线程调用一个系统调用时,由于内核并不知道有该用户级线程的存在,因而把系统调用看作整个进程的行为,于是使该进程等待,而调度另一个进程执行。同样是在内核完成系统调用而返回,进程才能继续执行。如果系统中设置的是内核支持线程,则调度是以线程为单位的。当一个线程调用一个系统调用时,内核把系统调用只看作该线程的行为,因而阻塞该线程,但是可以再调度该进程中的其他线程执行。

(3) 线程执行时间。

对于只设置了用户级线程的系统,调度是以进程为单位进行的。在采用时间片轮转调度算法时,各个进程轮流执行一个时间片,这对诸进程而言似乎是公平的。但假如在进程 A 中只包含了一个用户级线程,而在另一个进程 B 中含有 100 个线程,这样,进程 A 中线程的运行时间,将是进程 B 中各线程运行时间的 100 倍;相应地,进程 A 的运行速度是进程 B 的 100 倍。假如系统中设置的是内核级线程,其调度是以线程为单位进行的,这样,进程 B 可以获得的处理器时间是进程 A 的 100 倍,进程 B 可使 100 个系统调用并发工作。

3. 混合实现方式

有一些系统同时实现了用户级线程和内核级线程,从而取长补短。

在混合方式中,内核只知道内核级线程,也只对它们实施调度。某些内核级线程对应多个用户级线程,这些用户级线程的创建、撤销和调度完全在用户空间中进行。

利用混合方式,同一个进程中的多个线程可在多个处理器上并发执行,且阻塞式系统调用不必将整个进程阻塞。所以,这种方式吸收了上述两者的优点,克服了各自的不足。

在混合方式中,用户级线程和内核级线程之间必然存在某种关联关系,这里介绍它们之间 3 种常用模型:多对一模型、一对一模型和多对多模型。

(1) 多对一模型。

多对一模型是指将多个用户级线程映射到一个内核级线程上。如图 3-9 所示,这些用户级线程一般属于一个进程,运行在该进程的用户空间,对这些线程的调度和管理也是在该进程的用户空间中完成的。仅当用户级线程需要访问内核时,才会将其映射到一个内核级线程上,但每次只允许一个线程进行映射。该模型的主要优点是:线程管理的开销小,效率高。其主要缺点是:如果一个线程在访问内核时发生阻塞,则整个进程都会被阻塞;此外,在任一时刻,只有一个线程能够访问内核,多个线程不能同时在多个处理器上运行。

(2)一对一模型。

一对一模型是指将每个用户级线程映射到一个内核级线程上。如图 3-10 所示,系统为每个用户级线程都设置了一个内核级线程与之连接。该模型的主要优点是:当一个线程阻塞时,允许调度另一个线程运行,所以它提供了比多对一模型更好的并发功能。此外,在多处理器系统中,它允许多个线程并行地运行在多处理器上。该模型的缺点是:每创建一个用户级线程,相应地就需要创建一个内核级线程,开销较大,因而需要限制整个系统的线程数。Windows 2000、Windows NT、OS/2 等系统都实现了该模型。

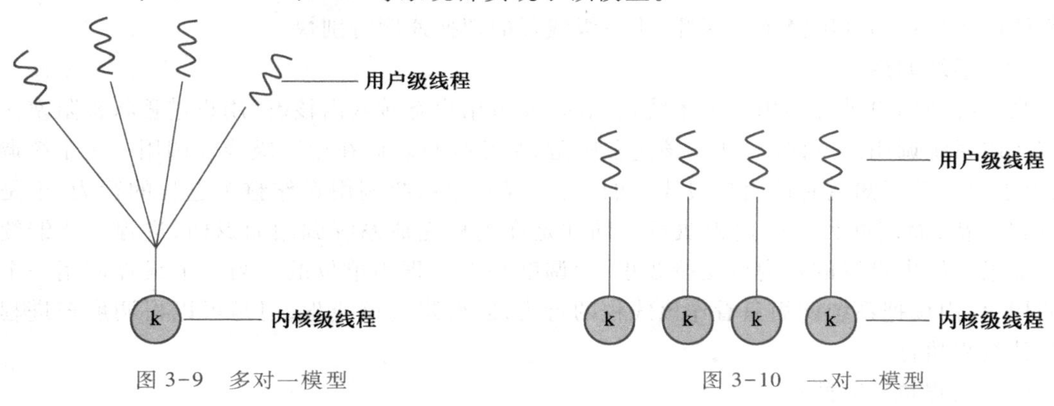

图 3-9　多对一模型　　　图 3-10　一对一模型

(3)多对多模型。

多对多模型是指将许多用户级线程映射到同样数量或较少数量的内核级线程上。如图 3-11所示,内核级线程的数目可以根据应用进程和系统的不同而变化,可以比用户级线程数少,也可以与之相等。该模型结合了上述两种模型的优点,它可以像一对一模型那样,使一个进程的多个线程并发地执行在多处理器系统上,也可以像多对一模型那样减少线程管理开销和提高效率。

多对一模型允许开发人员创建任意多的用户级线程,但是由于内核只能一次调度一个线程,所以并未增加并发性。一对一模型提供了更大的并发性,但是开发人员应尽量避免在应用程序内创建任意多的用户级线程(有时操作系统可能会限制线程的数量)。多对多模型没有这两个缺点:开发人员可以创建任意多的用户级线程,并且内核级线程能够在多处理器系统上并发执行。而且,当一个线程执行阻塞系统调用时,内核可以调度另一个线程来执行。

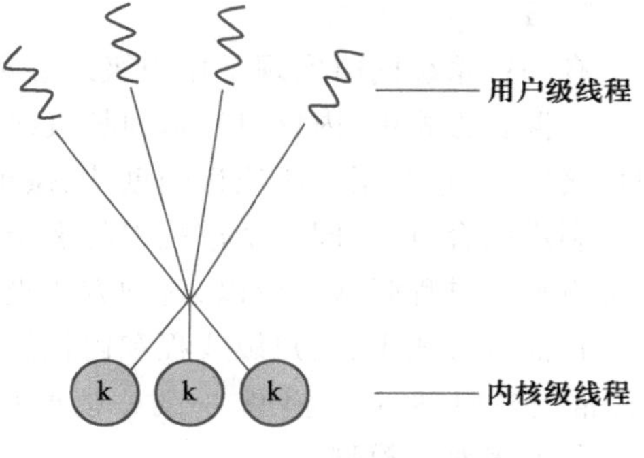

图 3-11　多对多模型

4. 线程库

线程库(Thread Library)为开发人员提供创建和管理线程的 API。实现线程库的主要方法有两种。第一种方法是,在用户空间中提供一个没有内核支持的库。这种库的所有代码和数据结构都位于用户空间。这意味着,调用库内的一个函数只是引发了用户空间内的一个本地函数的调用,而不是系统调用。第二种方法是,实现由操作系统直接支持的内核级的一个库。对于这种情况,库内的代码和数据结构位于内核空间。调用库中的一个 API 函数通常会引发对内核的系统调用。

目前使用的 3 种主要线程库是:Pthreads 、Windows、Java。Pthreads 作为 POSIX 标准的扩展,可以提供用户级或内核级的库。Windows 线程库是用于 Windows 操作系统的内核级线程库。Java 线程 API 允许在 Java 程序中直接创建和管理线程。然而,由于大多数 Java 虚拟机(JVM)实例运行在宿主操作系统之上,Java 线程 API 通常采用宿主系统的线程库来实现。这意味着在 Windows 系统上,Java 线程通常采用 Windows API 来实现,而在 UNIX 和 Linux 系统中采用 Pthreads 来实现。

对于 POSIX 和 Windows 线程,全局声明(即在函数之外声明)的任何数据,可为同一进程的所有线程共享。因为 Java 没有全局数据的概念,所以线程对共享数据的访问必须加以显式安排。属于某个函数的本地数据通常位于堆栈中。由于每个线程都有自己的堆栈,每个线程都有自己的本地数据。在接下来的部分中,我们以 Pthreads 为例介绍线程库。

为编写线程程序,美国电气与电子工程师学会(IEEE)定义了 IEEE 1003. 1c 线程标准,Pthreads 是基于该标准实现的线程包。这是线程行为的规范,而不是实现,操作系统的设计人员可以根据意愿采取任何形式对其进行实现。许多操作系统都实现了这个线程规范,例如,大部分 UNIX 系统都支持该标准,包括 Linux、Mac OS 和 Solaris 等。虽然 Windows 本身并不支持 Pthreads,但是有些第三方为 Windows 提供了 Pthreads 的实现。

该标准定义了超过 60 个函数调用,表 3-1 中列举了几个主要的函数调用。

表 3-1 Pthreads 的主要函数调用

函数调用	描述
pthread_create	创建一个新线程
pthread_exit	结束调用的线程
pthread_join	等待一个特定的线程退出
pthread_yield	释放处理器来运行另外一个线程
pthread_attr_init	创建并初始化一个线程的属性结构
pthread_attr_destroy	删除一个线程的属性结构

所有 Pthreads 线程都有某些特性。每一个都含有一个标识符、一组寄存器(包括程序计数器等)和一组存储在结构中的属性,这些属性包括栈大小、调度参数及其他线程需要的项目。

创建一个新线程需要使用 pthread_create 调用。新创建线程的线程标识符作为函数值返回。当一个线程完成分配给它的工作时,可以通过调用 pthread_exit 来终止,这个调用终止该线程并释放其栈。一般一个线程在继续运行前需要等待另一个线程完成工作并退出,可以通过 pthread_join 调用来等待一个其他特定线程的终止,而要等待线程的线程标识符作为一个参数给出。有时会出现这种情况:一个线程逻辑上没有被阻塞,但它已经运行了足够长的时间,并且希望让出处理器给另外一个线程运行,这时可以通过调用 pthread_yield 完成这一目标,而进程中没有这种调用。pthread_attr_init 建立关联一个线程的属性结构并初始化成默认值,这些值(如优先级)可以通过修改属性结构中的域值来改变。pthread_attr_destroy 调用的作用是删除一个线程的属性结构,释放它占用的内存,这个操作不会影响调用它的线程,这些线程会继续存在。

为了更好地了解 Pthreads 是如何工作的,下面给出一个简单的例子。

```
#include <pthread.h>
#include <stdio.h>
#include <stdlib.h>
#define NUMBER_OF_THREADS 10
void * print_hello_world ( void * tid ){
    /* 本函数输出线程的标识符,然后退出。 */
    printf ("Hello World. %d0, tid");
    pthread_exit ( NULL ) ;
}
int main ( int arge, char * argv [ ] ){
    /* 主程序创建 10 个线程,然后退出。 */
    pthread _ t threads [ NUMBER_OF_THREADS ];
    int status , i ;
    for ( i=1 ; i < NUMBER_OF_THREADS; i ++){
        printf (" Main here. Creating thread %d0, i")
        status = pthread_create (&thread[i] , NULL , print_hello_world , ( void * ) i );
        if ( status ! =0){
            printf (" pthread_create returned error code %d0, status ");
            exit (-1);
        }
    }
    exit ( NULL );
}
```

这里主程序在发布其意图后,循环 NUMBER_OF_THREADS 次,每次创建一个新的线程。如果线程创建失败,会在打印出一条错误信息后退出。在创建完所有线程之后,主程序退出。当创建一个线程时,它打印一条提示信息,然后退出。这些不同信息交错的顺序是不确定的,并且可能在连续运行程序的情况下发生变化。

本章小结

本章从程序的执行方式入手，先后引入了操作系统中的两个重要概念：进程和线程。程序的执行方式有顺序执行和并发执行两种。在顺序执行方式下，单个程序独占处理器执行，直到得到最终结果。顺序执行具有顺序性、封闭性、执行结果的确定性和可再现性特点，但系统的运行效率低。在并发执行方式下，多个程序在计算机系统中，同时处于已开始执行且尚未结束的状态。并发执行的程序相互制约，程序与计算不再一一对应，而且执行结果不可再现，但系统效率得到提升。

多道程序设计是操作系统最基本、最重要的技术之一，多道程序设计改善了各种资源的使用情况，增加了吞吐量，提高了系统效率，但也带来了资源竞争，其特点是独立性、随机性和资源共享性；其缺点是可能延长程序的执行时间，对系统效率的提高有一定的限度。

进程是具有一定独立功能的程序在某个数据集合上的一次运行活动，是系统进行资源分配和调度的一个独立单位。进程是由程序、数据和进程控制块（PCB）3 部分组成的，它具有并发性、动态性、独立性和异步性等特征。进程和程序既有联系又有区别，程序是静态的，而进程是动态的；一个进程可以包括若干程序的执行，而一道程序亦可以产生多个进程；进程具有创建其他进程的功能，从而可以构成进程家族。一个进程可以处于运行、就绪和等待 3 种基本状态之一，并且随着进程自身的进展情况和外界环境条件的动态变化，进程的状态在这 3 种基本状态中转换。

操作系统中的每个进程都是通过与之一一对应的 PCB 来实现控制和管理的。进程控制包括：进程创建、进程终止、进程阻塞与唤醒、进程挂起与激活等，这些控制操作需要用原语的方式来完成。通常，系统中进程按照进程状态组织成队列，分成就绪队列、等待队列和运行队列 3 类。进程队列可以用进程控制块链接起来，常用的链接方式有单向链接和双向链接。

为了提高程序并发执行的程度，引入了比进程更小的单位——线程。线程是进程中的一个实体，是处理器调度和分派的基本单位。线程只拥有少量在运行中必不可少的资源，共享所属进程所拥有的全部资源。引入线程后，进程是资源分配的单位，线程是处理器调度的单位。线程可分为用户级线程和内核级线程两种，不同的系统会支持某一种线程，或者两种都支持。在混合方式下，由于用户级线程和内核级线程的连接方式不同，形成了 3 种不同的多线程模型：多对一模型、一对一模型和多对多模型。

习题

第 3 章习题解析

一、单项选择题

1. 一个进程退出等待队列而进入就绪队列，是因为进程（　　）。

A. 启动了外设　　B. 时间片用尽

C. 获得了所等待的资源　　D. 得到了所等待的处理器

2. 当外围设备工作结束后，等待该设备传输信息的进程状态可能变为(　　)。

A. 就绪态　　B. 终止态　　C. 等待态　　D. 运行态

3. 有关进程的说法错误的是(　　)。

A. 进程和程序是一一对应的　　B. 进程是程序的一次执行

C. 进程存在在内存中，程序存储在外存中　　D. 进程是动态的，程序是静态的

4. 进程创建原语的主要任务是(　　)。

A. 为进程建立 PCB　　B. 为进程分配内存

C. 为进程编制程序　　D. 为进程分配处理器

5. 同一个进程中的线程，不可以共享(　　)。

A. 公有数据　　B. 打开文件列表　　C. 堆栈　　D. 代码

6. Pthreads 是符合 POSIX 标准的线程库，其不可以用在以下(　　)操作系统中。

A. MAC OS X　　B. Linux　　C. MS-DOS　　D. UNIX

7. 常用的线程库不包含(　　)。

A. Linux 线程库　　B. Win32 线程库　　C. Java 线程库　　D. Pthreads 线程库

8. 程序顺序执行的特点不包括(　　)。

A. 封闭性　　B. 顺序性

C. 程序执行结果的确定性　　D. 程序执行结果的不可再现性

9. 某个分时系统采用一对一线程模型。内存中有 10 个进程并发运行，其中 9 个进程中均只有一个线程，另外一个进程 A 拥有 11 个线程。则 A 获得的 CPU 时间占总时间的(　　)。

A. 11/20　　B. 1/10　　C. 1　　D. 1/20

10. 某个分时系统采用多对一线程模型。内存中有 10 个进程并发运行，其中 9 个进程中均只有一个线程，另外一个进程 A 拥有 11 个线程。则 A 获得的 CPU 时间占总时间的(　　)。

A. 1　　B. 1/20　　C. 1/10　　D. 11/20

二、填空题

1. 多线程模型包括________、________和多对多模型 3 种。

2. 某处理器有 4 个核，目前系统中如果同时存在 5 个进程，则处于运行状态的进程最多可能有________个。

3. 处于________状态的进程才能被调度程序调度运行。

4. 在进程的五状态模型中，________、________和________可能转入就绪态。

5. 在引入线程的系统中，资源分配的基本单位是________，调度分派的基本单位是________。

三、简答题

1. 什么是进程？操作系统中为什么要引入进程？

2. 进程最基本的状态有哪些？哪些事件可能会引起不同状态之间的转换？

3. 为什么要引入进程的挂起状态？

4. 试说明引起进程阻塞或被唤醒的主要事件。

5. 为什么要在 OS 中引入线程？

方法称为吞吐量,它是在一个时间单元内进程完成的数量。对于长进程,吞吐量可能为每小时一个进程;对于短进程,吞吐量可能为每秒 10 个进程。

(3) 周转时间。从一个特定进程的角度来看,一个重要准则是运行这个进程需要多长时间。从进程提交到进程完成的时间段称为周转时间。周转时间为所有时间段之和,包括等待进入内存、在就绪队列中等待、在 CPU 上执行和 I/O 执行。

(4) 等待时间。调度算法并不影响进程运行和执行 I/O 的时间,它只影响进程在就绪队列中等待所需的时间。等待时间为在就绪队列中等待所花时间之和。

(5) 响应时间。对于交互系统,周转时间不是调度算法的最佳设计准则。通常,进程可以相当早地产生输出,并且继续计算新的结果,同时输出以前的结果给用户。因此,从提交请求到产生第一响应的时间,即响应时间,是调度算法的又一设计准则。响应时间是开始响应所需的时间,而非输出响应所需的时间。而周转时间通常受输出设备速度的限制。

最大化 CPU 使用率和吞吐量,并且最小化周转时间、等待时间和响应时间,这是可取的。在大多数情况下,优化的是平均值。然而,在有些情况下,优化的是最小值或最大值,而不是平均值。例如,为了保证所有用户都能得到好的服务,可能要使最大响应时间最小。

对于交互系统(如桌面操作系统),研究人员曾经提出,最小化响应时间的方差比最小化平均响应时间更为重要。具有合理的、可预见的响应时间的系统比平均值更小但变化大的系统更为可取。不过,在 CPU 调度算法如何使得响应时间方差最小化的方面,所做的工作并不多。

4.1.4 进程调度算法

进程调度处理的问题是从就绪队列中选择进程以便为其分配 CPU,进程调度算法有许多,本节讨论其中一些常见的算法。

进程调度算法(1)

1. 先来先服务调度算法

先来先服务(First-Come-First-Server,FCFS)调度算法是最简单的调度算法。采用这种调度算法,先请求 CPU 的进程首先分配到 CPU。FCFS 策略可以通过 FIFO 队列实现。当一个进程进入就绪队列时,其 PCB 会被链接到队列尾部。当 CPU 空闲时,会将 CPU 分配给位于队列头部的进程,并将该进程从就绪队列中移除。FCFS 调度算法的代码编写起来简单并且容易理解。

FCFS 调度算法的缺点是,平均等待时间往往很长。假设有如下一组进程,它们在时间 0 到达,CPU 执行时长按 ms 计,如图 4-2 所示。

进程	执行时长/ms
P_1	24
P_2	3
P_3	3

图 4-2 FCFS 调度算法的进程执行时长

如果进程按 P_1、P_2、P_3 的顺序到达,并且按 FCFS 策略处理,那么得到的结果为如图 4-3

所示的甘特(Gantt)图(这种 Gantt 图为条形图,用于显示调度情况,包括每个进程的开始与结束时间)。

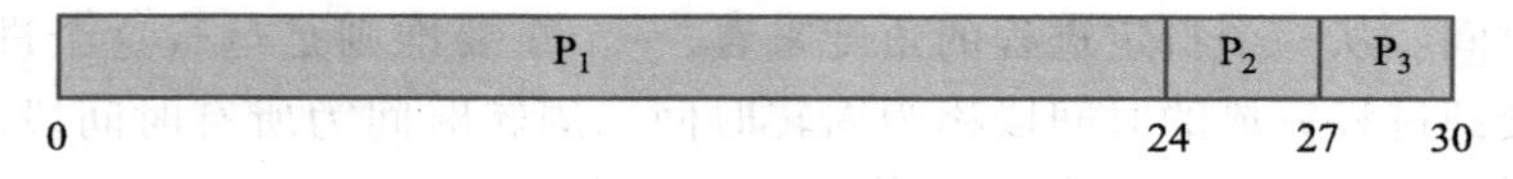

图 4-3　进程顺序为 P_1、P_2、P_3 时的 Gantt 图

进程 P_1 的等待时间为 0 ms,进程 P_2 的等待时间为 24 ms,而进程 P_3 的等待时间为27 ms。因此,平均等待时间为 0+24+27/3=17 ms。不过,如果进程按 P_2、P_3、P_1 的顺序到达,那么结果如图 4-4 所示。

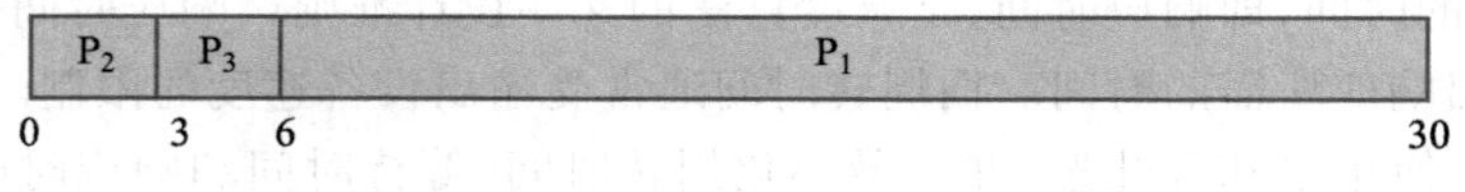

图 4-4　进程顺序为 P_2、P_3、P_1 时的 Gantt 图

当进程顺序为 P_2、P_3、P_1 时的平均等待时间为(6+0+3)/3=3 ms。这说明 FCFS 策略在先处理长进程时,短进程需要等待较长时间。因此,FCFS 策略的平均等待时间通常不是最短的,而且如果进程的 CPU 执行时间变化很大,那么平均等待时间的变化也会很大。

需要注意,FCFS 调度算法是非抢占的,一旦将 CPU 分配给了一个进程,该进程就会使用 CPU 直到释放 CPU 为止,即进程终止或请求 I/O。

FCFS 调度算法的特点是公平、简单,但是在处理长进程之后的短进程时,短进程需要等待很长时间,不利于用户的交互体验。

2. 短作业优先调度算法

短作业优先(Short Job First,SJF)调度算法将每个进程与下次 CPU 执行时间的长度关联起来。当 CPU 变得空闲时,它会被赋给具有最短 CPU 执行时间的进程。如果两个进程具有同样长度的 CPU 执行时间,那么可以按 FCFS 来处理。注意,对该算法的一个更为恰当的表示是最短下次 CPU 执行时间算法,这是因为调度取决于进程的下次 CPU 执行的时间长度,而不是其总的时间长度。我们使用 SJF 一词,主要由于大多数教材和业内人士对这种类型调度策略已形成了约定俗成的称呼。

如下所示为一个 SJF 调度算法的例子,假设有如下一组进程,CPU 执行时间以 ms 计,如图 4-5 所示。采用 SJF 调度算法,会根据如图 4-6 所示的 Gantt 图来调度这些进程。

进程 P_1 的等待时间是 3 ms,进程 P_2 的等待时间为 16 ms,进程 P_3 的等待时间为 9 ms,进程 P_4 的等待时间为 0 ms。因此,平均等待时间为(3+16+9+0)/4=7 ms。相比之下,如果使用 FCFS 调度算法,那么平均等待时间为 10.25 ms。

可以证明 SJF 调度算法是最优的。这是因为对于给定的一组进程,SJF 算法的平均等待时间最小。通过将短进程移到长进程之前执行,短进程等待时间的减少大于长进程等待时间的增加。因而,平均等待时间减少。

SJF 算法的真正困难是如何知道下次 CPU 执行的时间长度。对于批处理系统的作业调度,可以将用户提交作业时指定的进程时限作为长度。在这种情况下,用户有意精确估计进程

进程	执行时长/ms
P_1	6
P_2	8
P_3	7
P_4	3

图 4-5 SJF 调度算法的进程执行时间

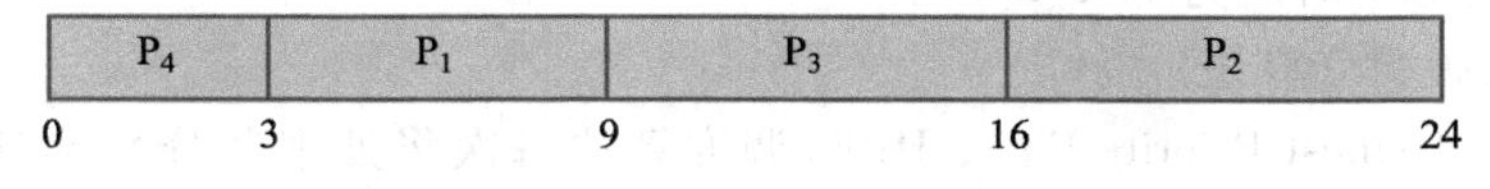

图 4-6 SJF 调度算法的 Gantt 图

时间,这是因为低值可能意味着更快的响应。SJF 调度经常用于作业调度。

虽然 SJF 算法是最优的,但是该算法不能在 CPU 调度级别上加以实现,因为没有办法知道下次 CPU 执行的时间长度。一种方法是试图近似 SJF 调度,虽然不知道下一个 CPU 执行的时间长度,但是可以预测它。可以认为下一个 CPU 执行时长与之前的相似。因此,通过计算下一个 CPU 执行时长的近似值,可以选择具有预测最短 CPU 执行时长的进程来运行。

SJF 算法可以是可抢占式的,也可以是非抢占式的。当一个新进程到达就绪队列而原有进程正在执行时,就需要选择了。新进程的下次 CPU 执行时长,与当前运行进程尚未完成的 CPU 执行时长相比,可能还要小。可抢占式 SJF 算法会抢占当前运行进程,而非抢占式 SJF 算法会允许当前运行进程先完成 CPU 执行。可抢占式 SJF 调度算法也被称为最短剩余时间优先(Shortest Remaining Time Next, SRTN)调度算法。

以下给出 SRTN 调度算法的例子,假设有 4 个进程 P_1、P_2、P_3、P_4,其 CPU 执行时长以 ms 计,如图 4-7 所示。

进程	到达时间	执行时长/ms
P_1	0	8
P_2	1	4
P_3	2	9
P_4	3	5

图 4-7 SRTN 调度算法的进程执行时长

如果进程按给定时间达到就绪队列,而且需要给定执行时长,那么产生的可抢占式 SJF 调度如图 4-8 的 Gantt 图所示。

进程 P_1 在时间 0 开始,因为这时只有进程 P_1。进程 P_2 在时间 1 到达。进程 P_1 剩余时间(7 ms)大于进程 P_2 需要的时间(4 ms),因此进程 P_1 被抢占,而进程 P_2 被调度。P_3 在时间 2 到达,此时进程 P_2 剩余时间(3 ms)小于进程 P_3 需要的时间(9 ms),因此进程 P_2 仍然占有

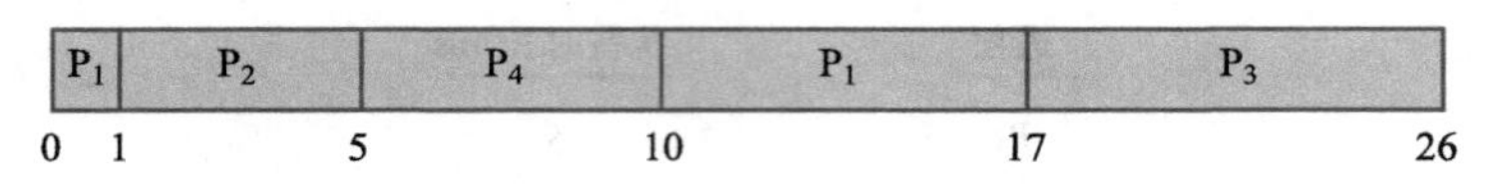

图 4-8 可抢占式 SJF 调度算法的 Gantt 图

CPU 并执行。同理 P_4 也没有发生抢占。当进程 P_2 运行结束后,比较其余 3 个进程的剩余时间,按照 P_4(剩余时间 5 ms)、P_1(剩余时间 7 ms)、P_3(剩余时间 9 ms)的顺序运行。对于这个例子,平均等待时间为(10-1+1-1+17-2+5-3)/4=26/4=6.5 ms。如果使用非抢占式 SJF 调度算法,那么平均等待时间为 7.75 ms。

3. 最高优先级调度算法

最高优先级(Highest Priority First, HPF)调度算法每次将处理器分配给具有最高优先级的进程,每个进程的优先级由进程优先数决定。具有相同优先级的进程按先来先服务的顺序调度。SJF 算法就是一个简单的优先级算法,其优先级为下次(预测的)CPU 执行时长的倒数。CPU 执行时长越长,则优先级越小;反之亦然。

进程优先数的设置可以是静态的,也可以是动态的。静态优先数是在进程创建时根据进程初始特性或用户要求而确定的,在进程运行期间不能再改变。动态优先数则是指在进程创建时先确定一个初始优先数,之后在进程运行中随着进程特性的改变(如等待时间增加),不断修改优先数。

优先数通常为固定区间的数字,如 0—7 或 0—4095。不过,对于 0 是表示最高还是最低的优先级没有定论。有的系统用小数字表示低优先级,有的系统用小数字表示高优先级。本书采用后者。

在下面的例子中,假设有如下一组进程,它们在时间 0 按顺序 P_1、P_2、P_3、P_4、P_5 到达,其 CPU 执行时长以 ms 计,其执行时长和优先级如图 4-9 所示。

进程	执行时长/ms	优先级
P_1	10	3
P_2	1	1
P_3	2	4
P_4	1	5
P_5	5	2

图 4-9 HPF 调度算法的进程执行时长和优先级

采用最高优先级调度算法,会按如图 4-10 的 Gantt 图来调度这些进程。

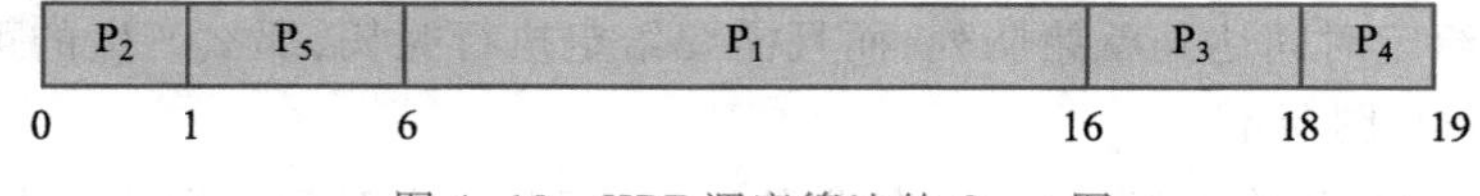

图 4-10 HPF 调度算法的 Gantt 图

可以算出,平均等待时间为(6+0+16+18+1)/5=8.2 ms。

最高优先级调度可以是可抢占式的或非抢占式的。当一个进程到达就绪队列时，比较它的优先级与当前运行进程的优先级。如果新到达进程的优先级高于当前运行进程的优先级，那么采用可抢占式优先级调度算法，新到达进程就会抢占 CPU。非抢占式最高优先级调度算法只是将新进程加到就绪队列的头部。

最高优先级调度算法的一个主要问题是无穷阻塞或饥饿（Starvation）。处于就绪状态的进程可以认为是被阻塞的。最高优先级调度算法可让某个低优先级进程无穷等待 CPU。对于一个超载的计算机系统，稳定的更高优先级的进程流可以阻止低优先级的进程获得 CPU。一般来说，有两种情况会发生。要么进程最终会运行（在系统最后为轻负荷时，如星期日凌晨 2 点），要么系统最终崩溃并失去所有未完成的低优先级进程。（据说，在 1973 年关闭 MIT 的 IBM7094 时，发现有一个低优先级进程早在 1967 年就已提交，但是一直未能运行。）

低优先级进程无穷等待问题的解决方案之一是老化。老化是指逐渐增加在系统中等待很长时间的进程的优先级。例如，如果优先级为从 127（低）到 0（高），那么可以每 15 分钟递减等待进程优先级的值。最终初始优先级值为 127 的进程会有系统内最高的优先级，进而能够执行。事实上，不会超过 32 小时，优先级为 127 的进程会老化为优先级为 0 的进程。

4. 轮转调度算法

轮转（Round-Robin，RR）调度算法是专门为分时系统设计的。它类似于 FCFS 调度算法，但是增加了抢占以切换进程。将一个较小的时间单元定义为时间量或时间片，时间片的大小通常为 10~100 ms。就绪队列作为循环队列。CPU 调度程序循环调度整个就绪队列，为每个进程分配不超过一个时间片的 CPU。

轮转调度的基本过程是：CPU 调度程序从就绪队列中选择第一个进程分配 CPU，当时间片结束时，强制性地使进程让出 CPU，该进程进入就绪队列的尾部，等待下一次调度。同时，进程调度又去选择就绪队列中的一个进程，分配给它一个时间片，使之投入运行。如此轮流调度，使得就绪队列中所有进程在一个有限时间内都可以轮流获得一个时间片的处理器时间，从而满足了系统对用户分时响应的要求。

采用 RR 调度算法的平均等待时间通常较长。假设有如下一组进程，它们在时间 0 到达，其 CPU 执行以 ms 计，其执行时间如图 4-11 所示。

进程	执行时长/ms
P_1	24
P_2	3
P_3	3

图 4-11 RR 调度算法的进程执行时长

如果使用 4 ms 的时间片，那么 P_1 会执行最初的 4 ms。由于它还需要 20 ms，所以在第一个时间片之后它会被抢占，而 CPU 就交给队列中的下一个进程。由于 P_2 不需要 4 ms，所以在其时间片用完之前就会退出。CPU 接着交给下一个进程，即进程 P_3。在每个进程都得到了一个时间片之后，CPU 又交给了进程 P_1 以便继续执行。因此，RR 调度算法的执行结果如图 4-12所示。

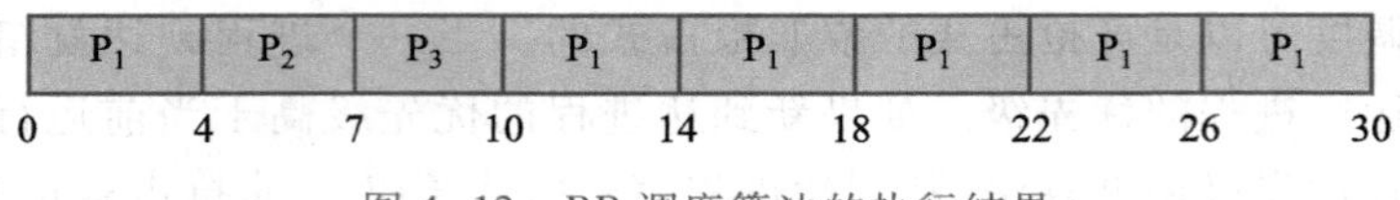

图 4-12　RR 调度算法的执行结果

现在，我们计算这个调度的平均等待时间。P_1 等待 10-4=6 ms，P_2 等待 4 ms，P_3 等待 7 ms。因此，平均等待时间为 17/3=5.67 ms。

在 RR 调度算法中，没有进程被连续分配 CPU 超过一个时间片(除非它是唯一可运行的进程)。如果进程的 CPU 执行时长超过一个时间片，那么该进程会被抢占，并被放回就绪队列。因此，RR 调度算法是抢占式的。

如果就绪队列有 n 个进程，并且时间片为 q，那么每个进程会得到 $1/n$ 的 CPU 时间，而且每次分得的时间不超过 q。每个进程等待获得下一个 CPU 时间片的时间不会超过 $(n-1)q$。例如，如果有 5 个进程，时间片为 20 ms，那么每个进程每 80 ms 会得到不超过 20 ms 的时间。

RR 算法的性能很大程度上取决于时间片的大小。在一种极端情况下，如果时间片很大，那么 RR 算法与 FCFS 算法一样。相反，如果时间片很小(如 1 ms)，那么 RR 算法可以导致大量的上下文切换。例如，假设有一个需要 10 个时间单元的进程。如果时间片为 12 个时间单元，那么进程在一个时间片不到就能完成，而没有额外开销。如果时间片为 6 个时间单元，那么进程需要 2 个时间片，并且还有一次上下文切换。如果时间片为 1 个时间单元，那么就会有 9 次上下文切换，相应地使进程执行更慢，如图 4-13 所示。

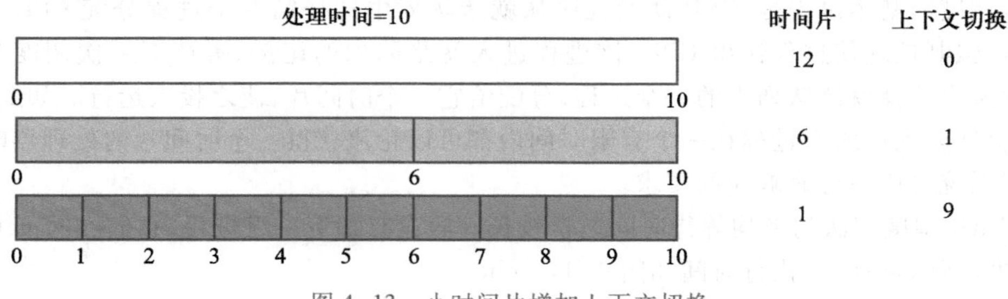

图 4-13　小时间片增加上下文切换

我们希望时间片远大于上下文切换时间。如果上下文切换时间约为时间片的 10%，那么约 10% 的 CPU 时间会浪费在上下文切换上。在实践中，大多数现代操作系统的时间片为 10~100 ms，上下文切换的时间一般少于 10 ms；因此，上下文切换的时间仅占时间片的一小部分。

尽管时间片应该比上下文切换时间大，但也不能太大。如果时间片太大，那么 RR 调度就演变成了 FCFS 调度。根据经验，80%的 CPU 执行时间应该小于时间片。

影响时间片值设置的主要因素有：① 系统响应时间，当进程数目一定时，时间片值的大小与系统对响应时间的要求成正比；② 就绪进程的数目，当系统响应时间一定时，时间片值的大小与就绪进程的数目成反比；③ 计算机的处理能力，该能力直接决定了每道程序的处理时间，显然，处理速度越高，时间片值可以越小。

另外，除了常见的为每个进程分配固定时间片，也可以采用可变时间片的方法，以进一步改善 RR 算法的调度性能。例如，根据进程的优先级分配适当的时间片，优先级越大的进程，给予较大的时间片。

进程调度算法(2)

5. 最高响应比优先调度算法

最高响应比优先(Highest Response Ratio Next，HRRN)调度算法是优先级调度算法的一个特例。在批处理系统中，最高响应比优先算法的性能是介于先来先服务和短进程优先算法之间的一种折中的算法，先来先服务算法在调度中最为公平，但是一旦出现计算密集型的长进程则会对其他进程造成较长时间的等待；短作业优先算法又偏好短进程，当短进程源源不断进入就绪队列中时，长进程将会长时间滞留在就绪队列中，其运行将得不到保证，出现长进程“饥饿”的现象。

如果能为每个进程引入响应比(RP)，情况就会有所改善。响应比的计算式为：

RP =(等待时间+预计运行时间)/预计运行时间 = 周转时间/预计运行时间

由上式可以看出：

(1) 如果进程的等待时间相同，则预计运行时间越短，其响应比越高，此时最高响应比优先调度算法类似于短作业优先调度算法，有利于短作业；

(2) 当进程的预计运行时间相同时，其响应比又决定于等待时间，此时最高响应比优先调度算法又类似于先来先服务算法；

(3) 对于长进程的响应比，其可以随等待时间的增加而提高，当进程的等待时间足够长时，也可获得处理器。

随着每个进程在就绪队列中等待时间的增加其响应比也不断增加，而且，预计运行时间越短的进程响应比增加越快。最高响应比优先算法在每次调度时选择响应比最高的进程投入运行。这种算法较好地适应了长短进程混合的系统，使得调度的性能指标趋于合理。

这里举一个例子，有 3 个进程 A、B、C，它们到达的相对时间为 0 ms，20 ms，60 ms，需要的运行时间分别为 80 ms，20 ms，40 ms。

当这 3 个进程全部到达后，系统按照最高响应比优先算法进行调度。假设执行进程调度的时间选在进程全部到达之后开始。此时，A、B、C 分别等待了 60 ms、40 ms、0 ms，计算 3 个进程的响应比如下：

进程 A 的响应比 = 1+60/80 = 1.75。

进程 B 的响应比 = 1+40/20 = 3。

进程 C 的响应比 = 1+0/40 = 1。

由此得出，B 的响应比最高，所以优先选择进程 B 装入内存执行。进程 B 执行结束后，重新进行调度时，由于等待时间发生了变化，计算余下 2 个进程的新的响应比。

进程 A 的响应比：1+80/80 = 2。

进程 B 的响应比：1+20/40 = 1.5。

得出进程 A 的响应比高于进程 C 的响应比，因而应选择进程 A 执行。最后再让进程 C 执行。

最高响应比优先算法在一定程度上改善了调度的公平性和效率，但响应比在每次调度前进行计算，进程运行期间不计算。计算需要消耗系统的资源，存在一定的系统开销。

6. 多级队列调度算法

在实际的计算机系统中,进程的调度模式往往是几种调度算法的结合。在进程容易分成不同组的情况下,很容易实现多种调度算法的组合。例如,进程通常分为前台进程(或交互进程)和后台进程(或批处理进程)。这两种类型的进程具有不同的响应时间要求,进而也有不同的调度需要。另外,与后台进程相比,前台进程可能有更高的优先级。

多级队列(Multilevel Queue)调度算法将就绪队列分成多个单独队列,如图4-14所示。根据进程属性,如内存大小、进程优先级、进程类型等,一个进程被永久性地分到一个队列。每个队列有自己的调度算法。例如,可有两个队列分别用于前台进程和后台进程,前台队列可以采用RR算法调度,而后台队列可以采用FCFS算法调度。

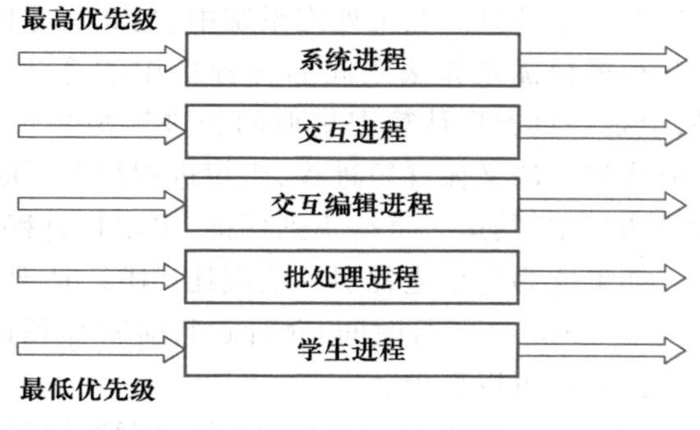

图4-14　多级队列调度

此外,队列之间应有调度,通常采用固定优先级抢占式调度。例如,前台队列可以比后台队列具有绝对的优先权。

现在,我们看一个多级队列调度算法的实例,图4-14有5个队列,其优先级由高到低分别为系统进程>交互进程>交互编辑进程>批处理进程>学生进程。每个队列与更低层队列相比具有绝对的优先权。例如,只有在系统进程、交互进程和交互编辑进程队列都为空时,批处理队列内的进程才可运行。如果在一个批处理进程运行时有一个交互进程进入就绪队列,那么该批处理进程会被抢占。

另一种可能是,在队列之间划分时间片。每个队列都有一定比例的CPU时间,可用于调度队列内的进程。例如,对于前台-后台队列的例子,前台队列可以有80%的CPU时间,用于在进程之间进行RR调度,而后台队列可以有20%的CPU时间,用于按FCFS算法来调度进程。

7. 多级反馈队列调度算法

通常在使用多级队列调度算法时,进程进入系统时被永久地分配到某个队列。例如,如果前台进程和后台进程分别具有单独队列,那么进程并不从一个队列移到另一个队列,这是因为进程不会改变前台或后台的性质。这种设置的优点是调度开销低,缺点是不够灵活。

相反,多级反馈队列调度算法在多级队列调度算法的基础上,允许进程在队列之间迁移。这种想法是,根据不同CPU执行的特点来区分进程。如果进程使用过多的CPU时间,那么它会被移到更低的优先级队列。这种方案将I/O密集型和交互进程放在更高优先级队列中。此外,在较低优先级队列中等待时间过长的进程会被移到更高优先级队列,这种形式的老化能阻止饥饿的发生。

例如,考虑一个多级反馈队列的调度程序,有3个队列,从队列0到队列2,如图4-15所示。调度程序首先执行队列0内的所有进程。只有当队列0为空时,才能执行队列1内的进程。类似地,只有队列0和队列1都为空时,队列2的进程才能执行。到达队列1的进程会抢占队列2进程的CPU。同样,到达队列0的进程会抢占队列1进程的CPU。

每个进程在进入就绪队列后，就被添加到队列0内。队列0内的每个进程都有8 ms的时间片。如果一个进程不能在这一时间片内完成，那么它就被移到队列1的尾部。如果队列0为空，队列1头部的进程会得到一个16 ms的时间片。如果它不能在这个时间片内完成，那么将被抢占，并添加到队列2，只有当队列0和1为空时，队列2内的进程才可根据FCFS来运行。

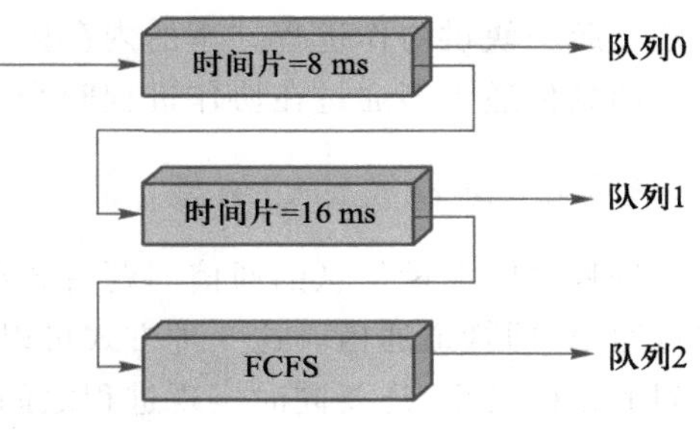

图4-15 多级反馈队列

这种调度算法将给那些CPU执行时间不超过8 ms的进程最高优先级。这类进程可以很快得到CPU，完成CPU执行，并且处理下一个I/O。所需超过8 ms但不超过24 ms的进程也会很快得到服务，但是它们的优先级要低一点。长进程会自动沉入队列2，在队列0和队列1不用的CPU周期按FCFS顺序来服务。

通常，多级反馈队列调度程序可由下列参数来定义：

(1) 队列数量。

(2) 每个队列的调度算法。

(3) 用以确定何时升级到更高优先级队列的方法。

(4) 用以确定何时降级到更低优先级队列的方法。

(5) 用以确定进程在需要服务时将会进入哪个队列的方法。

多级反馈队列调度程序的定义使其成为最通用的CPU调度算法。通过配置，其能适应所设计的特定系统。遗憾的是，由于需要一些方法来选择参数以定义最佳的调度程序，所以这也是最复杂的算法之一。

4.2 进程通信

前文已介绍过，操作系统中并发执行的进程可以是独立的也可以是协作的。如果一个进程不能影响其他进程或受其他进程影响，那么该进程是独立的。显然，不与其他进程共享数据的进程是独立的。如果一个进程能影响其他进程或受其他进程影响，那么该进程是协作的。与其他进程共享数据的进程为协作进程。

提供环境允许进程协作，具有许多理由：

(1) 信息共享：由于多个用户可能对同样的信息感兴趣（如共享文件），所以应提供环境以允许并发访问这些信息。

(2) 计算加速：如果希望一个特定任务快速运行，那么应将它分成子任务，而每个子任务可以与其他子任务并行执行。注意，如果要实现这样的加速，那么计算机需要有多个处理核。

(3) 模块化：需要按模块化方式构造系统，可将系统功能分成独立的进程或线程。

(4) 方便：即使单个用户也可能同时执行许多任务。例如，用户可以并行地编辑、收听音乐、编译。

协作进程需要有一种进程间通信（InterProcess Communication，IPC）机制，以允许进程之间相互交换数据与信息。进程间通信有两种基本模型：共享内存和消息传递。共享内存模型会建立起一块供协作进程共享的内存区域，进程通过向此共享区域读出或写入数据来交换信息。消息传递模型通过在协作进程间交换消息来实现通信。

4.2.1 进程通信的类型

进程之间大量信息的通信问题有3类解决方案：共享内存、消息传递通信及通过共享文件进行通信，即管道通信。这3种方式可以称为高级通信原语，它们不仅要保证相互制约的进程之间的正确关系，还要同时实现进程之间的信息交换。

1. 共享内存方式

共享内存方式是在内存中分配一片空间作为共享存储区。需要进行通信的各个进程把共享存储区附加到自己的地址空间中，然后，就像正常操作一样对共享存储区中的数据进行读或写。如果用户不需要某个共享存储区，可以把它取消。通过对共享存储区的访问，相关进程间可以传输大量数据。

2. 消息传递通信方式

在该机制中，进程不必借助任何共享数据结构或存储区，而是以格式化的消息为单位，将通信的数据封装在消息中，并利用操作系统提供的一组通信命令（原语），在进程间进行消息传递，完成进程间的数据交换。

该方式隐藏了通信实现细节，使通信过程对用户透明，降低了通信程序设计的复杂性和错误率，成为当前应用最为广泛的一类进程通信机制。它因实现方式的不同又可进一步分成两类：

（1）直接通信方式，是指发送进程利用操作系统所提供的发送原语，直接把消息发送给目标进程，即把消息挂在接收进程的消息缓冲队列上，接收进程从消息缓冲队列中得到消息。

（2）间接通信方式，是指发送进程和接收进程都通过共享中间实体（称为信箱）的方式进行消息的发送和接收，完成进程间的通信。这种通信方式也称为信箱通信方式。

3. 管道通信方式

所谓“管道”（Pipe），是指用于连接一个读进程和一个写进程以实现它们之间通信的一个共享文件，又名管道文件。向管道（共享文件）提供输入的发送进程（即写进程），会以字符流形式将大量的数据送入管道；而接收管道输出的接收进程（即读进程），则会从管道中接收（读）数据。由于发送进程和接收进程是利用管道进行通信的，故称之为管道通信。这种方式首创于UNIX系统，由于它能有效地传送大量数据，因而又被引入许多其他操作系统中。

4.2.2 共享内存

采用共享内存的进程间通信方式，需要通信进程建立共享内存区域。通常，一片共享内存区域驻留在创建共享内存段的进程地址空间内。其他希望使用这个共享内存段进行通信的进程应将其附加到自己的地址空间。这些进程通过在共享区内读出或写入来交换信息。数据的类型或位置取决于这些进程，而不是受控于操作系统。另外，进程负责确保它们不向同一位置同时写入数据。

为了说明协作进程的概念，我们来看一看生产者-消费者问题，这是协作进程的通用范例。生产者进程生成信息,以供消费者进程消费。例如,编译器生成的汇编代码可供汇编程序使用,而汇编程序又可生成目标模块以供加载程序使用。

解决生产者-消费者问题的方法之一是采用共享内存。为了允许生产者进程和消费者进程并发执行,应有一个可用的缓冲区,以被生产者填充消息和被消费者清空。这个缓冲区驻留在生产者进程和消费者进程的共享内存区域内。当消费者使用一项时,生产者可产生另一项。生产者和消费者必须同步,这样消费者不会试图消费一个尚未生产出来的项。

缓冲区可分为两种类型:无界缓冲区和有界缓冲区。无界缓冲区(Unbounded-Buffer)没有限制缓冲区的大小。消费者可能不得不等待新的项,但生产者可以无限制地产生新项放入缓冲区。有界缓冲区(Bounded-Buffer)是指有固定大小的缓冲区。对于这种情况,如果缓冲区为空,那么消费者必须等待;并且如果缓冲区已满,那么生产者必须等待。

下面深入分析有界缓冲区如何用于共享内存的进程间通信。以下变量驻留在由生产者和消费者共享的内存区域中,代码如下。

```
#define BUFFER_SIZE 10
typedef struct {
...
} item;
item buffer [BUFFER_SIZE];
int in = 0;
int out = 0;
```

共享缓冲区 buffer 的实现采用一个循环数组和两个逻辑指针 in 和 out。变量 in 指向缓冲区的下一个空位;变量 out 指向缓冲区的第一个满位。当 in==out 时,缓冲区为空;当(in+1)% BUFFER SIZE==out 时,缓冲区为满。

生产者进程和消费者进程的代码如下所示。生产者进程有一个局部变量 next_produced,以便存储生成的新项。消费者进程有一个局部变量 next_consumed,以便存储所要使用的新项。

采用共享内存的生产者进程:

```
while (true) {
      /* produce an item in next produced */
      while (((in + 1)%BUFFER_SIZE)==out)
         ;/* do nothing */
      buffer[in] = next_produced;
      in = (in+1)%BUFFER_SIZE;
}
```

采用共享内存的消费者进程:

```
while (true) {
    while (in==out)
      ;/* do nothing */
    next_consumed=buffer[out];
    out=(out+1)%BUFFER_SIZE
    /* consume the item in next_consumed */
}
```

这种方法允许缓冲区的最大值为 BUFFER_SIZE-1。但在上述例子中没有处理生产者和消费者同时访问共享内存的问题。我们将在第 5 章中讨论,在共享内存环境下协作进程如何有效实现同步。

4.2.3 消息传递

消息传递提供一种机制,以便允许进程不必通过共享地址空间来实现通信和同步。对分布式环境(通信进程可能位于通过网络连接的不同计算机中)特别有用。消息传递机制是用于进程间通信的高级通信原语之一。进程在运行过程中,可能需要与其他的进程进行信息交换,于是进程通过某种手段发出自己的消息或接收其他进程发来的消息。这种方式类似于人们通过邮局收发信件来实现交换信息的目的。至于通过什么手段收发消息,就像人们选择平信还是航空信一样,是一种具体的消息传递机制。

1. 消息缓冲通信

消息缓冲通信技术是由 Hansen 首先提出的,其基本思想是:根据“生产者-消费者”原理,利用内存中公用消息缓冲区实现进程之间的信息交换。

内存中开辟了若干消息缓冲区,用以存储消息。每当一个进程(发送进程)向另一个进程(接收进程)发送消息时,便申请一个消息缓冲区,并把已准备好的消息送到缓冲区,然后把该消息缓冲区插入接收进程的消息队列中,最后通知接收进程。接收进程收到发送进程发来的通知后,从本进程的消息队列中摘下一个消息缓冲区,取出所需的信息,然后把消息缓冲区还给系统。系统负责管理公用消息缓冲区和消息的传递。

一个进程可以给若干个进程发送消息,反之,一个进程可以接收不同进程发来的消息。当发送进程正往接收进程的消息队列中添加一条消息时,接收进程不能同时从该消息队列中取出消息;反之也一样。

消息缓冲通信机制包含以下内容:

(1) 消息缓冲区,这是一个由以下几项组成的数据结构:① 消息长度;② 消息正文;③ 发送者;④ 消息队列指针。

(2) 消息队列首指针 m_q,一般保存在 PCB 中。

(3) 互斥信号量 m_mutex,初值为 1,用于互斥访问消息队列,在 PCB 中设置。

(4) 同步信号量 m_syn,初值为 0,用于消息计数,在 PCB 中设置。

为实现消息缓冲通信,要利用发送消息原语(send)和接收消息原语(receive)。

(5) 发送消息原语 send(receiver,a):

发送进程调用 send 原语发送消息，调用参数 receiver 为接收进程名，a 为发送进程存储消息内存区的首地址。send 原语先申请分配一个消息缓冲区，将由 a 指定的消息复制到缓冲区，然后将它挂入接收进程的消息队列，最后唤醒可能因等待消息而被阻塞的接收进程。

（6）接收消息原语 receive(a)：

接收进程调用 receive 原语接收一条消息，调用参数 a 为接收进程的内存消息区。receive 原语先从消息队列中摘下第一个消息缓冲区，并复制到参数 a 所指定的消息区，然后释放该消息缓冲区。若消息队列为空，则阻塞调用进程。

消息缓冲通信的示意图如图 4-16 所示。

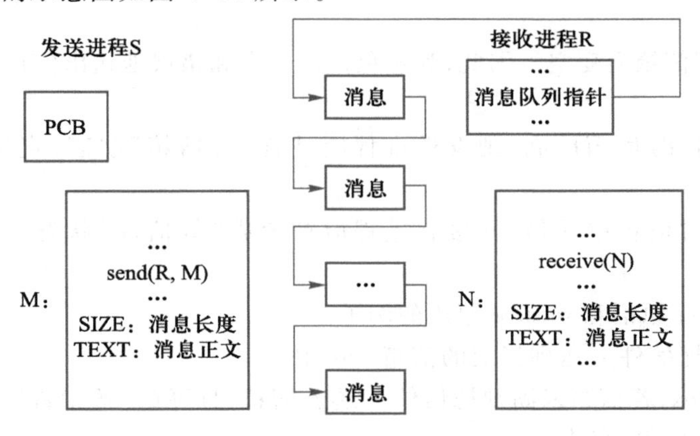

图 4-16 消息缓冲通信

2. 间接通信

在间接通信方式下，消息不是直接由发送方发送到接收方，而是发送到一个共享的数据结构中，该结构由临时存放消息的队列组成，通常称作信箱。发送进程把消息送到信箱，接收进程从信箱中取走消息，且每个信箱有唯一的标识。在这种方式下，一个进程可以通过不同的信箱与另外的某个进程通信，仅当两个进程共享一个信箱时才能通信。

当一个进程希望和另一个进程通信时，就创建一个连接两个进程的信箱，发送进程把信件投入信箱，而接收进程可以在任何时刻取走信件。

为了实现信箱通信，必须提供相应的原语，如创建信箱原语、撤销信箱原语、发送信件原语和接收信件原语等。

例如，进程 A 要与进程 B 通信，进程 A 就通过创建信箱原语，创建一个连接进程 A 和进程 B 的信箱。有了这个信箱，进程 A 可以通过发送信件原语将信件发送到信箱中，系统将保证进程 B 可在任何时刻调用接收信件原语取走信箱中的信件，而不会丢失，如图 4-17 所示。

图 4-17 表示的是一个发送者和一个接收者单向通信的例子。在进程 A 发送信件之前，信箱中至少应该有空位置，可以存放信件；同样，在进程 B 接收信件之前，信箱中应该有信件，否则进程应该等待。

采用信箱通信的最大好处是，发送方和接收方不必直接建立联系，没有处理时间上的限制。发送方可以在任何时间发信，接收方也可以在任何时间收信。

由于发送方和接收方都是独立工作的，如果发得快而收得慢，则信箱会溢出。相反，如果

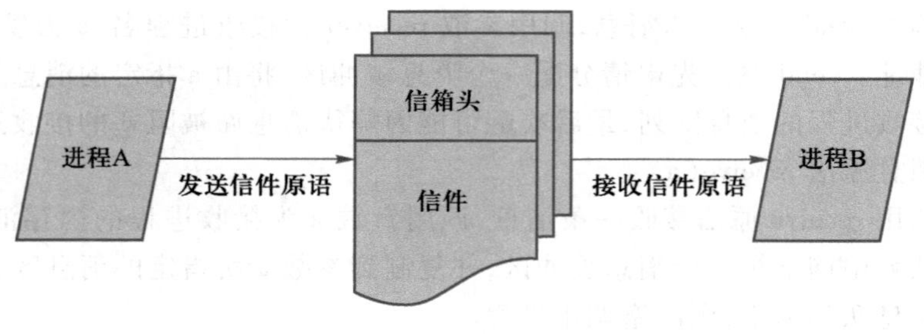

图 4-17　信箱通信

发得慢而收得快,则信箱会变空。因此,为避免信件丢失和错误地送出信件,一般而言,通信应有如下的规则:

(1) 若发送信件时信箱已满,则发送进程应被置“等信箱”状态,直到信箱有空时才被释放。

(2) 若取信件时信箱中无信,则接收进程应被置成“等信件”状态,直到有信件时才被释放。

下面举一个 send 原语和 receive 原语的例子。

send(Box,L):把信件 L 送到指定的信箱 Box 中。

功能:查信箱 Box,若信箱未满则把信件 L 送入信箱,且释放“等信件”者;若信箱已满,置发送信件进程为“等信箱”状态。

receive(Box,Address):从指定信箱 Box 中取出一封信,存储到指定的地址 Address 中。

功能:查指定信箱 Box,若信箱中有信,则取出一封信存于 Address 中,且释放“等信箱”者;若信箱中无信件,则置接收信件进程“等信件”状态。

3. 管道通信

管道(Pipe)通信首先出现在 UNIX 操作系统中。作为 UNIX 的一大特色,管道通信立即引起了人们的兴趣。由于管道通信的有效性,一些系统继 UNIX 之后相继引入了管道技术,管道通信是一种重要的通信方式。

所谓管道,就是连接两个进程之间的一个打开的共享文件,专用于进程之间进行数据通信。发送进程可以源源不断地从管道一端写入数据流,每次写入的信息长度是可变的;接收进程在需要时可以从管道的另一端读出数据,读出单位长度也是可变的。显然,管道通信的基础是文件系统。

在对管道文件进行读写操作的过程中,发送进程和接收进程要实施正确的同步和互斥,以确保通信的正确性。管道通信机制中的同步与互斥都由操作系统自动进行,对用户是透明的。

管道通信具有传送数据量大的优点,但通信速度较慢。

本章小结

本章介绍了操作系统进程管理的两个重要功能:进程调度和进程通信。进程调度是多道程序系统的基础,而进程通信则是协作进程间交换数据与信息的机制。

进程调度的任务是记录系统中所有进程的执行状况,根据一定的调度算法,从就绪队列中选出一个进程,把处理器分配给它。进程调度的方式有可抢占式和非抢占式。进程调度算法的任务是对各个就绪的进程进行处理器分配,以达到预定的进程调度目标,算法应该合理、有效,尽可能提高资源利用率,并减少处理器空闲时间。常用的算法有先来先服务调度算法、时间片轮转调度算法、短作业优先调度算法、最高响应比优先调度算法、最高优先级调度算法、多级队列调度算法和多级反馈队列调度算法等。选择进程调度算法时应该考虑处理器的利用率、吞吐量、等待时间和响应时间等因素,并确定优先考虑的指标,在此基础上对各种算法进行评估,选出合适的算法。

共享内存、消息缓冲通信、信箱通信以及管道通信方式可以解决进程间的大量信息通信的问题。共享内存方式在相互通信的进程之间设有一个公共内存区,一组进程向公共内存中写,另一组进程从公共内存中读,从而实现两组进程间的信息交换。消息缓冲通信方式根据“生产者-消费者”原理,利用内存中公用消息缓冲区实现进程之间的信息交换,为实现消息缓冲通信,要利用发送原语 send 和接收原语 receive。信箱通信方式通过设立信箱,发送信件以及接收信件实现进程间通信。管道通信通过连接两个进程之间的一个打开的共享文件进行进程间通信,管道通信的基础是文件系统。

第 4 章习题解析

习题

一、单项选择题

1. 解决进程之间的大量信息通信问题的方法不包括(　　)。

A. 过程调用　　B. 消息机制

C. 共享内存　　D. 管道通信

2. 进程间采用信箱方式进行通信时,进程调用 receive 原语应提供的参数有指定的信箱名及(　　)。

A. 调用者名　　B. 接收者名

C. 信件名　　D. 接收信件的地址

3. 管道通信的基础是(　　)。

A. 通信系统　　B. 文件系统

C. 信息维护系统　　D. 设备管理系统

4. 管道通信首先出现在(　　)操作系统中。

A. UNIX　　B. Linux　　C. Windows　　D. Android

5. 从一个批处理进程提交时刻开始直到该进程完成时刻为止的统计时间称为(　　)。

A. 周转时间　B. 响应时间　C. 等待时间　D. 运行时间

6. 在消息缓冲通信中,消息队列是一种(　　)资源。

A. 临界　B. 共享　C. 永久　D. 可剥夺

7. 按照一定的算法从就绪队列中挑选一个进程在处理器上真正执行的是(　　)。

A. 进程控制　B. 进程同步　C. 进程通信　D. 进程调度

8. 在采用时间片轮转调度算法的系统中,如果时间片选择过大,所有的进程都在一个时间片中完成或者阻塞,则此时时间片轮转调度算法等效于(　　)。

A. 优先权调度算法　B. 短作业优先调度算法

C. 先来先服务调度算法　D. 长作业优先调度算法

9. 在以下进程调度算法中,对运行时间小的进程有利的算法是(　　)。

A. 短进程优先调度算法　B. 时间片轮转调度算法

C. 多级队列调度算法　D. 多级反馈队列调度算法

10. 在下列进程调度算法中,最可能会引起进程因长时间得不到CPU而处于饥饿状态的是(　　)。

A. 时间片轮转调度算法　B. 静态优先权调度算法

C. 多级反馈队列调度算法　D. 先来先服务调度算法

二、填空题

1. 进程之间的通信方式通常包括:共享内存、消息传递和________。

2. 有3个进程P_1、P_2和P_3,分别在0、1、3时刻进入系统,需要的运行时间分别为20、15、5,如果采用短进程优先(SPF)调度算法,这3个进程的平均周转时间为________。

3. 把以信箱为媒体进行进程通信的方式称为________方式,这种方式中进程可调用________原语获取指定信箱中的信件。

4. 在采用消息传递通信方式的系统中,有两种通信方式,它们是________方式和________方式。

5. 时间片轮转调度是专门为________系统设计的,就绪队列中所有进程在一个有限时间内都可以依次获得一个时间片的处理器时间,从而使用户获得较短的________。

三、简答题

1. 进程调度的作用是什么?引起进程调度的因素有哪些?

2. 在抢占调度方式中,抢占的原则是什么?

3. 为什么说多级反馈队列调度算法能较好地满足各类用户的需要?

4. 进程间有哪几种通信方式?各有什么特点?各种方式分别适用于哪种情况?

5. 在先来先服务调度、短作业优先调度、时间片轮转调度和最高优先级调度这4个算法中,哪种调度算法可能导致饥饿?为什么?

四、综合题

1. 假定要在一台处理器上执行下表所示的作业,且假定这些作业在时刻0以1、2、3、4、5的顺序到达。说明分别使用FCFS、时间片轮转(时间片为1)、短作业优先算法及非抢占式优先级调度算法时,这些作业的执行情况(优先级的高低顺序依次为1到5)。针对上述每种调度算法,给出平均周转时间。

作业运行时间表

作业	执行时长/ms	优先级
1	10	3
2	1	1
3	2	3
4	1	4
5	5	2

2. 将一组进程分为 4 类，如下图所示。各类进程之间采用最高优先级调度算法，而各类进程的内部采用时间片轮转调度算法。请简述 P_1、P_2、P_3、P_4、P_5、P_6、P_7、P_8 进程的调度过程。

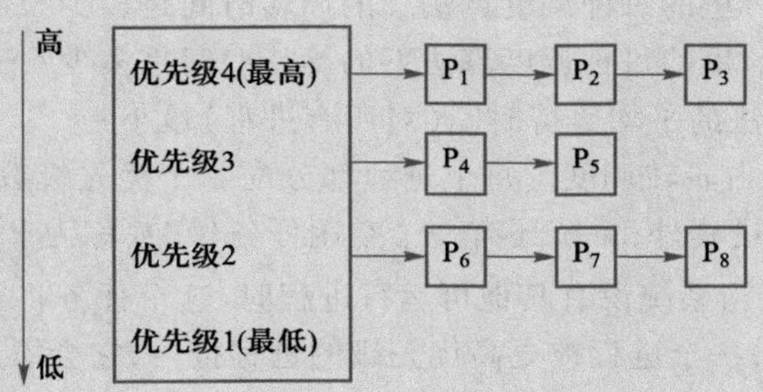

进程分类图

3. 考虑下表的若干进程：

进程执行时间表

进程	执行时长/ms	优先级	到达时间
P_1	50	4	0
P_2	20	1	20
P_3	100	3	40
P_4	40	2	60

（1）分别给出采用最短剩余时间算法、非抢占式优先级算法（优先级值越小，表示优先级越高）和时间片（30 ms）轮转算法的调度过程及进程执行序列。

（2）计算每种调度策略的平均等待时间。

4. 假设有如下一组进程，它们的 CPU 执行时间以 ms 来计算：

进程执行时间表

进程	执行时长/ms	优先级
P_1	2	2
P_2	1	1
P_3	8	4
P_4	4	2
P_5	5	3

假设进程按 P_1、P_2、P_3、P_4、P_5 顺序在时刻 0 到达。

(1) 画出 4 个 Gantt 图，分别演示采用每种调度算法（FCFS、SJF、非抢占优先级（大优先数表示高优先级）和 RR（时间片 = 2））的进程执行情况。

(2) 每个进程在(1)里的每种调度算法下的周转时间是多少？

(3) 每个进程在(1)里的每种调度算法下的等待时间是多少？

(4) 哪一种调度算法的平均等待时间（对所有进程）最小？

5. 下列进程采用抢占轮转调度。每个进程都分配一个优先级数值，更大的数值表示更高的优先级。除了这些进程外，系统还有一个空闲任务（它被称为 P_{idle}，不消耗 CPU 资源）。这个任务的优先级为 0；当系统没有其他可运行进程时，这个任务将被调度运行。时间片的长度为 10 个单位。如果一个进程被更高优先级的进程抢占，它会添加到队列的最后。

进程执行时间表

进程	优先级	执行时长/ms	到达时间
P_1	40	20	0
P_2	30	25	25
P_3	30	25	30
P_4	35	15	60
P_5	5	10	100
P_6	10	10	105

(1) 采用 Gantt 图，演示进程调度顺序。

(2) 每个进程的周转时间是多少？

(3) 每个进程的等待时间是多少？

(4) CPU 使用率是多少？

第 5 章　进程同步与互斥

本章导读

操作系统中的多个进程并发执行，不仅能够有效地改善资源的利用率，还能显著地提高系统的吞吐量。但这些进程或共享或竞争使用同一系统中的资源，使系统运行变得更加复杂。如果不能采取有效的措施，则会因为这些进程对系统资源的无序争夺，给系统造成混乱。因此，操作系统为保证多个进程能有序运行，引入了进程同步机制。

本章在分析进程间互相作用的基础上，介绍了进程同步与互斥问题的产生及解决方法，并详细介绍了信号量机制和经典的进程同步问题的解决方案。

本章知识导图如图 5-1 所示，读者也可以通过扫描二维码观看本章学习思路讲解视频。

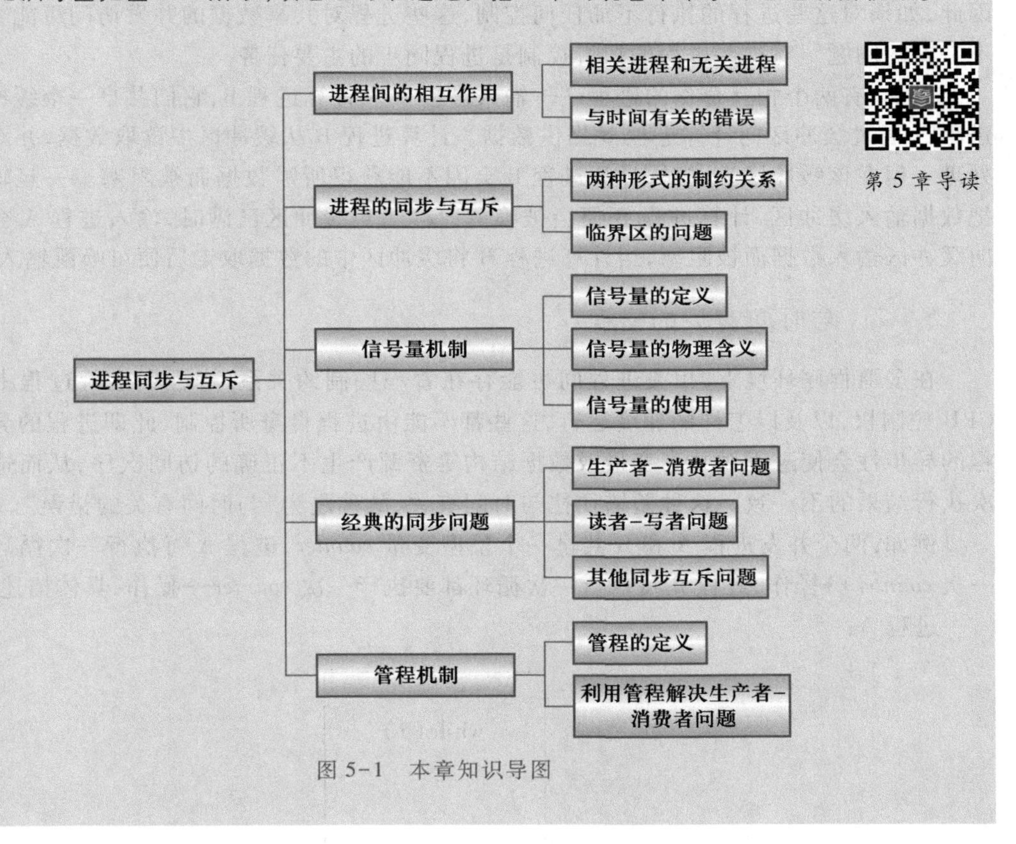

图 5-1　本章知识导图

5.1　进程间的相互作用

5.1.1　相关进程和无关进程

一个计算机系统中存在着多个进程，从逻辑上看，这些进程之间可能有关系，也可能没有关系。我们把在逻辑上有关系的进程称为相关进程，把在逻辑上没有任何关系的进程称为无关进程。并发进程之间可能是相关的，也可能是无关的。

无关进程的执行不影响其他进程的执行，且它们的执行也不受其他进程执行的影响，即它们是各自独立的。因此它们之间一定没有共享数据，它们在各自的数据集上进行操作。这样的进程不是本章的研究对象。

与无关进程不同的是，相关进程的执行可能影响其他进程的执行，也可能受到其他进程执行的影响。这些进程或直接共享逻辑地址空间（代码和数据），或通过文件/消息来共享数据。因此，如果对这些进程的执行不加任何控制，这些进程对共享数据的并发访问可能会产生数据不一致的问题。对这些进程的执行控制是进程同步的主要任务。

例如，有两个相互合作的进程——输入进程 A 和计算进程 B，它们共享一个缓冲区。输入进程 A 通过缓冲区向计算进程 B 提供数据。计算进程 B 从缓冲区中读取数据，并对数据进行处理。但在该缓冲区为空时，计算进程 B 会因不能获得所需数据而被阻塞。一旦输入进程 A 把数据输入缓冲区，计算进程 B 便会被唤醒；反之，当缓冲区已满时，输入进程 A 会因不能再向缓冲区输入数据而被阻塞，当计算进程 B 将缓冲区中的数据取走后便可唤醒输入进程 A。

5.1.2　与时间有关的错误

在多道程序环境下，相关进程间可能存在着一些制约关系，进程在运行过程中能否获得 CPU 控制权，以及以怎样的速度运行，这些都不能由进程自身所控制，此即进程的异步性。进程的异步性会使进程对共享变量或数据结构等资源产生不正确的访问次序，从而造成进程每次执行结果的不一致。这种差错往往与时间有关，故称之为“与时间有关的错误”。

例如：两个并发进程 A 和 B 共享一个整型变量 *counter*，进程 A 每执行一次循环都要执行一次 *counter*++操作，进程 B 每执行一次循环都要执行一次 *counter*--操作，具体描述如下：

进程 A：

```
…
while(1)
{
   …
   counter++;
   …
}
…
```

进程 B：

```
...
while(1)
{
   ...
   counter--;
   printf("%d",counter);
   ...
}
...
```

上述两个进程虽然分开看时都是正确的，而且两者在顺序执行时其结果也会是正确的，但若并发执行，就会出现差错，问题在于这两个进程共享了变量 *counter*。进程 A 对它执行加 1 操作，程序 B 对它执行减 1 操作，这两个操作在用机器语言实现时，常可用下列形式描述：

```
S1:register1 = counter;              S4:register2 = counter;
S2:register1 = register1+1;          S5:register2 = register2-1;
S3:counter = register1;              S6:counter = register2;
```

假设 *counter* 的当前值是 5。如果首先由进程 A 执行 S1、S2、S3 这 3 条语句，然后由进程 B 执行 S4、S5、S6 这 3 条语句，则最后共享变量 *counter* 的值仍为 5。同样，如果首先由进程 B 执行 S4、S5、S6 这 3 条语句，然后由进程 A 执行 S1、S2、S3 这 3 条语句，则最后共享变量 *counter* 值仍然是 5。但是，如果按下述顺序执行：

```
S1:register1 = counter;          //register1 = 5
S2: register1 = register1+1;     //register1 = 6
S4: register2 = counter;         //register2 = 5
S5: register2 = register2-1;     //register2 = 4
S3: counter = register1;         //counter = 6
S6: counter = register2;         //counter = 4
```

正确的 *counter* 值应当为 5，但结果却是 4。读者可以自己试试，倘若再次改变两段代码中各条语句交叉执行的顺序，则可能会得到 *counter* = 6 的答案，这表明进程的执行已经失去了再现性。再现性是指对于相同的输入，输出应该是唯一的、可再现的。产生这种情况的根本原因在于：并发进程中共享了公共变量，这使得计算结果与并发进程执行的速度有关。这种错误的结果往往是与时间有关的，因此被称为“与时间有关的错误”。为了预防这种错误，关键是应当令不同进程互斥地访问公共变量。

5.2　进程的同步与互斥

5.2.1　两种形式的制约关系

进程的同步与互斥

在多道程序环境下，对于同处于一个系统中的多个进程，由于它们共享系统中的资源，或为完成某一任务而相互合作，它们之间可能存在着以下两种形式的制约关系：直接制约关系与间接制约关系。进程的同步是一种直接制约关系，进程的互斥是一种间接制约关系。

1. 进程的同步

某些应用程序为了完成某项任务，会建立两个或多个进程。这些进程会为了完成同一任务而相互合作。例如前文所述的输入进程 A 和计算进程 B 即为两个相互合作的进程。

进程的同步是指进程间的一种直接的协同工作关系，也就是，进程之间相互合作，共同完成一项任务。进程间的这种关系是一种直接制约关系，一个进程的执行依赖于另一个进程的消息。当一个进程执行到某个点时，它必须得到另一个进程的消息后才能继续执行，否则进程应该等待；当消息到来时，进程被唤醒继续执行。

要实现进程同步必须提供一种机制，该机制能够协调进程的执行次序，以保证各个进程能按“序”执行。其不仅能够把其他进程需要的消息发送出去，也能检测当前进程需要的消息是否到来，这种能实现进程同步的机制称为“同步机制”。

2. 进程的互斥

多个进程在并发执行时，由于共享系统资源，如 CPU、I/O 设备等，因此这些并发执行的进程之间会形成相互制约的关系。对于像打印机、磁带机这样的系统资源，必须保证多个进程只能对其互斥地访问。这些进程间的关系为互斥关系，是一种源于互斥资源的间接制约关系。在前面讨论过的共享变量 *counter* 的例子中，进程 A 和进程 B 之间的关系就是互斥关系。为了保证这些进程能有序地运行，对于系统中的这类资源，必须由系统实施统一分配，即用户要使用这类资源之前应先提出申请，而不能直接使用。

进程互斥的实质也是同步，可把进程互斥看作一种特殊的进程同步。

5.2.2　临界区的问题

计算机系统中的许多硬件资源，如打印机、磁带机等，进程在使用它们时都需要采用互斥方式，这样的资源被称为临界资源，也就是说，一次只允许一个进程使用的资源被称为临界资源。临界资源既可以是硬件资源，也可以是软件资源（如共享变量、文件等）。前文所述例子中的变量 *counter* 就属于临界资源。而每个进程中访问临界资源的那段代码称为临界区。

如果有若干个进程共享某一临界区，则该临界区称为相关临界区。显然，如果能保证各进程互斥地进入自己的相关临界区，便可实现各进程对临界资源的互斥访问。为此，每个进程在进入相关临界区之前，应先对欲访问的临界资源进行检查，看其是否正被访问。如果此刻该临界资源未被访问，进程便可进入临界区以对该资源进行访问，并将访问标志设置为“正被访问”；如果此刻该临界资源正被某进程访问，则本进程不能进入临界区。因此，必须在临界区前面增加一段用于进行上述检查的代码,把这段代码称为进入区。相应地,在临界区后面也要加上一段被称为退出区的代码,用于将临界区正被访问的标志恢复为未被访问的状态。进程中除上述进入区、临界区及退出区之外的其他部分代码被称为剩余区。

为实现进程互斥地进入相关临界区,系统必须采取一些调度措施,更多的情况是在系统中设置专门的同步机制来协调各进程间的运行。解决相关临界区问题的同步机制都应遵循下述4条使用原则:

(1) 空闲让进。当无进程处于临界区时,表明临界资源处于空闲状态,应允许一个请求进入临界区的进程立即进入自己的临界区,以有效地利用临界资源。

(2) 忙则等待。当已有进程进入临界区时,表明临界资源正在被访问,因而其他试图进入临界区的进程必须等待,以保证对临界资源的互斥访问。

(3) 有限等待。对要求访问临界资源的进程,应保证在有限时间内能进入自己的临界区,以免陷入"死等"状态。

(4) 让权等待。当进程不能进入自己的临界区时,应立即释放处理器,以免进程陷入"忙等"。

其中,原则(1)表示要有效地使用临界资源,原则(2)反映了互斥的含义,原则(3)和(4)是为了避免进程间发生死锁或忙等。

5.3 信号量机制

进程同步机制的主要任务是:在执行次序上对多个协作进程进行协调,使并发执行的各个协作进程之间能按照一定的规则(或时序)共享系统资源,并能很好地相互合作,从而使程序的执行具有可再现性。

信号量机制

同步机制有各种类型,如软件同步、硬件同步、信号量、管程、条件临界域等;还有用于集中式系统或分布式系统中的远程同步机制。这里主要介绍信号量机制。

5.3.1 信号量的定义

1965年,荷兰学者迪科斯彻(Dijkstra)提出的信号量(Semaphores)机制是一种卓有成效的进程同步工具。在长期且广泛的应用中,信号量机制又得到了很大的发展,从整型信号量,经记录型信号量,进而发展为"信号量集"机制。现在,信号量机制已被广泛应用于单处理器和多处理器系统及计算机网络中。本书中所涉及的信号量为记录型信号量。

记录型信号量机制是一种不存在"忙等"现象的进程同步机制。由于在采取了"让权等待"策略后,会出现多个进程等待访问同一临界资源的情况。为此,在信号量机制中,除了需要一个用于代表资源数目的整型变量 *value* 外,还增加了一个进程链表指针 L,用于保存所有的等待进程。记录型信号量是由于它采用了记录型的数据结构而得名的。在实现时,可用 C 语言的结构体定义包含上述两个数据项的信号量,具体定义如下:

```
typedef struct {
      int value;
      struct process * L;
} semaphore;
```

除了定义信号量外,Dijkstra 还引入了信号量上的 P、V 操作作为同步原语。信号量的值是个被保护的值,只有 P、V 操作和信号量初始化才能访问和改变它的值。P、V 操作定义如下:

```
P(semaphore S) {
    S.value--;
    if (S.value<0) {
        将该进程加入 S.L 中;
        block();
    }
}
V(semaphore S) {
    S.value++;
    if (S.value<=0) {
        从 S.L 中移出一个进程 P;
        wakeup(P);
    }
}
```

其中,操作 block()阻塞调用它的进程,操作 wakeup(P)重新启动阻塞进程 P 的执行。这两个操作都是操作系统作为系统调用提供的。

5.3.2 信号量的物理含义

在信号量机制中,P、V 操作都是对信号量 S 进行的,其物理含义如下:

信号量 S 表示某类可用的临界资源,因而又被称为资源信号量。对于不同的临界资源,需用不同的信号量表示。

S 的初值表示在系统初始情况下这类临界资源的数目,因此初值不能为负数。

若 $S>0$,S 值的大小表示某类资源中可用资源的数目。

若 $S=0$,表示某类资源中没有可分配的资源。

若 $S<0$,表示某类资源中没有可分配的资源,且其值的绝对值表示排在信号量 S 的等待队列中的进程数目。

每执行一次 P 操作,意味着进程请求分配一个单位的该类资源。P 操作使系统中可供分配的该类资源数减少一个,因此描述为 *S.value--*。若减 1 后 *S.value*<0 时,表示该类资源已分配完毕,因此进程应调用 block 原语,进行自我阻塞,放弃处理器,并插入信号量链表 S.L 中。

每执行一次 V 操作,意味着进程释放一个单位的该类资源。V 操作使系统中可供分配的该类资源数增加一个,因此描述为 *S.value++*。若加 1 后 *S.value*≤0,则表示在该信号量链表中,仍有等待该资源的进程被阻塞,故应调用 wakeup 原语,以将 S.L 链表中的第一个等待进程唤醒。

5.3.3 信号量的使用

1. 利用信号量实现进程互斥

为使多个进程能互斥地访问某临界资源,只需为该资源设置一互斥信号量 *mutex*,并设其初始值为 1,然后将各进程访问该资源的临界区置于 P(*mutex*)和 V(*mutex*)操作之间即可。这样,每个欲访问该临界资源的进程,在进入临界区之前,都要先对 *mutex* 执行 P 操作。若该资源此刻未被访问,本次 P 操作必然成功,进程便可进入自己的临界区,这时若再有其他进程也欲进入自己的临界区,由于对 *mutex* 执行 P 操作会使进程阻塞,从而保证了该临界资源能被互斥地访问。当访问临界资源的进程退出临界区后,应对 *mutex* 执行 V 操作,以便释放该临界资源。利用信号量实现两个进程互斥的描述如下:

(1) 设 *mutex* 为互斥信号量,其初值为 1,取值范围为(-1,0,1)。当 *mutex*=1 时,表示两个进程皆未进入需要互斥的临界区;当 *mutex*=0 时,表示有一个进程进入临界区运行,另外一个进程必须等待,进入等待队列;当 *mutex*=-1 时,表示有一个进程正在临界区运行,而另外一个进程因等待而阻塞在信号量等待队列中,需要当前已在临界区运行的进程在退出时将其唤醒。

(2) 代码描述:

```
semaphore mutex = 1;
PA() {                          PB() {
while(1) {                        while(1) {
    P(mutex);                         P(mutex);
    临界区;                            临界区;
    V(mutex);                         V(mutex);
  }                                 }
}                               }
```

在利用信号量机制实现进程互斥时应注意,P(*mutex*)和 V(*mutex*)必须成对出现。缺少 P(*mutex*)将会导致系统混乱,无法保证对临界资源的互斥访问;缺少 V(*mutex*)将会导致临界资源永远不被释放,从而使因等待该资源而阻塞的进程不能被唤醒。

2. 利用信号量实现进程同步

协作进程间除了互斥地访问临界资源外,还需要相互制约和传递信息,以同步它们之间的运行,利用信号量同样可以达到这个目的。下面举一个简单的例子来说明同步型信号量的使用方法。

如进程 P_1 和 P_2 中有两段代码 C1 和 C2,要强制 C1 先于 C2 执行。那么,在 C2 前添加 P(*S*),在 C1 后添加 V(*S*)。需要说明的是,信号量 *S* 的初值应该被设置为 0。这样,只有 P_1 在运行完 C1 后,才能执行 V(*S*)以把 S 的值设置为 1。这时,P_2 执行 P(*S*)才能申请到信号量 *S*,并运行 C2。如果 P_1 的 C1 没有提前运行,则信号量 S 的值为 0,P_2 执行 P(*S*)时会因申请不到信号量 *S* 而被阻塞。

(1) 设 *S* 为同步信号量,其初值为 0,取值范围为(-1,0,1)。当 *S*=0 时,表示 C1 还未运行,C2 也未运行;当 *S*=1 时,表示 C1 已经运行完毕,C2 可以运行;当 *S*=-1 时,表示 C2 想运行,但由于 C1 尚未运行,因此 C2 不能运行,进程 P_2 处于阻塞状态。

（2）代码描述：

```
Semaphore S=0;
P1(){                          P2(){
while(1) {                         while(1) {
     C1                                  P(S);
     V(S);                               C2;
     …                                   …
   }                                   }
}                              }
```

同步型信号量的使用通常比互斥型信号量的使用更复杂。一般情况下，同步型信号量的P(S)和V(S)操作位于两个不同的进程内。

5.3.4　信号量小结

在此，根据前文所述，对信号量及P、V操作进行简单的小结。

信号量在使用前，必须赋初值且只赋一次初值，初值不能为负数。

P、V操作在使用时必须成对出现，有一个P操作就一定有一个V操作。当为互斥操作时，它们处于同一进程；当为同步操作时，则它们在不同进程中出现。

如果进程中有两个P操作在一起，那么P操作的顺序至关重要，尤其是当一个同步的P操作和一个互斥的P操作在一起时，同步的P操作应出现在互斥的P操作前。而两个V操作的次序无关紧要。

总之，信号量及P、V操作逻辑上设计完整、使用简单，且表达能力强，能够有效实现进程同步与互斥问题。但信号量也有明显的弱点：信号量在使用时需要由程序员实现，多个信号量的使用不仅增加了程序的复杂性，还降低了通信效率，造成进程之间需要相互等待的现象，甚至有可能导致死锁的发生。同时，P、V操作使用时不够安全，使用不当容易引起出错或死锁等问题；此外，使用信号量解决复杂同步和互斥问题也很复杂。

5.4　经典的同步问题

在多道程序环境下，进程同步问题十分重要，因而吸引了不少学者对它进行研究，由此产生了一系列经典的进程同步问题，其中较有代表性的是“生产者-消费者问题”“读者-写者问题”“哲学家就餐问题”等。对这些问题的研究和学习，可以帮助我们更好地理解进程同步的概念及实现方法。本节介绍前两个同步问题，“哲学家就餐问题”将在第6章死锁中介绍。

生产者-消费者问题

5.4.1　生产者-消费者问题

生产者-消费者问题是合作进程的通用范例，其描述如下：

一组生产者进程和一组消费者进程并发执行，生产者进程生产产品，以供消费者进程消费，它们之间共用一个缓冲池，缓冲池由一定数目的大小相等的缓冲区组成，每个缓冲区可存放一个产品。生产者进程每次往空缓冲区送一个产品；消费者进程每次从缓冲区取出一个产品。具体表示如图 5-2 所示。

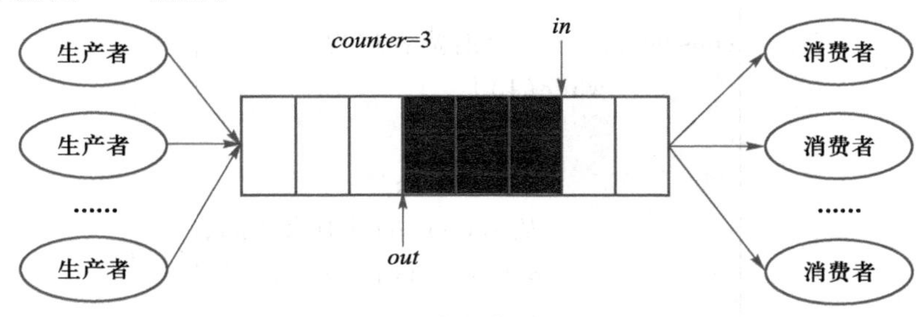

图 5-2 生产者-消费者进程

生产者-消费者问题是相互合作的进程关系的一种抽象，例如，在输入时，输入进程是生产者，计算进程是消费者；而在输出时，计算进程是生产者，而打印进程是消费者。因此，研究该问题有很大的代表性及实用价值。生产者进程与消费者进程之间既存在同步关系，也存在互斥关系。

同步分析：当整个缓冲池全满时，生产者进程应暂缓生产，等待消费者消费产品。当整个缓冲区全空时，消费者进程应暂停从缓冲区中取产品，等待生产者进程生产产品。同时，生产者进程向空缓冲区中放入产品，或者消费者进程从满缓冲区中取出产品后，相关缓冲区就改变了状态。

互斥分析：生产者进程和消费者进程共同访问的缓冲池为临界资源，对缓冲池中的每个缓冲区都需要互斥访问，以保证产品数据的一致性。

假定公用缓冲池具有 *n* 个缓冲区，设置互斥信号量 *mutex* 实现各进程对缓冲池的互斥使用，*mutex* 初值为 1。设置信号量 *empty* 表示缓冲池中空缓冲区的数量，初值为 *n*。设置信号量 *full* 表示满缓冲区的数量，初值为 0。另设整型变量 *in* 和 *out*，初值均为 0，*in* 用于指示空缓冲区的头指针，*out* 用于指示有产品的满缓冲区的头指针。

生产者-消费者问题的解决方案描述如下：

```
int in=0,out=0;
item Buffer[n];
semaphore mutex=1,empty=n,full=0;
producer() {   //生产者进程
     while(1){
              生产产品;
              P(empty);
              P(mutex);
              往 Buffer[in]中放产品;
              in=(in+1) % n;
```

```
            V(mutex);
            V(full);
        }
    }
consumer() {    //消费者进程
        while(1){
            P(full);
            P(mutex);
            从 Buffer[out]中取产品;
            out =(out+1) % n;
            V(mutex);
            V(empty);
            消费产品;
            …
        }
    }
```

生产者-消费者问题还存在简化版本,即只有一个生产者进程和一个消费者进程,它们通过一个缓冲区联系起来,缓冲区只能容纳一个产品。从前文的分析可以看出,与普通生产者-消费者相比,简单生产者-消费者问题中存在着相同的同步关系。但对于互斥关系,由于现在的临界资源是一个只能存放一个产品的单缓冲区,因此对它的读写操作非常简单,可以省略互斥信号量。

简单生产者-消费者问题的解决方案描述如下:

```
semaphore mutex=1, empty=1, full=0;
producer() {            //生产者进程
    while(1){
            生产产品;
            P(empty);
            往缓冲区中放产品;
            V(full);
        }
    }
consumer() {            //消费者进程
    while(1){
            P(full);
            从缓冲区中取产品;
            V(empty);
```

```
        消费产品;
        …
    }
}
```

5.4.2 读者-写者问题

读者-写者问题

一个数据文件或记录可被多个进程共享,我们把只要求读该文件的进程称为"读者进程",其他进程称为"写者进程"。所谓"读者-写者问题(Reader-Writer Problem)"就是指保证一个写者进程必须与其他进程互斥地访问共享对象的同步问题。为保证共享文件的数据安全,读者和写者进程应遵守如下规定:

(1) 允许多个进程同时读文件。

(2) 不允许一个写者进程和其他读者进程或写者进程同时访问文件。

(3) 当有读者进程对文件进行访问时,不允许任何写者进程访问文件。

对于写者进程,每次只允许一个写者进程执行写操作,也就是说,写者进程与写者进程之间是互斥的,同时写者进程与读者进程之间也是互斥的,因此设置互斥信号量 *wmutex* 来实现这两者之间的互斥。

对于读者进程,多个读者进程之间可以同时进行读操作,但读者与写者之间互斥。也就是说,当第一个读者进程取得读权限时,其他读者进程都可以读,但写者进程不可以写。因此,读者与写者之间的互斥就是写者进程与第一个读者进程之间的互斥。为此,设置一个整型变量 *readcount* 表示正在读的进程个数。当有读者进程要进行读操作前,*readcount* 加 1,仅当 *readcount* = 1 时表示第一个读者进程,此时读者进程才需要执行 P(*wmutex*)操作。若 P(*wmutex*)操作成功,读者进程便可去读。同理,仅当读者进程在执行了 *readcount* 减 1 操作后其值为 0 时,表示最后一个读者进程操作结束,需执行 V(*wmutex*)操作,以便让写者进程写。又因为 *readcount* 是一个可被多个读者进程访问的临界资源,因此,为它设置一个互斥信号量 *rmutex*。

读者-写者问题可描述如下:

```
semaphore rmutex = 1, wmutex = 1;
int readcount = 0;
reader() {
    while(1) {
        P(rmutex);
        readcount++;
        if (readcount == 1) P(wmutex);
        V(rmutex);
        …
        读文件;
        …
```

```
            P(rmutex);
            readcount--;
            if (readcount==0) V(wmutex);
            V(rmutex);
        }
}
writer(){
    while(1){
            P(wmutex);
            写文件;
            V(wmutex);
        }
}
```

5.4.3 其他同步互斥问题

其他同步互斥问题

现实生活中有许多同步互斥问题,这里举一些运用经典的同步问题解决方案的例子,以帮助读者更好地掌握这类问题的解法。

1. 消息的发送与接收问题

(1) 问题描述。

一组进程 A_1、A_2…A_n通过 k 个缓冲区向另一组进程 B_1、B_2…B_m不断发送消息。发送和接收工作遵循如下规则:

① 每个发送进程一次发送一个消息,写入一个缓冲区,一个缓冲区大小等于消息长度;

② 对每个消息,接收进程 B_1、B_2…B_m都必须各接收一次,读入各自的数据区内;

③ 当 k 个缓冲区都满时,发送进程等待;当没有可读消息时,接收进程等待。

试用 P、V 操作描述其发送和接收的过程。

(2) 问题分析。

本题是生产者-消费者问题的一个变形,进程 A_1、A_2…A_n发送消息,是生产者进程;B_1、B_2…B_m接收消息,是消费者进程;缓冲区的个数为 k,是多个缓冲区。根据规则②,每个消息都必须被所有的接收进程接收一次,也就是说,每个缓冲区只要写一次,但需要读 m 次。因此,我们可以把这一组缓冲区看成 m 组缓冲区,每一组对应一个接收进程,每个发送进程需要同时写 m 组缓冲区中相应的 m 个缓冲区,而每一个接收进程只需要读它所对应的那组缓冲区中的对应单元。

为此,参照生产者-消费者问题的解决方案,我们设置两个同步信号量数组 *empty*[*m*]和 *full*[*m*]用来描述 m 组缓冲区的使用情况,数组 *empty* 中的元素初值为 m,数组 *full* 中的元素初值为 0;再设置一个互斥信号量 *mutex*,用来实现各个进程对缓冲区的互斥访问,其初值为 1。

(3) 解决方案。

```
int i;
semaphore mutex,empty[m],full[m];
mutex=1;
for(i=0;i<m;i++){
    empty[i]=m;
    full[i]=0;
}
发送进程():          //进程 A1、A2…An
while(1){
    for(i=0;i<m;i++)
        P(empty[i]);
    P(mutex);
    将消息放入缓冲区;
    V(mutex);
    for(i=0;i<m;i++)
        V(full[i]);
}
接收进程(i):         //进程 B1、B2…Bm,此处的 i 为接收进程的编号,即 1≤i≤m
while(1){
    P(full[i]);
    P(mutex);
    将消息从缓冲区取出;
    V(mutex);
    V(empty[i]);
}
```

2. 学生上机问题

(1) 问题描述。

某高校计算机专业开设一系列的网络课程并安排学生上机实习,假设机房共有 $2m$ 台机器,有 $2n$ 名学生选择该课,规定:

① 两个学生组成一组,占用一台机器,协同完成上机实习;

② 只有一组的同学都到齐,并且此时机房有空闲机器时,机房管理员才允许该组同学进入机房;

③ 上机实习完成后,由一名教师检查,检查完毕,这一组学生同时离开机房。

试用 P、V 操作模拟上机实习过程。

(2) 问题分析。

通过分析这个问题,可以发现有 3 个角色:学生、教师和机房管理员。因此将用 3 个进程分别来模拟这 3 个角色。对于学生来说,其任务是先等待另一名学生的到来,等待机器空闲,然后协同上机实习，再等待教师检查，最后释放机器，完成整个过程。对于教师来说，主要任务是先等待两名学生实习结束，然后检查工作。对于管理员来说，主要任务是等待两名学生到齐，允许学生进入机房。

为此，设置信号量 *student* 表示学生到达，初值为 0；信号量 *computer* 表示可用计算机，初值为 $2m$；信号量 *enter* 表示是否可以进入机房，*finish* 表示上机实习是否结束，*check* 表示教师检查是否完成，它们的初值都为 0。

（3）解决方案。

```
semaphore student = 0;
semaphore computer = 2m;
semaphore enter = finish = check = 0;
学生进程:
    while(1){
        V(student);          //表示一名学生到来
        P(computer);         //获取一台计算机
        P(enter);            //等待允许进入
        协同完成上机实习;
        V(finish);           //实习结束
        P(check);            //等待教师检查
        V(computer);         //释放计算机资源
    }
教师进程:
    while(1){
        P(finish);           //等待一名学生实习完成
        P(finish);           //等待另一名学生实习完成
        检查实习;
        V(check);            //检查一名学生的实习工作
        V(check);            //检查另一名学生的实习工作
    }
管理员进程:
    while(1){
        P(student);          //等待一名学生到达
        P(student);          //等待另一名学生到达
        V(enter);            //允许一名学生进入机房
        V(enter);            //允许另一名学生进入机房
    }
```

5.5 管程机制

虽然信号量机制是一种既方便又有效的进程同步机制，但每个要访问临界资源的进程都必须自备同步操作 P(*S*)和 V(*S*)。这就使大量的同步操作分散到了各个进程中。这样带来的缺点有：

管程机制

(1) 程序的易读性差，因为要了解整个临界资源和信号量的操作，必须通读整个系统的程序；

(2) 程序不利于修改和维护，因为程序的局部性很差，所以针对任一变量或操作的修改都可能影响全局；

(3) 正确性难以保证，因为并发程序通常很大，要保证这样的复杂系统没有逻辑错误是很难的。而且，同步操作的使用不当会导致系统死锁。

在解决上述问题的过程中，一种新的高级进程同步工具——管程(Monitors)被引入。

5.5.1 管程

1. 管程的定义

管程的定义是：一个管程定义了一个数据结构和能被并发进程(在该数据结构上)所执行的一组操作，这组操作能同步进程和改变管程中的数据。

由上述定义可知，管程由 4 个部分组成：① 管程的名称；② 局部于管程的共享数据结构说明(尽管数据结构是共享的，但该共享变量局限于管程内)；③ 对该数据结构进行操作的一组过程(函数)；④ 对共享数据设置初始值的语句。图 5-3 所示是一个管程的示意图。

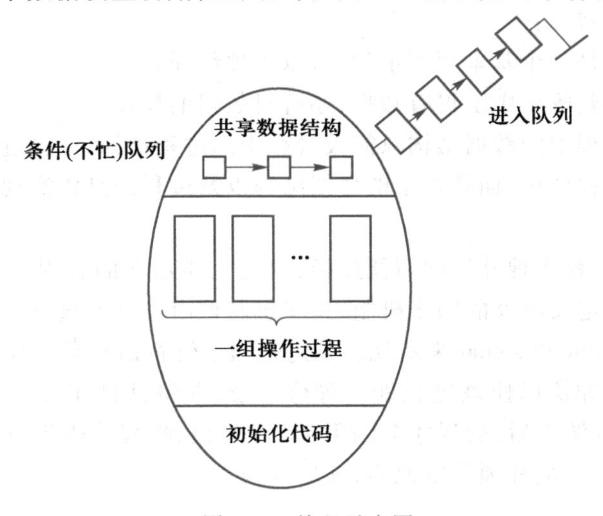

图 5-3 管程示意图

管程的语法描述如下：

```
Monitor monitor_name {                    /* 管程名 */
    share variable declarations;          /* 共享变量说明 */
```

```
    condition declarations;          /* 条件变量说明 */
    public:                          /* 能被进程调用的过程 */
        procedure P1(…){             /* 对数据结构操作的过程 */
        …
        }
        procedure P2(…){
        …
        }
        …
    {                                /* 管程主体 */
        initialization code;         /* 初始化代码 */
    }
}
```

实际上，管程中包含了面向对象的思想，将表征共享资源的数据结构及其对数据结构操作的一组过程（包括同步机制），都集中封装在一个对象内部，隐藏了实现细节。封装于管程内部的数据结构，仅能被封装于管程内部的过程所访问，任何管程外的过程都不能访问它；反之，封装于管程内部的过程也仅能访问管程内的数据结构。所有进程要访问临界资源时，都只能通过管程间接访问，而管程每次只准许一个进程进入管程，执行管程内的过程，从而实现了进程互斥。

管程是一种程序设计语言结构成分，它和信号量有同等的表达能力，从程序设计语言的角度看，管程主要有以下特性：

（1）模块化，管程是一个基本程序单位，可以单独编译；

（2）抽象数据类型，管程中不仅有数据，还有对数据的操作；

（3）信息掩蔽，管程中的数据结构只能被管程中的过程访问，这些过程也是在管程内部被定义的，供管程外的进程调用，而管程中的数据结构以及过程的具体实现外部不可见。

2. 条件变量

尽管管程提供了一种实现互斥的简便途径，但是上述定义的管程还未强大到能处理一些同步问题。为此，需要定义额外的同步机制，这些机制可由条件变量（Condition Variables）及其相关的两个原语操作 wait 和 signal 来实现。某进程通过管程请求获得临界资源而未能被满足时，管程便会调用 wait 原语以使该进程处于等待状态，并将其排在等待队列上。仅当另一进程访问完成并释放该资源之后，管程才会调用 signal 原语，唤醒等待队列中的队首进程。

管程中对每个条件变量都须予以说明，其形式为：

```
condition x,y
```

对条件变量的操作只能通过 wait 和 signal 2 个原语，因此条件变量也是一种抽象数据类型，每个条件变量均保存了一个链表，用于记录因该条件变量而阻塞的所有进程，同时提供的两个操作可表示为 *x*.wait 和 *x*.signal，含义如下。

用于表示空的和满的缓冲区数量，信号量 *empty* 应初始化为________，信号量 *full* 应初始化为________。

5. 当一个管程发现它无法继续运行时，它会在某个条件变量上执行________操作。

三、简答题

1. 什么是“与时间有关的错误”，请举例说明。

2. 什么是临界区？什么是相关临界区？

3. 简述系统对相关临界区的调度使用原则。

4. 简述采用信号量及 P、V 操作来进行进程同步的缺点。

5. 若用 P、V 操作管理一组相关临界区，其信号量 S 的值在$[-1,1]$之间变化，讨论当 $S=-1$，$S=0$，$S=1$ 时，其物理含义是什么？

四、综合题

1. 4 个进程 P_1、P_2、P_3、P_4，P_1 必须在 P_2、P_3 开始前完成，P_2、P_3 必须在 P_4 开始前完成，且 P_2 和 P_3 不能并发执行。试写出这 4 个进程的同步互斥算法。

2. 小张有一个私有邮箱 mbox，最多可以存放 N 个邮件。小张可以从该邮箱读邮件，且每读一封邮件该邮件就自动删除；其他用户都可以向该邮箱发送邮件。请设计小张读邮件和其他用户发邮件操作的同步互斥算法。

3. 3 个进程 P_1、P_2、P_3 互斥使用一个包含 $N(N>0)$ 个单元的缓冲区。P_1 每次用produce( )生成一个正整数并用 put( )送入缓冲区某一空单元中；P_2 每次用 getodd( )从该缓冲区中取出一个奇数并用 countodd( )统计奇数个数；P_3 每次用 geteven( )从该缓冲区中取出一个偶数并用 counteven( )统计偶数个数。请用信号量机制实现这 3 个进程的同步与互斥活动，并说明所定义的信号量的含义。

4. 某图书馆读者进入时必须先在一张登记表上登记座位、姓名等信息，该登记表一次仅允许 1 个人登记，读者离开时撤销登记信息。该图书馆有 100 个座位。读者的活动描述如下：

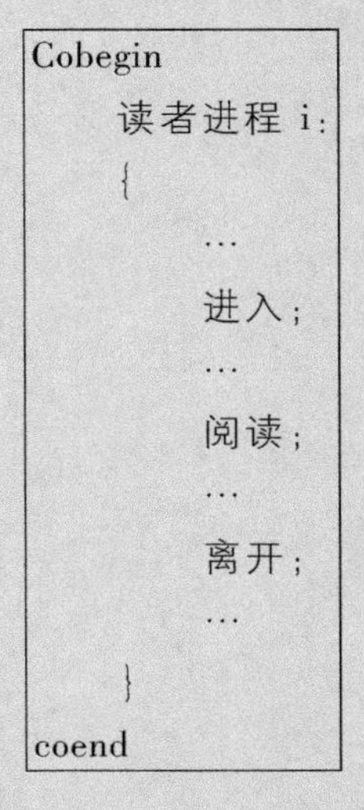
```
Cobegin
    读者进程 i:
    {
        …
        进入;
        …
        阅读;
        …
        离开;
        …
    }
coend
```

请添加必要的信号量和 P、V 操作，以实现上述操作过程中的互斥与同步。要求写出完整的过程，说明信号量含义并赋初值。

5. 现有3个进程，Reader进程把键盘输入的一个整数读入缓冲区B1，Executor进程把B1中的数据取出进行处理，处理完后存到输出缓冲区B2，最后由Printer进程将B2中的数据打印出来。假设B1和B2都只能存放一个整数，请用P、V操作管理这3个并发进程的执行。

6. 在测温系统中要完成采样、转换和显示等任务。采样过程把从传感器上得到的整型微电压值存入一个缓冲区，转换过程把微电压值从缓冲区中取出，转换成温度值再存入该缓冲区，显示过程把缓冲区中的温度值取出并显示。试用P、V操作实现3个过程共享缓冲区的同步问题。

7. 假设有一个路口，通行交通规则如下：只要没有机动车在通行，路口行人就可以通过；只有没有行人在通过路口且没有其他机动车在通过路口时该机动车才能通过。请用P、V操作描述行人和机动车通过路口的同步互斥过程。

8. 生产围棋的工人不小心把相等数量的黑子和白子混装到一个盒子里，现在要用自动分拣系统把黑子和白子分开，该系统由两个并发执行的进程PA和PB组成，系统功能如下：

(1) PA专拣黑子，PB专拣白子。

(2) 每个进程每次只拣一个棋子，当一个进程拣子时，不允许另一个进程去拣子。

(3) 当一个进程拣一个棋子(黑或白)后，必须让另一个进程拣一个子(白或黑)。

请使用信号量机制实现这两个进程的同步与互斥。

6.1.3 死锁产生的必要条件

虽然进程在运行过程中可能会发生死锁,但发生死锁是必须要具备一定条件的。对于永久性资源,产生死锁必须同时具备下列4个必要条件,只要其中任意一个条件不成立,死锁就不会发生。

1. 互斥条件

进程对所分配到的资源进行排他性使用,即在一段时间内,某资源只能被一个进程占用。如果此时还有其他进程请求该资源,则请求进程只能等待,直至占有该资源的进程用毕释放。这个条件是由资源本身的属性所决定的,如扫描仪、打印机等资源在一段时间内只能由一个进程占用。

2. 持有且等待条件

持有且等待又称部分分配或者占有申请。某进程已经占有了至少一个资源,但又提出了新的资源请求,而该被请求的资源已被其他进程占有,此时请求进程被阻塞,同时其对自己已占有的资源保持不放。

3. 不可抢占条件

不可抢占又称不可剥夺。进程所获得的资源在未使用完毕之前,不能被其他进程强行剥夺,而只能在进程使用完毕时由自己释放。

4. 循环等待条件

循环等待又称环路等待。该条件指在发生死锁时,必然存在一个"进程-资源"循环链,即进程集合$\{P_1,P_2\cdots P_n\}$中的P_1正在等待已被P_2占用的资源,P_2正在等待已被P_3占用的资源…P_n正在等待已被P_1占用的资源。环路中每一个进程已占有的资源同时被另一个进程申请。

以上是死锁发生的4个必要条件。也就是说,这4个条件必须同时成立才会出现死锁。事实上,第4个条件的成立蕴含了前3个条件的成立,这样4个条件并不完全独立。

从原理上说,处理死锁有3种主要策略:

(1) 采用某个协议来预防或避免死锁,确保系统永远不会进入死锁状态;

(2) 允许系统进入死锁状态,但是会检测它,然后恢复;

(3) 完全忽略这个问题,并假设系统永远不会出现死锁。

第一种策略包括预防死锁的方法和避免死锁的方法;第二种策略包括检测死锁的方法和解除死锁的方法;第三种策略则为大多数系统(如Linux和Windows等)所采用。下面列出的4种解决死锁的方法对死锁的防范程度逐渐减弱,但对应的资源利用率却逐渐提高,且进程因资源因素而阻塞的频度逐渐下降(即进程并发程度逐渐提高)。

1. 预防死锁

该方法是一种简单直观的事先预防方法,是通过设置某些限制条件,去破坏产生死锁的4个必要条件中的一个或几个来预防死锁的。这一方法较易实现,但会导致系统资源利用率降低。

2. 避免死锁

该方法同样属于事先预防策略,是在资源的动态分配过程中,用某种方法防止系统进入不安全状态,从而避免发生死锁。这种方法只需以较弱的限制条件为代价,并可获得较高的资源利用率。

3. 检测与解除死锁

该方法无须事先采取任何限制性措施，允许进程在运行过程中发生死锁。但可通过在系统中设置检测机构，定时检测死锁是否真的发生，当检测到系统中已发生死锁时就采取相应措施，将进程从死锁状态中解脱出来。

4. 忽略死锁

对于那些死锁发生的概率较低，而解决死锁的代价极大或暂时没有办法解决的死锁问题不予理睬。这种解决方案为大多数操作系统所采用，包括 Linux 和 Windows。因此，应用程序开发人员需要自己编写程序，以便处理死锁。

6.2　死锁预防

如上一节所述，发生死锁有 4 个必要条件，只要确保至少一个必要条件不成立，就能预防死锁发生。因此，死锁预防是指在任何系统操作前（例如资源分配、调度进程等），实现评估系统的可能情况，严格采取措施使得死锁的 4 个必要条件不同时成立。

具体来说，操作系统在系统设计时事先确定资源分配的方法，限制进程对资源的申请，从而确保不发生死锁。具体的做法是破坏死锁的 4 个必要条件之一。这是确保系统不进入死锁状态的静态策略。

6.2.1　破坏“互斥”条件

一方面，不可共享的资源必定具有互斥条件。例如，一台打印机不能同时被多个进程所共享。另一方面，可共享的资源不需要互斥存取，它们不会参与死锁。如只读文件是一种共享资源，打开的只读文件可以被若干进程同时访问。一个进程从来不会在一个可共享资源上一直等待下去。因此，一般来说，用否定互斥条件的办法是不能预防死锁的，因为某些资源固有的属性就是不可共享的。

6.2.2　破坏“持有且等待”条件

为了能够破坏“持有且等待”条件，系统必须做到：当一个进程在请求资源时，它不能持有不可抢占资源。该策略可通过以下两种方法实现：

一种方法是，所有进程在开始运行之前，必须一次性地申请其在整个运行过程中所需的全部资源。此时，若系统有足够的资源可分配给某进程，则可把其需要的所有资源分配给它。这样，该进程在整个运行期间便不会再提出资源要求，从而破坏了“请求”条件。系统在分配资源时，只要有一种资源不能满足进程的要求，则即使该进程所需的其他资源都空闲也不分配给该进程，而是让其等待。由于该进程在等待期间未占有任何资源，从而破坏了“持有”条件，可以预防死锁发生。这就是资源的静态分配。这种方法的优点是简单、易行、安全。但缺点也极其明显：① 资源被严重浪费，会造成一些资源在很长时间内得不到使用，严重地降低了资源的利用率。② 经常会使进程发生饥饿现象。因为仅当进程在获得其所需的全部资源后才能开始运行，所以可能由于个别资源长期被其他进程占用，等待该资源的进程迟迟不能开始运行，例如，个别资源（如打印机）有可能仅在进程运行到最后时才需要。

另一种方法是对第一种方法的改进，它允许一个进程只获得运行初期所需的资源后，便开始运行。进程运行过程中再逐步释放已分配给自己的且已用毕的全部资源，然后再请求新的所需资源。这种方法改进了第一种方法，但资源浪费和饥饿现象依然存在。

6.2.3 破坏“不可抢占”条件

为了能破坏“不可抢占”条件，可采用下述隐式抢占方式：当一个已经保持了某些不可被抢占资源的进程提出新的资源请求而不能得到满足时，该进程一定处于等待状态，这时它必须释放已经持有的所有资源，待以后需要时再重新申请。换句话说，进程已占有的资源被抢占了，从而破坏了“不可抢占”条件。

如果一个进程申请一些资源，那么首先检查这些资源是否可用。如果可用，那么就将其分配给该进程。如果不可用，那么检查这些资源是否已分配给等待额外资源的其他进程。如果是，那么从等待进程中抢占这些资源，并分配给申请进程。如果资源不可用且也不被其他等待进程持有，那么申请进程应等待。当一个进程处于等待状态时，如果其他进程申请其拥有的资源，那么该进程的部分资源可以被抢占。只有当一个进程分配到申请的资源，并且恢复在等待时被抢占的资源时，它才能重新执行。

该方法实现起来比较复杂，且须付出很大的代价。这种策略还可能会因为反复地申请和释放资源，致使进程的执行被无限地推迟，这不仅延长了进程的周转时间，而且也增加了系统开销，降低了系统吞吐量。

这些方法常用于资源状态易于保留和恢复的环境中，如 CPU 寄存器和内存，但一般不适用于其他资源，如打印机。

6.2.4 破坏“循环等待”条件

为了不出现循环等待的情况，可实行资源的有序分配策略，即事先对所有资源按类编号，然后依序分配，使每个进程申请、占用资源时不会形成环路。

假设资源类型的集合为 $R=\{R_1,R_2\cdots R_m\}$。为每个资源类型分配一个唯一序号，这样可以比较两个资源以确定它们的先后顺序。在形式上，我们可以定义一个函数 $F:R\rightarrow\mathbf{N}$，其中 $\mathbf{N}$ 是自然数的集合。例如，如果资源类型 R 的集合包括磁带驱动器、磁盘驱动器和打印机，那么函数 F 可以定义成：

$$F(\text{磁带驱动器})=1,F(\text{磁盘驱动器})=5,F(\text{打印机})=12$$

我们可以采用如下协议来预防死锁：每个进程对资源的申请严格按照序号递增的顺序进行，即一个进程开始可申请任何类型的资源 R_i。此后，当且仅当 $F(R_j)>F(R_i)$ 时，该进程才可以申请一个新资源类型 R_j 的实例。例如，采用上面定义的函数，一个进程如要同时使用磁带驱动器和打印机时，应首先申请磁带驱动器，然后申请打印机。请注意，如果需要同一资源类型的多个实例，那么应一起申请它们。

在采用这种策略时，如何来规定每种资源的序号是十分重要的。通常应根据大多数进程需要资源的先后顺序来确定资源的序号。一般情况下，进程总是首先输入程序和数据，然后进行运算，最后将运算结果输出。因此，可以为输入设备规定较低的序号，如把磁带机定为 1；可以为输出设备规定较高的序号，如把打印机定为12。

这种预防死锁策略和前几种策略相比，其资源利用率和系统吞吐量都有比较明显的改善。但也存在两个缺点：①限制了进程对资源的请求，同时给系统中所有资源合理编号也是件难事，并且会增加系统开销。②为了遵循按编号申请的次序，暂不使用的资源也需要提前申请，从而增加了进程对资源的占用时间。

6.3 死锁避免

死锁避免

上面讨论的死锁预防的几种策略，总体上增加了较强的限制条件，通过限制如何申请资源来预防死锁，从而使实现较为简单，但却严重地影响了系统性能，降低了并发度。

本节介绍排除死锁的动态策略——死锁避免，它不限制进程有关申请资源的命令，而是对进程所发出的每个申请资源的命令加以检查，根据检查结果决定是否进行资源分配。也就是说，在资源分配过程中，若预测有发生死锁的可能性，则加以避免。这种方法的关键是确定资源分配的安全性。

6.3.1 系统安全状态

在避免死锁的方法中，把系统的状态分为安全状态和不安全状态。当系统处于安全状态时可避免发生死锁，而当系统处于不安全状态时，则可能会发生死锁。

1. 安全状态

在避免死锁的方法中，允许进程动态地申请资源，但系统在进行资源分配之前，应先计算此次资源分配的安全性。如果操作系统能保证所有的进程在有限时间内得到需要的全部资源，则称系统处于“安全状态”，否则系统是不安全的。若此次分配不会导致系统进入不安全状态，则可将资源分配给进程，否则，令进程等待。

所谓安全状态，是指系统能按某种进程序列<P_1，P_2…P_n>为每个进程P_i分配其所需的资源，直至满足每个进程对资源的最大需求，进而使每个进程都可顺利完成，则系统是安全的。此时，称进程序列<P_1，P_2…P_n>为安全序列。如果系统无法找到这样一个安全序列，则称系统处于不安全状态。

当系统处于安全状态时，不会发生死锁。不安全状态不一定导致死锁，但死锁状态一定是不安全状态。图6-4显示了这三者之间的关系。

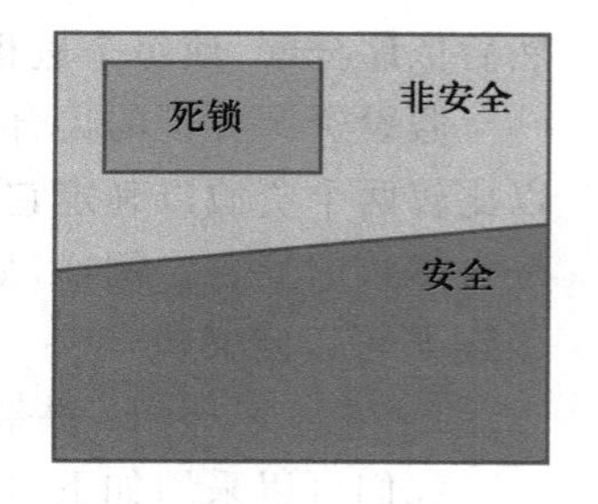

图6-4　安全、非安全和死锁的状态空间

2. 安全状态举例

假定系统中有3个进程P_0、P_1和P_2，共有12台磁带机。进程P_0总共要用10台磁带机，P_1和P_2分别要用4台和9台。假设在t_0时刻，进程P_0、P_1和P_2已分别获得5台、2台和2台磁带机，尚有3台磁带机空闲（未分配），具体情况如表6-1所示。

表 6-1 t_0 时刻的进程资源分配表 单位:台

进程	最大需求	当前占有	可用
P_0	10	5	
P_1	4	2	3
P_2	9	2	

经分析发现,在 t_0时刻系统是安全的,因为这时存在一个安全序列$<P_1,P_0,P_2>$,即只要系统按此序列分配资源,就能使每个进程都顺利完成。例如将剩余的磁带机取 2 台分配给 P_1,使之继续运行;待 P_1完成,其可释放 4 台磁带机,于是可用磁带机增至 5 台;再将这些磁带机全部分配给 P_0,使之运行;待 P_0完成后,其将释放出 10 台磁带机,P_2便能获得足够的资源,从而可使 P_0、P_1、P_2都能顺利完成。

3. 由安全状态转向不安全状态

如果不按照安全序列分配资源,则系统可能会由安全状态转向不安全状态。例如,在 t_0时刻以后,P_2又请求了 1 台磁带机,若此时系统把剩余 3 台中的 1 台分配给 P_2,则系统便会进入不安全状态,因为此时已无法再找到一个安全序列。例如,把其余的 2 台分配给 P_1,这样在 P_1完成后,其只能释放 4 台,既不能满足 P_0尚需 5 台的要求,也不能满足 P_2尚需 6 台的要求,致使它们都无法推进到完成,彼此都在等待对方释放资源,进而导致死锁。类似地,如果将剩余的 2 台磁带机先分配给 P_0或 P_2,也同样无法使它们推进到完成。因此,从给 P_2分配了第 3 台磁带机开始,系统便进入了不安全状态。

通过安全状态的概念,我们可以定义死锁避免算法,以便确保系统不会发生死锁。这个算法简单,即确保系统始终处于安全状态。最初,系统处于安全状态。当有进程申请一个可用资源时,系统应确定:这一资源申请是可以立即分配还是应让进程等待。只有在分配后系统仍处于安全状态,才能允许分配。

采用这种方案,如果进程申请一个现已可用的资源,那么它可能仍然必须等待。因此与没有采用死锁避免算法相比,这种情况下的资源使用率可能更低。

6.3.2 银行家算法

最有代表性的避免死锁的算法是迪科斯彻(Dijkstra)提出的银行家算法。该算法将操作系统比作一个银行家,将操作系统的各种资源比作周转资金,将申请资源的进程比作向银行家申请贷款的客户。那么操作系统的资源分配问题就如同银行家利用其资金向客户贷款的问题,一方面银行家能贷款给若干客户,满足客户对资金的需求;另一方面,银行家可以安全地收回全部贷款而不至于破产。就像操作系统能满足每个进程对资源的需求,同时整个系统不会产生死锁。

为实现银行家算法,每个新进程在进入系统时,都必须申明在运行过程中可能需要每种资源类型的最大单元数目,该数目不应超过系统所拥有的资源总量。当进程请求一组资源时,系统必须首先确定是否有足够的资源可分配给该进程。若有,则进一步计算在将这些资源分配给进程后,系统是否会处于不安全状态。如果不会,则将资源分配给进程,否则让进程等待。

1. 银行家算法中的数据结构

为了实现银行家算法,必须在系统中设置4个数据结构,使它们分别来描述系统中可利用的资源、所有进程对资源的最大需求、系统中的资源分配情况以及所有进程还需要多少资源。

(1) 可利用资源向量 Available。这是一个含有 m 个元素的数组,其中的每个元素代表一类可利用的资源数目,其初始值是系统中所配置的该类全部可用资源的数目,该数目会随对应资源的分配和回收而动态改变。如果 Available[j] = k,则表示系统中现有 R_j类资源 k 个。

(2) 最大需求矩阵 Max。这是一个 $n\times m$ 的矩阵,它定义了系统中 n 个进程中的每个进程对 m 类资源的最大需求。如果 Max[i,j] = k,则表示进程 P_i 需要 R_j类资源的最大数目为 k。

(3) 分配矩阵 Allocation。这是一个 $n\times m$ 的矩阵,它定义了系统中每类资源当前已分配给每一个进程的资源数。如果 Allocation[i,j] = k,则表示进程 P_i 当前已分得 R_j类资源的数目为 k。

(4) 需求矩阵 Need。这是一个 $n\times m$ 的矩阵,用于表示每个进程尚需的各类资源数。如果 Need[i,j] = k,则表示进程 P_i 还需要 R_j类资源 k 个方能完成任务。

上述3个矩阵间存在下列关系:

$$\text{Need}[i,j] = \text{Max}[i,j] - \text{Allocation}[i,j]$$

2. 安全性算法

利用安全性算法,可以求出系统是否处于安全状态。系统所执行的安全性算法可描述如下:

(1) 设置两个向量:工作向量和完成向量。第一个,工作向量 Work:它表示系统可提供给进程继续运行所需的各类资源数目,它含有 m 个元素,在开始执行安全算法时,Work = Available。第二个,完成向量 Finish:它表示系统是否有足够的资源分配给进程,使之运行完成。开始时先令 Finish[i] = False;当有足够的资源可分配给进程时,再令 Finish[i] = True。

(2) 从进程集合中寻找一个能满足下述条件的进程:①Finish[i] = False;②Need[i] ≤ Work。若能找到,则执行步骤(3);否则,执行步骤(4)。

(3) 当进程 P_i获得资源后,可顺利执行直至完成,并释放分配给它的资源,故应执行:

Work = Work + Allocation_i;

Finish[i] = true;

返回步骤(2);

(4) 如果对所有 i,Finish[i] = True 都满足,则表示系统处于安全状态;否则,系统处于不安全状态。

3. 资源请求算法

设 Request[i]是进程 P_i的请求向量,如果 Request[i,j] = k,则表示进程 P_i需要 k 个 R_j类型的资源。当 P_i发出资源请求后,系统会按下列步骤进行检查:

(1) 如果 Request[i,j] ≤ Need[i,j],则转向步骤(2);否则认为出错,因为它所需要的资源数已超过它所宣布的最大值。

(2) 如果 Request[i,j] ≤ Available,则转向步骤(3);否则,表示尚无足够资源,P_i须等待。

(3) 系统试探着把资源分配给进程 P_i,并修改下列数据结构中的数值:

Available = Available - Request[i];

Allocation[i] = Allocation[i]+ Request[i] ;

Need[i] = Need[i] - Request[i] ;

(4) 系统执行安全性算法,检查此次资源分配后系统是否处于安全状态。若是,则正式将资源分配给进程 P_i,以完成本次分配;否则,将本次的试探分配作废,恢复原来的资源分配状态,让进程 P_i 等待。

4. 银行家算法举例

假定系统中有 5 个进程{ P_1 , P_2 , P_3 , P_4 , P_5 }和 3 类资源{A,B,C},各类资源的数量分别为 10、5、7,在 t_0 时刻的资源分配情况如表 6-2 所示。

表 6-2 t_0 时刻的资源分配情况

进程	Max			Allocation			Available		
	A	B	C	A	B	C	A	B	C
P_1	7	5	3	0	1	0	3	3	2
P_2	3	2	2	2	0	0			
P_3	9	0	2	3	0	2			
P_4	2	2	2	2	1	1			
P_5	4	3	3	0	0	2			

计算矩阵 Need,根据定义,Need = Max - Allocation,结果如表 6-3 所示。

表 6-3 t_0 时刻的 Need 矩阵

进程	Need		
	A	B	C
P_1	7	4	3
P_2	1	2	2
P_3	6	0	0
P_4	0	1	1
P_5	4	3	1

(1) t_0 时刻的安全性:利用安全性算法对 t_0 时刻的资源分配情况进行分析,如表 6-4 所示。可知,在 t_0 时刻存在着一个安全序列< P_2 , P_4 , P_5 , P_3 , P_1 >,故系统是安全的。

表 6-4 t_0 时刻的安全序列

进程	Max			Need			Allocation			Work+Allocation			Finish
	A	B	C	A	B	C	A	B	C	A	B	C	
P_2	3	3	2	1	2	2	2	0	0	5	3	2	True
P_4	2	2	2	0	1	1	2	1	1	7	4	3	True
P_5	4	3	3	4	3	1	0	0	2	7	4	5	True

续表

进程	Max			Need			Allocation			Work+Allocation			Finish
	A	B	C	A	B	C	A	B	C	A	B	C	
P_3	9	0	2	6	0	0	3	0	2	10	4	7	True
P_1	7	5	3	7	4	3	0	1	0	10	5	7	True

（2）假定进程 P_2 再请求 1 个资源 A，2 个资源 C，也就是 P_2 发出请求向量 Request[2] = (1,0,2)，系统按银行家算法进行检查，确定这个请求是否可以立即满足。

① Request[2] = (1,0,2) ≤ Need[2] = (1,2,2)。

② Request[2] = (1,0,2) ≤ Available = (3,3,2)。

③ 系统先假定可为 P_2 分配资源，并修改 Available、Allocation[2] 和 Need[2] 向量，Available = (2,3,0)，Allocation[2] = (3,0,2)，Need[2] = (0,2,0)。

④ 系统再利用安全性算法检查此时系统是否安全，如表 6-5 所示。

表 6-5 P_2 申请资源时的安全性检查

进程	Max			Need			Allocation			Work+Allocation			Finish
	A	B	C	A	B	C	A	B	C	A	B	C	
P_2	3	3	2	0	2	0	3	0	2	5	3	2	True
P_4	2	2	2	0	1	1	2	1	1	7	4	3	True
P_5	4	3	3	4	3	1	0	0	2	7	4	5	True
P_1	7	5	3	7	4	3	0	1	0	7	5	5	True
P_3	9	0	2	6	0	0	3	0	2	10	5	7	True

由所进行的安全性检查得知，可以找到一个安全序列 <P_2, P_4, P_5, P_1, P_3>。因此，系统是安全的，所以可以立即将 P_2 所申请的资源分配给它。

（3）考虑一下，当系统处于这一状态时，假定 P_5 发出请求向量 Request[5] = (3,3,0)，判断是否满足其资源申请要求，系统按银行家算法进行检查。

① Request[5] = (3,3,0) ≤ Need[5] = (4,3,1)。

② Request[5] = (3,3,0) > Available = (2,3,0)，因此不能满足 P_5 的资源请求，需要让 P_5 等待。

（4）再考虑一下，当系统处于这一状态时，P_1 发出请求向量 Request[1] = (0,2,0)，是否可以满足该请求。系统按银行家算法进行检查。

① Request[1] = (0,2,0) ≤ Need[1] = (7,4,3)。

② Request[1] = (0,2,0) ≤ Available = (2,3,0)。

③ 系统暂时先假定可为 P_1 分配资源，并修改矩阵数据，如表 6-6 所示。

表 6-6　为 P_1 分配资源后的资源数据

进程	Allocation			Need			Available		
	A	B	C	A	B	C	A	B	C
P_1	0	3	0	7	2	3	2	1	0
P_2	3	0	2	0	2	0			
P_3	3	0	2	6	0	0			
P_4	2	1	1	0	1	1			
P_5	0	0	2	4	3	1			

④ 进行安全性检查：可用资源 Available＝(2,1,0)已不能满足任何进程的需要，故系统进入不安全状态，此时系统不能满足 P_1 的资源请求。

6.4　死锁的检测与解除

一般来说，由于操作系统有并发、共享及随机性等特点，通过预防和避免的手段达到排除死锁的目的是很可能的。这不仅需要较大的系统开销，而且也不能充分利用资源。一种简便的办法是系统在为进程分配资源时，不采用任何限制性措施，但是提供检测和解除死锁的手段，即能够发现死锁，并从死锁状态中解脱出来。

死锁的检测和解除是指系统设有专门的机构，当死锁发生时，该机构能够检测到死锁发生的位置和原因，且能通过外力破坏死锁发生的必要条件，从而使并发进程从死锁状态中解脱出来。

6.4.1　死锁的检测

1. 死锁检测的时机

操作系统可定时运行一个“死锁检测”程序，该程序按检测算法去检测系统中是否存在死锁。检测死锁的实质是确定是否存在“循环等待”条件，检测算法确定死锁的存在并识别出与死锁有关的进程和资源，以供系统采取适当的措施解除死锁。

通常，死锁检测可以在任何一次资源分配后，也可以在每次调度后，或者利用定时器定时运行检测程序。还有一种方法是当系统中某个进程长期位于等待状态或阻塞进程过多时，启动死锁检测程序。

2. 死锁检测的算法

死锁检测的算法依不同的系统而不同，下面介绍一种死锁检测的算法。该算法采用若干随时间变化的数据结构，与银行家算法中所用的结构相似。

(1) Available 是一个长度为 m 的向量，说明每类资源的可用数目。

(2) Allocation 是一个 $n \times m$ 的矩阵，定义当前分给每个进程的每类资源的数目。

(3) Request 是一个 $n \times m$ 的矩阵，表示当前每个进程对资源的申请情况。Request$[i,j]=k$，表示进程 P_i 正申请 k 个 R_j 类资源。

检测算法只是简单地调查尚待完成的各个进程所有可能的分配序列。为了简化记忆，仍把矩阵 Allocation 和 Request 的行作为向量对待，并分别表示为 Allocation[i]和 Request[i]。

(1) 令 Work 和 Finish 分别表示长度为 m 和 n 的向量，初始化 Work = Available；对于 i = 1，2…n，如果 Allocation[i]不为 0，则 Finish[i] = False；否则 Finish[i] = True。

(2) 寻找下一个下标 i，它应满足条件：Finish[i] = False 且 Request[i] ≤ Work。若找不到这样的 i，则转到(4)。

(3) 修改数据值：

Work = Work + Allocation[i]；

Finish[i] = True；

转向(2)。

(4) 若存在某些 i($1 \leq i \leq n$)，Finish[i] = False，则系统处于死锁状态。此外，Finish[i] = False，则进程 P_i 处于死锁环中。

【例 6.5】进程死锁检测算法。

系统中有 5 个进程 P_1、P_2、P_3、P_4、P_5，共享 3 类资源 R_1、R_2 和 R_3，每类资源的个数分别为 7、2、6。设在 t_0时刻有表 6-7 所示的资源分配状态。

表 6-7　死锁检测示例——资源分配状态

进程	Allocation			Request			Available		
	R_1	R_2	R_3	R_1	R_2	R_3	R_1	R_2	R_3
P_1	0	1	0	0	0	0	0	0	0
P_2	2	0	0	2	0	2			
P_3	3	0	3	0	0	0			
P_4	2	1	1	1	0	0			
P_5	0	0	2	0	0	2			

根据死锁检测算法，可以找到序列<P_1，P_3，P_4，P_2，P_5>，对于所有 Finish[i] = True。所以，系统在 t_0时刻没有死锁。

假定进程 P_3申请一个单位的 R_3资源，则系统资源分配情况如表 6-8 所示。

表 6-8　P_3申请一个单位的 R_3资源后的资源分配情况

进程	Allocation			Request			Available		
	R_1	R_2	R_3	R_1	R_2	R_3	R_1	R_2	R_3
P_1	0	1	0	0	0	0	0	0	0
P_2	2	0	0	2	0	2			
P_3	3	0	3	0	0	1			
P_4	2	1	1	1	0	0			
P_5	0	0	2	0	0	2			

对上述问题的一个简单的解决方案是为每根筷子设置一个信号量，一个哲学家通过在相应信号量上执行 P 操作拿起一根筷子，通过执行 V 操作放下一根筷子。5 个信号量构成一个数组。于是，哲学家 i ($1 \leqslant i \leqslant 5$) 进程可描述如下：

```
semaphore chopstick[5] = {1,1,1,1,1};      //每个信号量都置初值为 1。
do {
        …
            思考;
        …
    P(chopstick [i]);                       /* 拿左筷子 */
    P(chopstick [ (i+1) % 5 ]);             /* 拿右筷子 */
        …
            用餐;
        …
    V(chopstick [i]);                       /* 放左筷子 */
    V(chopstick [ (i +1) % 5 ]);            /* 放右筷子 */
} while [TRUE];
```

在上述描述中，哲学家饥饿时总是先去拿他左边的筷子，即执行 P(chopstick[i])；成功后，再去拿他右边的筷子，即执行 P(chopstick [(i+1)%5])，成功后便可进餐。以上解法虽然可以保证互斥使用筷子，但有可能产生死锁。假设 5 个哲学家同时拿起各左边的筷子，于是 5 个信号量的值都为 0，此时，当每一个哲学家企图拿起右边的筷子时，便出现了循环等待的局面——死锁。

对于这样的死锁问题，可采取以下 3 种方法解决：

(1) 至多允许 4 位哲学家同时去拿左边的筷子，最终能保证至少有 1 位哲学家能够进餐，并在进餐完毕时能释放出他用过的 2 根筷子，从而使更多的哲学家能够进餐。

(2) 仅当哲学家的左右两根筷子均可用时，才允许他拿起筷子进餐。

(3) 规定奇数号哲学家先拿他左边的筷子，然后再去拿右边的筷子；而偶数号哲学家则相反。按此规定，1、2 号哲学家将竞争 1 号筷子；3、4 号哲学家将竞争 3 号筷子。即 5 位哲学家都先竞争奇数号筷子，获得后，再去竞争偶数号筷子，最后总会有一位哲学家能获得两根筷子而进餐。

下面给出第(2)种方法的一个解法。该方法采用了资源的有序分配法，规定每个哲学家想用餐时总是先拿编号小的筷子再拿编号大的筷子，就不会出现死锁现象。因此，哲学家 i($1 \leqslant i \leqslant 4$) 进程的代码仍然不变，而第 5 个哲学家进程的代码可做如下改进：

```
do {
        …
            思考;
        …
    P(chopstick [1]);                 /* 拿右筷子 */
```

```
    P(chopstick [ 5 ]);                /*拿左筷子*/
        …
            用餐;
        …
    V(chopstick [1]);                  /*放右筷子*/
    V(chopstick [5]);                  /*放左筷子*/
} while [TRUE];
```

具体来说,当每个哲学家都想进餐时,可能有 4 个哲学家都已拿到了 1 根筷子。而剩下的第 5 个哲学家因拿不到编号小的筷子(一定被某个哲学家拿走)而等待,该哲学家不可能去拿另一根筷子。因此,4 个哲学家中的一个哲学家就有机会拿起另一根筷子而可以用餐,就餐后放下 2 根筷子,以使另一个哲学家又可得到 2 根筷子去用餐。同样地,其他哲学家也都先后可就餐,从而防止了死锁。

一般地,为了提高资源的利用率,通常应当按照大多数进程使用资源的次序对资源进行编号。先使用者编号小,后使用者编号大。

这种硬性规定申请资源的方法,会给用户编程带来限制,按照编号顺序申请资源增加了资源使用者的不便;此外,如何合理编号是一件困难的事情,特别是当系统添加新设备类型时,会造成不灵活、不方便的问题;如果有进程违反规定,则仍可能发生死锁。资源有序分配法与资源静态分配策略相比,显然提高了资源利用率,进程实际需要申请的资源不可能完全与系统所规定的统一资源编号一致,为遵守规定,暂不需要的资源也要提前申请,仍然会造成资源的浪费。

本章小结

本章首先介绍了死锁的基本概念、发生死锁的原因、死锁产生的必要条件,然后讨论了解决死锁问题的各种方法。

所谓死锁是指在多道程序系统中发生的一种现象,一组进程中的每一个进程均无限期地等待被该组进程中的另一个进程所占有且永远不会释放的资源。系统发生这种现象称为系统处于死锁状态,简称死锁。显然,如果没有外力的作用,死锁涉及的各个进程都将永远处于等待状态。

产生死锁的原因主要有两个:一是资源竞争,系统资源在分配时出现失误,进程对资源的相互争夺而造成僵局;二是多道程序运行时,进程推进顺序不合理。系统中形成死锁,一定同时满足了 4 个必要条件,即互斥使用资源、持有且等待资源、不可抢占资源和循环等待资源。注意这 4 个条件是必要条件,而不是充分条件。

处理死锁的策略共分为 4 种,即死锁预防、死锁避免、死锁检测与解除,以及完全忽略。

死锁预防的基本思想是:要求进程申请资源时遵循某种协议,从而打破产生死锁的 4 个必要条件中的一个或几个,保证系统绝不会进入死锁状态。死锁预防中最有效的方法是资源有序分配策略,即把资源事先分类编号,按序分配,所有进程对资源的请求必须严格按照资源序号递增的顺序提出，使进程在申请、占用资源时不会形成环路。

死锁预防是排除死锁的静态策略，而死锁避免则是动态策略。这种方法的关键是确定资源分配的安全性。所谓系统是安全的，是指系统中的所有进程存在一个安全序列。银行家算法是一个最有代表性的避免死锁的算法，该算法将银行管理贷款的方法应用于操作系统资源管理中，可保证系统时刻处于安全状态，从而使系统不会发生死锁。银行家算法有些保守，并且在使用时必须知道每个进程对资源的最大需求量。

死锁检测和解除是指系统设有专门的机制用于检测死锁的发生。系统中允许发生死锁，即对资源的申请和分配不加任何限制，只要有剩余的资源就把资源分配给申请进程，因此，可能出现死锁。系统将定时运行一个"死锁检测程序"。若检测后没有发现死锁，则系统可以继续工作，若检测后发现系统有死锁，则可通过抢占资源或终止进程的方法解除死锁。当然，在解除死锁时要考虑到系统代价。

资源分配图对判断系统中是否出现死锁很有帮助。它用有向图的方式描述系统中进程和资源的状态。如果资源分配图中没有环路，则系统没有死锁。如果资源分配图中出现了环路，则系统中可能存在死锁。如果处于环路中的每个资源类中只包含一个资源实例，则环路是死锁存在的充分必要条件。通过化简资源分配图可以判断系统中是否出现死锁。

在一个实际的操作系统中要兼顾资源的使用效率和安全可靠性，对不同的资源可采用不同的分配策略，往往采用死锁预防、死锁避免、死锁检测与解除的综合策略，以使整个系统能处于安全状态而不出现死锁。

死锁是人们不希望发生的，对计算机系统的正常运行有较大的损害，但又是不可避免的随机现象。当然，还有一种最简单的方法来处理死锁，即忽略死锁问题。当系统只在极其偶然的情况下才产生死锁时，这种方法的代价较小，是可行的方案。

习题

第 6 章习题解析

一、单项选择题

1. 在为多道程序所提供的可共享的系统资源不足时，可能出现死锁。但是，不适当的(　　)也可能产生死锁。

A. 进程优先权　　B. 资源的线性分配　　C. 进程推进顺序　　D. 分配队列优先权

2. 一次分配所有资源的方法可以预防死锁的发生，它破坏了死锁 4 个必要条件中的(　　)。

A. 互斥条件　　B. 持有且等待条件　　C. 不可抢占条件　　D. 循环等待条件

3. 在下列死锁的解决方法中，属于死锁预防策略的是(　　)。

A. 银行家算法　　B. 资源有序分配算法

C. 死锁检测算法　　D. 资源分配图化简法

4. 某系统中共有 11 台磁带机，X 个进程共享此磁带机设备，每个进程最多请求使用 3 台，则系统必然不会死锁的最大 X 值是(　　)。

A. 4　　B. 5　　C. 6　　D. 7

5. 死锁定理是用于处理死锁的(　　)方法。

A. 预防死锁　B. 避免死锁　C. 检测死锁　D. 解除死锁

6. 关于安全状态的说法中正确的是(　　)。

A. 系统处于不安全状态一定会发生死锁

B. 系统处于不安全状态可能发生死锁

C. 不安全状态是死锁状态的一个特例

D. 系统处于安全状态时也可能发生死锁

7. 出现下列情况可能导致死锁的是(　　)。

A. 进程释放资源

B. 单个进程进入死循环

C. 多个进程竞争资源出现了循环等待

D. 多个进程竞争使用共享型的设备

8. 假设5个进程P_0、P_1、P_2、P_3、P_4共享3类资源R_1、R_2、R_3,这些资源总数分别为18、6、22。t_0时刻的资源分配情况如下表所示,此时存在的一个安全序列是(　　)。

t_0时刻的资源分配情况

进程	已分配资源			资源最大需求量		
	R_1	R_2	R_3	R_1	R_2	R_3
P_0	3	2	3	5	5	10
P_1	4	0	3	5	3	6
P_2	4	0	5	4	0	11
P_3	2	0	4	4	2	5
P_4	3	1	4	4	2	4

A. P_0, P_2, P_4, P_1, P_3　B. P_1, P_0, P_3, P_4, P_2

C. P_2, P_1, P_0, P_3, P_4　D. P_3, P_4, P_2, P_1, P_0

9. 银行家算法是一种(　　)算法。

A. 死锁解除　B. 死锁避免　C. 死锁检测　D. 死锁预防

10. 两个进程争夺同一个资源(　　)。

A. 一定死锁　B. 不一定死锁　C. 不死锁　D. 以上说法都不对

二、填空题

1. 死锁的必要条件有4个,即________、________、________、________。

2. 死锁产生的原因是________、________。

3. 对于死锁,一般考虑死锁的预防、避免、检测和解除4个问题。典型的银行家算法属于________,破坏环路等待属于________,而剥夺资源是________的基本方法。

4. 可以证明,m个同类资源被n个进程共享时,只要等式________成立,则系统一定不会发生死锁,其中x为每个进程申请该类资源的最大量。

5. 在死锁的4个必要条件中,无法破坏的是________。

三、简答题

1. 简述产生死锁的原因。

2. 简述死锁发生的必要条件。

3. Dijkstra 等人提出的银行家算法，其主要思想是什么？它能够用来解决实际应用中的死锁问题吗？为什么？

4. 什么是死锁？解决死锁的方法一般有哪几种？

5. 一台计算机有 8 台磁带机，它们由 N 个进程竞争使用，每个进程可能需要 3 台磁带机，请问 N 为多少时，系统没有死锁的危险？

四、综合题

1. 设系统中有 3 种类型的资源（A、B、C）和 5 个进程 P_1、P_2、P_3、P_4、P_5，A 资源的数量为 17，B 资源的数量为 5，C 资源的数量为 20。在 t_0时刻系统状态见下表（t_0时刻系统状态表）所示。系统采用银行家算法作为死锁避免策略。

t_0时刻系统状态

进程	最大资源需求量			已分配资源数量		
	A	B	C	A	B	C
P_1	5	5	9	2	1	2
P_2	5	3	6	4	0	2
P_3	4	0	11	4	0	5
P_4	4	2	5	2	0	4
P_5	4	2	4	3	1	4

（1）t_0时刻是否为安全状态？若是，请给出安全序列。

（2）在 t_0时刻若进程 P_2请求资源（0、3、4），是否能实施资源分配？为什么？

（3）在（1）的基础上，若进程 P_4请求资源（2、0、1），是否能实施资源分配？为什么？

（4）在（3）的基础上，若进程 P_1请求资源（0、2、0），是否能实施资源分配？为什么？

2. 化简如下图所示的资源分配图，并说明系统是否处于死锁状态？

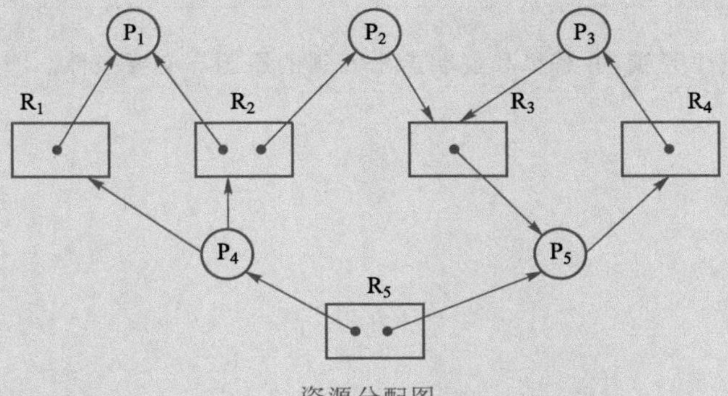

资源分配图

3. 设有 3 个进程 P_1、P_2、P_3，各自按下列顺序执行程序代码：

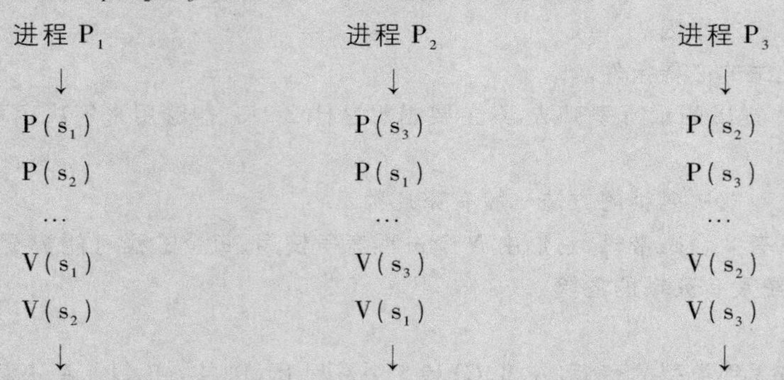

进程 P_1	进程 P_2	进程 P_3
↓	↓	↓
$P(s_1)$	$P(s_3)$	$P(s_2)$
$P(s_2)$	$P(s_1)$	$P(s_3)$
…	…	…
$V(s_1)$	$V(s_3)$	$V(s_2)$
$V(s_2)$	$V(s_1)$	$V(s_3)$
↓	↓	↓

在执行时是否会产生死锁？如可能产生死锁，请说明在什么情况下会产生死锁，并给出一个防止死锁产生的修改方法。

其中，s_1，s_2，s_3是信号量，且初值均为 1。

4. 某个计算机系统有 10 台可用磁带机。在这个系统上运行的所有进程最多要求 4 台磁带机。此外，这些进程在开始运行的很长时间内只要 3 台磁带机；它们只在自己工作接近结束时才短时间地要求另一台磁带机。假设这些进程是连续不断到来的。

（1）若进程调度策略是静态分配资源，那么最多能同时运行几个进程？作为这种策略的结果，实际上空闲的磁带机最少有几台？最多有几台？

（2）若采用银行家算法将怎样进行调度？最多能同时运行几个进程？作为这种策略的结果，实际上空闲的磁带机最少有几台？最多有几台？

5. 设有进程 P_1和 P_2并发执行，它们使用资源 R_1和 R_2，使用的资源情况如下表所示。

进程 P_1、P_2使用的资源情况

进程 P_1	进程 P_2
申请资源 R_1	申请资源 R_2
申请资源 R_2	申请资源 R_1
释放资源 R_1	释放资源 R_2
释放资源 R_2	释放资源 R_1

试判断是否会发生死锁，并解释和说明产生死锁的原因与必要条件。

第7章　存储管理

本章导读

近年来，随着计算机技术的飞速发展，计算机的内存容量也变得越来越大，随之而来的是用户程序也变得愈来愈大。如何对内存进行有效的管理，不仅直接影响内存的利用率，而且对系统性能也有重大影响，这使得人们对存储的高效管理也愈加关注。

存储器是计算机系统的重要组成部分。计算机系统中的存储器可分为两种：内存储器（简称内存）与外存储器（简称外存）。两者有着明显的区别，处理器可以直接访问内存，但不能直接访问外存。处理器要通过启动相应的输入/输出设备后才能使外存与内存交换信息。在操作系统中，管理内存的部分称为存储管理，是现代操作系统中十分重要的部分。

本章将介绍操作系统中有关存储管理的基本概念，几种常用的存储管理技术，以及各自的基本思想、实现算法、硬件支持，并比较它们的优缺点。

本章知识导图如图 7-1 所示。读者也可通过扫描二维码观看本章学习思路讲解视频。

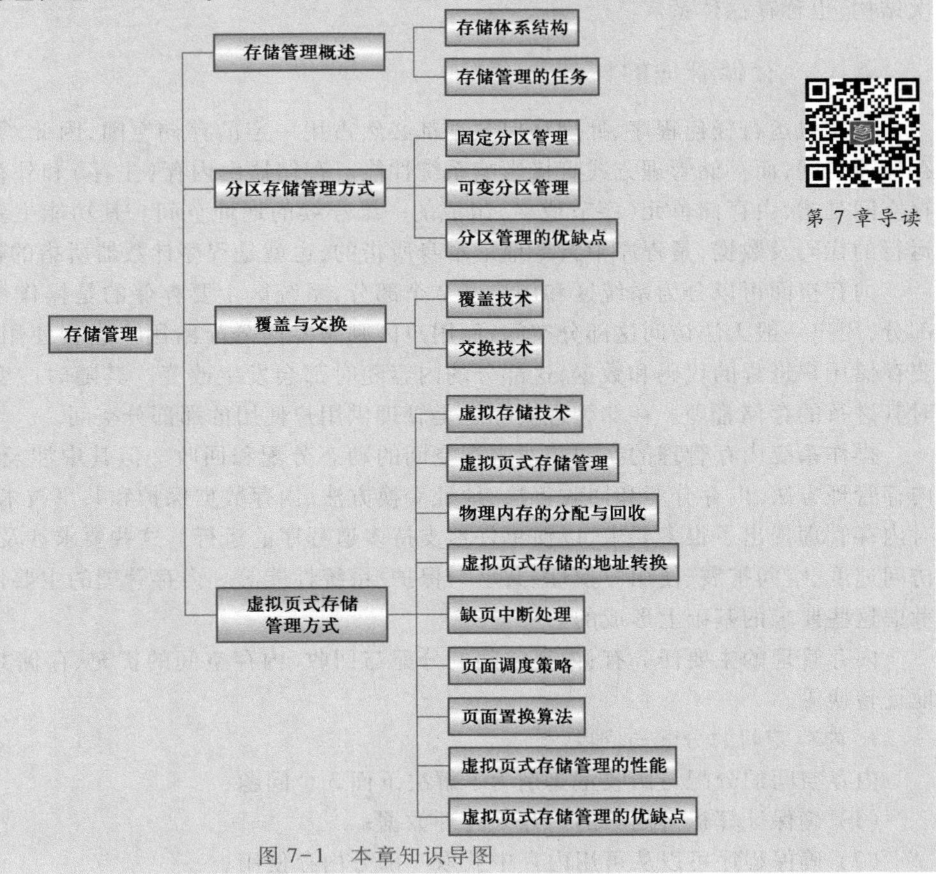

图 7-1　本章知识导图

7.1　存储管理概述

本节主要讲述存储体系结构和存储管理所要完成的任务，方便大家理解存储管理。

7.1.1　存储体系结构

在现在的计算机系统中，几乎每一条指令都涉及对存储器的访问，然而存储器的访问速度依旧无法匹配同级别的 CPU 的速度。此外，还需要存储器具有一定的容量才能够进行数据的存储，另外还要考虑存储器的价格。考虑到这几方面的要求，计算机采用了多层结构的存储器系统，存储层次结构已在本书 2.2.1 节介绍，读者可查看图 2-4。

在存储器层次结构中，越靠近 CPU，层次越高，特点是容量越小，访问速度越快，价格越贵。例如高速缓存（Cache），通常是 MB 数量级，高速缓存容量远大于寄存器，又比内存约小 2~3个数量级，访问速度较快；而像一些光盘、磁带机或云存储，通常是 TB 或 PB 数量级，访问速度较慢。

对于不同层次的存储设备，由操作系统进行统一管理，充分发挥各种存储器的优点，将内存读取速度快的优点和外存容量大的优点相结合，在操作系统协调之下形成了一种存储器层次结构，也称存储体系。

7.1.2　存储管理的任务

计算机运行任何程序、处理任何数据都必然占用一定的存储空间，因此，需要合理地管理存储器空间，而存储管理方式直接影响系统性能。存储器由内存（主存）和外存组成。所谓内存空间是指，由存储单元（字节或字）组成的一维连续的地址空间。其功能主要包含存储正在运行的代码及数据，是程序中指令地址本身所指的，也就是程序计数器所指的存储器。

内存空间可以分为系统区和用户区 2 个部分，系统区主要存储的是操作系统常驻内存的部分，用户一般无法访问这部分空间；而用户区则是专门分配给用户进程使用的空间，其中主要存储用户进程的代码和数据，这部分的内容随时都会发生改变。其随时改变的原因是系统对其进行的存储管理。存储管理实际上是管理供用户使用的那部分空间。

操作系统内存管理的实质是对内存空间的动态分配和回收。但其中涉及很多问题，包括内存管理方法、内存分配和回收算法、地址变换方法、内存数据保护和共享技术等。同时，用户对内存管理提出了很多要求，以便更好地支持多道程序的运行。这些要求涉及多个方面，包括访问速度、空间扩展、使用方便性、共享与保护、系统性能等。内存管理的主要任务便是在充分考虑这些要求的基础上形成的。

内存管理的主要任务有：内存空间的分配与回收、内存空间的扩充、存储共享、存储保护、地址转换等。

1. 内存空间的分配与回收

内存空间的分配与回收主要是为了解决下面 3 个问题：

（1）确保计算机有足够的内存来处理数据；

（2）确保程序可以从可用内存中获取一部分内存使用；

（3）确保程序可以归还使用后的内存以供其他程序使用。

内存空间分配有两种方式：

静态分配：程序要求的内存空间是在目标模块链接装入内存时确定并分配的，并且在程序运行过程中不允许再申请或在内存中“搬家”，即分配工作是在程序运行前一次性完成的。

动态分配：程序要求的基本内存空间是在目标模块链接装入时确定并分配的，但是在程序运行过程中允许申请附加的内存空间或在内存中“搬家”，即分配工作可以在程序运行前及运行过程中逐步完成。

静态分配的特点是，需要将整个程序的所有信息全部加载到内存空间中，程序才能运行，这样的分配方式既不灵活，也不能有效利用内存空间。而动态分配可以很好地解决上述问题。它不需要将程序的全部信息装入内存才能运行，而是在程序运行过程中，系统自动将所需信息调入内存。程序当前暂时不使用的信息可以不进入内存，这样就提高了内存的利用率，同时，动态分配具有较大的灵活性。动态分配反映了程序的动态性，较之静态分配更为合理。

2. 内存空间的扩充

用户在编制程序时，经常会遇到内存容量不够的问题。例如，游戏程序通常比较大，如某游戏的大小约为 60 GB，按理来说这个游戏程序在运行之前需要把 60 GB 数据全部放入内存。然而，计算机的实际内存只有 4 GB，那么该游戏如何才能顺利运行呢？这就需要用到内存的“扩充”技术。该技术不是从物理上扩充容量，而是使用一定的技术，从逻辑上“扩充”容量。其主要思想是，利用操作系统的虚拟性，即利用虚拟存储技术或其他交换技术，进行内存和外存之间的数据交互，从而从逻辑上扩充内存。

内存空间扩充的具体实现方式是，在硬件支持下，软件、硬件相互协作，将内存和外存结合起来统一使用。通过这种方法扩充内存，使用户在编制程序时不受内存限制，即为用户提供比内存物理空间大得多的地址空间，使用户感觉其程序是在一个大的存储器中运行的。

3. 存储共享

共享存储区是内存中一段可由两个或两个以上的进程共用的存储空间。想要访问共享存储区的进程可以将这段存储区域连接到自己的地址空间中。这样，多个进程便可以访问相同的内存空间。每一个进程都可以把信息存入共享内存中，或从中取出信息，达到信息共享的目的。共享的内容包括代码和数据，其中代码共享要求代码必须是纯代码。

代码共享可以节省内存空间，提高内存利用率；也可以通过数据共享实现进程通信。

4. 存储保护

现代操作系统中的内存由操作系统的多个用户程序所共享。为了保证多个程序之间互不影响，必须由硬件和软件配合来保证每个程序只能在给定的存储区域内活动，这种措施叫作存储保护。

存储保护的目的在于为多个程序共享内存提供保障，使在内存中的各道程序只能访问自己的区域，避免各道程序之间的互相干扰。特别是当一道程序发生错误时，不至于影响其他程序的运行，更要防止系统程序被破坏。

存储保护的内容包括：为了系统操作的正确，应保护系统程序区不被用户访问；在多用户系统上，不允许用户读写不属于自己地址空间的数据，如系统工作区、其他用户程序的地址空间等。

（1）地址越界保护。

由于系统给每个进程都设置了相对独立的地址空间，如果进程在运行时所产生的地址超出其地址空间，则发生地址越界。就好比在C语言中，数组a[10]下标是从0开始的，所以合法的下标只能到9；如果访问了a[10]，就是一种下标越界的情况。由于在C语言中不检查下标的合法性，所以在使用下标时，除用户自己注意外，操作系统必须对进程所产生的地址加以检查，当发生错误时，则产生越界中断，由操作系统进行相应处理。

地址越界可能侵犯其他进程的地址空间，影响其他进程的正常运行，也可能侵犯操作系统空间，导致系统混乱。一般采用上下限寄存器或者界地址寄存器来进行越界检查，进而对内存进行保护。

（2）权限保护。

权限保护是操作系统对内存进行访问权限管理的一个机制。权限保护的主要目的是防止某个进程去访问操作系统配置给其他进程的地址空间，尤其在存储共享的计算机中，当多个进程共享内存时，系统则赋予每个进程自己的访问权限。例如，有些进程可以进行读写操作，而有些进程只能进行读操作等。因此，必须对公共区域的访问加以限制和检查。

存储保护一般以硬件为主，软件为辅，并适时结合中断机制。因为完全用软件实现系统开销太大，速度减低明显。所以当地址越界或其他非法操作发生时，先由硬件产生中断，再进入操作系统内核处理。

5. 地址转换

内存以字节（每个字节由8个二进制位组成）为编址单位，每个字节都有一个地址与其对应。地址是从0为基地址开始顺序编号的，如内存容量为n个字节，其地址编号为0、1、2…$n-1$。这些地址称为物理地址或绝对地址，物理地址对应的内存空间称为物理地址空间。

用户程序经编译后的每个目标模块都是以0为基地址开始顺序编址的，这种地址称为逻辑地址或相对地址，逻辑地址对应的地址空间称为逻辑地址空间。

在多道程序设计系统中，内存中同时存储多个用户程序。操作系统根据内存的使用情况为用户分配内存空间。因此，通常每个用户不能预先知道自己的程序将被存储到内存的什么位置。这样，用户程序中不能使用内存的物理地址（当然也有较简单的系统，用户事先知道程序驻留的位置，可以直接使用物理地址）。所以，内存管理需要解决逻辑地址与物理地址转换的问题。

操作系统将逻辑地址转换成物理地址的工作称为“重定位（Relocation）”，也叫“地址转换”或“地址映射”。重定位的方式有“静态重定位”和“动态重定位”两种。

（1）静态重定位。

静态重定位是指，在程序被装入内存时，把程序中的指令地址和数据地址全部转换成绝对地址。这种地址转换通常是在程序执行前集中完成的，也就是说，在程序执行过程中无须再进行地址转换，因此称这种转换方式为“静态重定位”。

例如，一个以“0—150”为逻辑地址空间的装配模块，其中第30号单元处有一条指令“Load 125”，即从逻辑地址125中取数据6666。如图7-2所示。如果该模块要装入以500为起始地址的内存空间，那么逻辑地址第30号单元在内存中对应的地址应是第530号单元（将指令的相对地址30与起始地址500相加），第125号单元在内存中对应的地址应是第625号单元（将数据的相对地址125与起始地址500相加）。这里的地址转换是在进程装入时一次性完成的，以后不再改变，这就是静态重定位的过程。

如果不修改上述 Load 指令中的地址，则处理器执行该指令时将从内存的第 125 单元中取得数据 333，这显然是错误的。

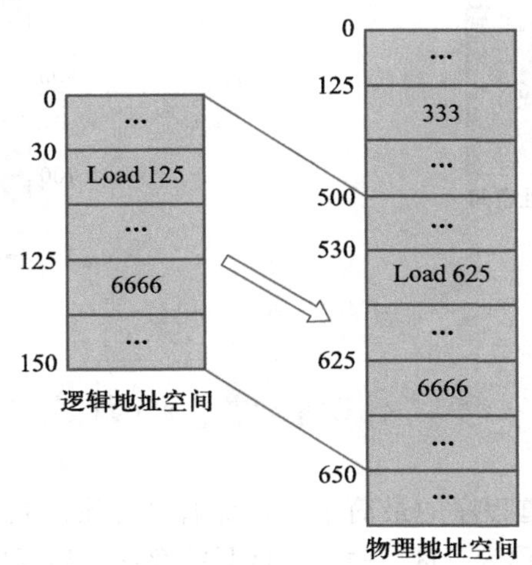

图 7-2 静态重定位

静态重定位有无须硬件支持的优点，但存在如下缺点：一是程序重定位之后就不能在内存中搬动了；二是要求程序的存储空间是连续的，不能把程序放在若干个不连续的区域内。

（2）动态重定位。

动态重定位是指，在装入程序时不进行地址转换，而是直接把程序装入分配的内存区域中。在程序运行过程中，每执行一条指令，都由硬件的地址转换机构将指令中的逻辑地址转换成物理地址，这种地址转换的方式是在程序执行时动态完成的。

动态重定位可使装配模块不加任何修改而装入内存，但是它需要硬件支持，硬件要有一个地址转换机构：一个基址寄存器（又称重定位寄存器）和一个地址转换线路。也就是说，动态重定位由软件和硬件相互配合来实现。存储管理系统为程序分配物理地址空间（即内存空间）后，装入程序把程序直接装到所分配的区域中，并把该内存区域的起始地址存入相应进程的进程控制块中。当该进程占用处理器运行时，随着现场信息的恢复，程序所占内存区域的起始地址也被保存到基址寄存器中。在程序执行时，处理器每执行一条指令都会把指令中的逻辑地址与基址寄存器中的值相加得到物理地址，然后按物理地址访问内存。

假设用户程序的逻辑地址空间为 0—500，其中第 100 号单元有一个加载指令“Load 300”，该指令中数据的逻辑地址是 300，将基址寄存器中存储的 600 与之相加即可得到绝对地址 900，处理器从内存 900 号单元取得最终值 6666，动态重定位的大致过程如图 7-3 所示。

由此可见，进行动态重定位的时机是在指令执行过程中，每次访问内存前动态地进行。采取动态重定位可带来两个好处：

① 目标模块装入内存时无须任何修改，因而装入之后再搬迁也不会影响其正确执行，这对于存储器紧缩、解决碎片问题是极其有利的。

② 当一个程序由若干个相对独立的目标模块组成时，每个目标模块各装入一个存储区域，这些存储区域可以不是顺序相邻的，只要各个模块有自己对应的定位寄存器就行。

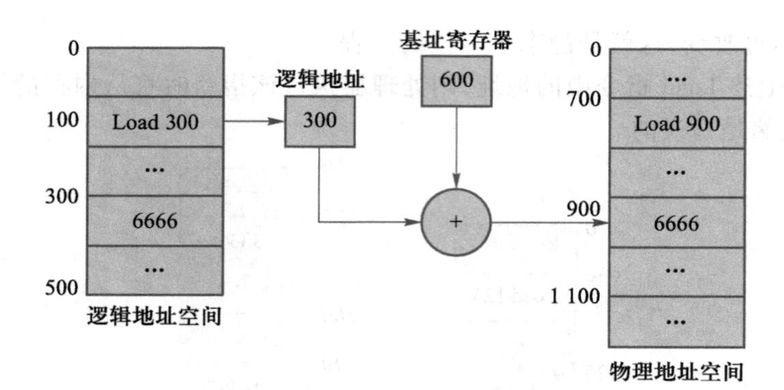

图7-3　动态重定位

7.2　分区存储管理方式

分区存储管理是满足多道程序的最简单的存储管理方案。它的基本思想是将内存划分成若干个连续区域,称为分区。每个分区只能存储一道程序,且程序也只能在它所驻留的分区中运行。分区存储管理方式可分为两类:固定分区与可变分区。

分区存储管理方式

7.2.1　固定分区管理

1. 基本思想

固定分区的基本方式是,操作系统预先把可分配的主存空间分割成若干个连续区域,一旦分好,则每个分区的大小固定不再变化,且分区的个数也不再改变,这是一种静态分区法。一个分区只能容纳一道作业,因此,程序运行时必须提供对内存资源的最大申请量。

2. 分区的大小

划分分区大小有两种方式:一种是各个分区都同样大小,另一种是不同分区有不同大小。分区等分方式(即所有分区大小相同)有明显的缺点,如空间浪费大,可能无法装入大程序等。所以实际运行的系统大多采用分区差分方式,即有些分区容量较小,适于存放小程序;有些分区容量较大,适于存放大程序。

3. 内存分配表

用于固定分区管理的数据结构是一张内存分配表,称为分区说明表,如表7-1所示。该表中按顺序保存每个分区所对应的一个表目。表目内容包括分区编号、分区大小、起始地址以及状态(空闲或占用)。内存分配情况如图7-4所示。

表7-1　分区说明表

分区编号	大小	起始地址	状态
1	8 KB	16 K	占用
2	16 KB	24 K	空闲
3	32 KB	40 K	占用
4	128 KB	72 K	空闲

图 7-4 内存分配情况

4. 分区的分配与回收

对于分区等分方式,将进程装入内存的过程很简单,只要某个分区可使用,就可把进程装到那个分区中,因为所有的分区都一样大。

对于分区差分方式,一个进程在运行时,先要根据其对内存的需求,按一定的分配策略在分区说明表中查找空闲分区。若找到能满足需要的分区,就将该分区分配给该进程,并将该分区置为占用状态。当进程运行完成时释放这块分区,由系统回收,并在分区说明表中将回收的分区重新置为空闲状态。

固定分区方案虽然可以使多道程序共存于内存中,实现比较简单,所需操作系统软件和处理开销都小。但缺点是不能充分利用内存。因为一道程序的大小不可能正好和一个分区的大小相同,所以难免有浪费的内存空间。另外,这个方案灵活性差,可接纳程序的个数和大小都受到分区个数和大小的严格限制。

固定分区法曾用于早期的 IBM 大型机操作系统 OS/MFT。如今,几乎没有哪一种操作系统支持这种模式。

7.2.2 可变分区管理

1. 基本思想

可变分区分配又称为动态分区分配,是根据进程的实际需要,动态地为之分配内存空间的方法。其基本思想是,系统不预先划分固定分区,而是在装入程序时划分内存分区,使为程序分配的分区大小正好等于该程序的需求量,且分区的个数可变。显然,可变分区方式具有较大的灵活性,较之固定分区能获得较好的空间利用率。IBM 的 OS/360 MVT 操作系统就是采用这种技术。

在系统初启时,除了操作系统中常驻内存部分之外,其余空间为一个完整的大的空闲分区。随后,分配程序将该分区依次划分给调度选中的作业或进程,即在作业装入内存时把可用内存“切出”一个连续的区域分配给该作业,且分区大小正好适合作业的需要。当空闲区能满足需求时,作业可装入,当作业对主存空间的需要量超过空闲区长度时,则作业暂时不能装入。当系统运行一段时间后,随着一系列的内存分配与回收。原来的一整块大空闲区形成了若干占用区和空闲区相间的布局。若有上下相邻的两块空闲区,系统应将它们合并成一块连续的大空闲区。

2. 可变分区的实现

为了实现可变分区分配,系统设置了相应的数据结构来记录内存空间的使用情况,确定某种分配策略并且实施内存的分配与回收。

常用的数据结构为分区分配表,分区分配表可由两张表格组成,一张是“已分配区表”,另一张是“空闲区表”。已分配区表记录已装入内存的进程在主存中占用分区的起始地址和长度,并设置标志位指出占用该分区的进程名。空闲分区表记录主存中当前可供分配的空闲区的起始地址和长度,并在标志位中指出该分区尚未分配,示例如表7-2和表7-3所示。由于已分配区和空闲区的个数不定,因此,两张表格中都应设置适当的空表项,分别用以登记新内存分配情况。当然,除了使用线性表来保存分区分配表,还可以使用链表结构来保存。

表7-2　已分配区表

分区编号	起始地址	大小/B	标志
1	1000	2 000	P_1
2	17100	4 900	P_2
3	27000	1 000	P_3
…	…	…	…

表7-3　空闲区表

分区编号	起始地址	大小/B	标志
1	12000	5 100	未分配
2	22000	5 000	未分配
3	28000	3 000	未分配
…	…	…	未分配

采用可变分区方式管理时,一般均采用动态重定位方式装入作业。因此,需要有硬件的地址转换机构做支持。硬件设置两个专用的控制寄存器:基址寄存器和限长寄存器,以及加法线路、比较线路等。具体的地址变换步骤如下:

(1) 当程序被装入分区时,分区的起始地址和长度被存入进程控制块。

(2) 当程序运行时,起始地址被装入基址寄存器,长度被装入限长寄存器(即分区长度)。

(3) 每处理一条指令,比较指令中的逻辑地址是否小于限长寄存器的限长值,若是则进行地址转换;否则发生地址越界。如图7-5所示为地址转换的示意图。

3. 空闲分区的分配策略

当把一个进程装入内存时,若有多个容量满足要求的内存空闲区,操作系统必须决定选择哪个分区进行分配。这里介绍操作系统查找和分配空闲区的3种分配算法:最先适应算法(First-Fit)、最优适应算法(Best-Fit)和最坏适应算法(Worst-Fit)。

(1) 最先适应算法。

最先适应算法又称为顺序分配算法。在此算法中,空闲分区表是按照空闲区的位置排序

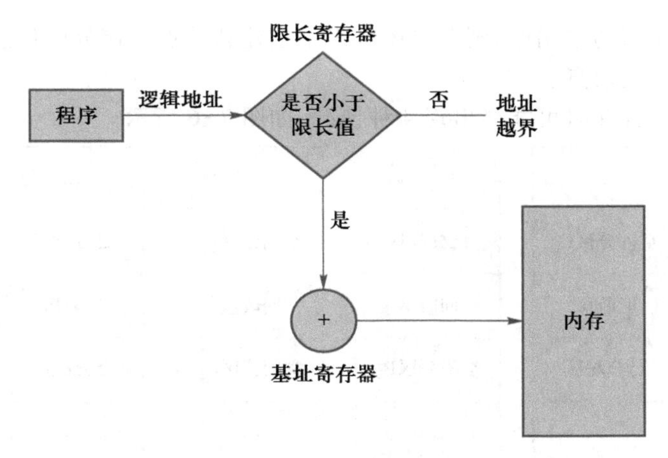

图 7-5 地址转换的示意图

的,即空闲区地址小的,在表中的序号也小。每次分配时总是查找空闲区表,找到第一个能满足作业长度要求的空闲区就停止查找,并把它分配出去。如果该空闲空间与所需空间大小一样,则从空闲表中取消该项;如果还有剩余,则余下的部分仍然作为空闲区留在空闲表中,但应修改分区的大小和分区起始地址(始址)。

该算法的优点是:便于在释放内存时进行合并,并为大作业预留高址部分的大空闲区。缺点是:内存中高址部分和低址部分利用不均衡,且会出现许多很小的空闲块,影响内存使用率。

(2) 最优适应算法。

这种算法的空闲区表是按空闲区的大小进行增序排列的,即小块在前,大块在后。其在满足作业需求的前提下,尽量分配最小的空闲区。具体来说,就是在空闲区表中找到第一个能满足要求的空闲区进行分配。这种算法产生的剩余块是最小的,但它不便于在释放内存时与邻接区合并,也同样会形成很多很小的难以利用的小空闲区域,称作碎片。

(3) 最坏适应算法。

这种算法的空闲区表是按空闲区的大小进行降序排列的,即大块在前,小块在后。这种算法挑选一个满足要求的最大的空闲区分配给作业使用,分割剩下的部分相对也较大,仍可供其他作业使用。其优点是可使剩下的空闲区不至于太小,产生碎片的概率最小;而缺点是分割了大的空闲区后,当再遇到较大的程序申请内存时,无法满足要求的可能性较大。

4. 分区的回收

当作业执行结束撤离时,应回收已使用完毕的分区,将其记录在空闲区表中,具体操作是修改分区分配表。先从已分配区表中找出作业占用的分区,把表中相应栏的标志改成“未分配”,再将归还的分区登记到空闲区表中。

在归还分区时检查相邻的空闲区表中“未分配”的栏目,以确定是否有相邻空闲区,若有,则应合并成一个空闲区登记。流程大概分为 4 步:

(1) 释放一块连续的内存区域;

(2) 如果被释放的区域与其他空闲区域前后相邻,则将前后相邻的分区合并,根据情况修改相应空闲区表的表项内容;

（3）如果没有相邻的空闲区，则在空闲区表中创建新节点存储分区信息；

（4）修改空闲区表信息。

在与相邻空闲区合并时可能会出现 4 种情况，如图 7-6 所示。

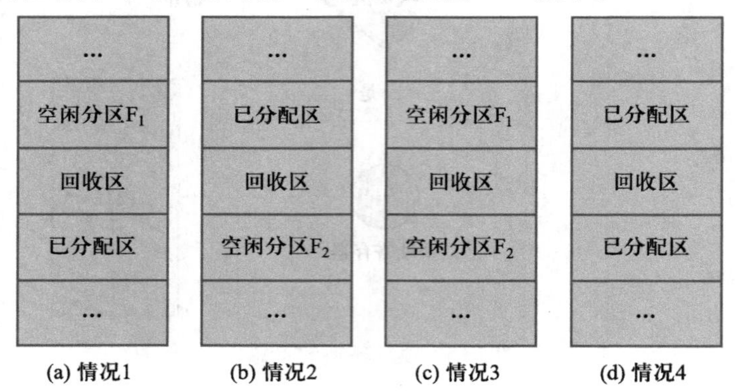

图 7-6　内存回收时的情况

（1）回收区与其前面的空闲分区 F_1 相邻接，见图 7-6(a)，此时应将回收区与前一分区合并成新的空闲区，在修改空闲区表时，不必为回收区分配新表项，只需在表中修改其前一分区 F_1 的对应表项，将空闲区大小改为 F_1 分区的大小与该回收区的大小之和。

（2）回收区与其后面的空闲分区 F_2 相邻接，见图 7-6(b)。此时也将两分区合并成新的空闲区。在修改空闲区表时，不必为回收区分配新表项，只需修改表中分区 F_2 对应表项，使用回收区的起始地址作为新空闲区的起始地址，分区大小为两者分区大小之和。

（3）回收区同时与前、后两个分区邻接，见图 7-6(c)。此时将 3 个分区合并，在修改空闲区表时，使用原 F_1 的表项，保留 F_1 的起始地址作为新分区的起始地址，新分区大小为 3 个分区大小之和，并取消 F_2 的表项。

（4）回收区前、后分区皆为已分配区。见图 7-6(d)。在修改空闲区表时，应为回收区单独建立一个新表项，填写回收区的起始地址和大小，且把该表项中的标志位修改成“未分配”，表示该登记栏中指示了一个空闲区。

5. 分区的保护

有两种存储分区的保护方法：

（1）使用系统设置的界限寄存器，界限寄存器可以是上界寄存器、下界寄存器或基址寄存器、限长寄存器，在本书的 2.2.1 小节介绍过相关存储保护机构的基本知识。

具体来说，系统设置一对界限寄存器，用来存放现行进程的存储界限，并在进程的 PCB 中保存界限值。当进程在 CPU 上执行时，该界限值作为进程现场的一部分进行恢复。进程每访问一个内存地址，硬件都自动将其与界限寄存器的值进行比较，若发生地址越界，则产生保护性地址越界中断。

以当前界限寄存器为基址寄存器、限长寄存器为例，每当 CPU 要访问主存时，硬件自动将被访问的逻辑地址与限长寄存器的大小进行比较，以判断是否越界。如果未越界，则将逻辑地址与基址寄存器相加得到绝对地址，并按此地址访问主存，否则将产生越界中断。如果基址寄存器为 3000 而限长寄存器为 1200，那么进程可以合法访问从 3000 到 4199（含）的所有地址。

(2) 保护键方法,即为每个分区分配一个保护键,相当于一把锁。同时为每个进程分配一个相应的保护键,相当于一把钥匙,存放在程序状态字中。每当访问内存时,都要检查锁和钥匙是否匹配,若不匹配,则发生保护性中断。

6. 紧缩技术

内存经过一段时间的分配和回收后,会存在很多很小的空闲块。它们每一块都很小,不足以满足为程序分配内存的要求,但其总和却可以满足程序的分配要求,这些空闲块被称为碎片或零头。在可变分区管理方案中,随着分配和回收次数的增加,必然导致碎片的出现。

例如,图 7-7(a)中给出的内存中现有 3 个互不邻接的小空闲区,它们的容量分别为 10 KB、30 KB 和 20 KB,总容量为 60 KB。假设此时有一个名为 P_4 的进程到达,要求申请 40 KB的内存空间,由于必须为它分配一个连续空间,故这 3 个空闲区无法满足此进程的要求。

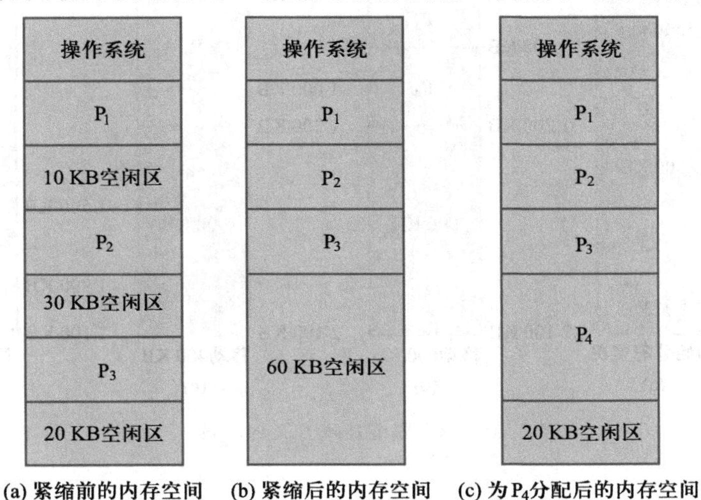

图 7-7 紧缩示意图

解决碎片问题的办法是在适当时刻进行碎片整理,通过移动内存中的程序,把所有空闲碎片合并成一个连续的大空闲区。这一技术称为"紧缩技术"或"压缩技术"。

在图 7-7(b)中,先利用紧缩技术对 4 个空闲区进行整合,在内存中的 P_2 和 P_3 被移动到内存的一端,得到 60 KB 的总空闲区,紧缩技术为 P_4 的运行创造了条件,P_4 分配到了 40 KB 空间,还剩下一块 20 KB 的空闲区,如图 7-7(c)。

紧缩技术可以集中分散的空闲区,提高内存的利用率,便于为进程动态分配内存。采用紧缩技术需要注意以下问题:

(1) 紧缩技术会增加系统的开销。采用紧缩技术,需要大量的、在内存中进行数据块移动的操作,还要修改内存的分区分配表和进程控制块,这些工作既增加了系统程序的规模,也增加了系统运行时间。

(2) 移动是有条件的,不是任何在内存中的进程都能随时移动,只有采用动态重定位的进程才能在内存中移动。另外,若某个进程正在与外部设备交换信息,那么与该进程有关的数据块就不能移动,只能在与外部设备的信息交换结束之后,再考虑移动。

因此，在采用紧缩技术时，应尽可能减少需要移动的进程数和数据量。如图7-8所示，图7-8(a)为内存的初始分配情况，图7-8(b)中移动了P_3和P_4，得到共900 KB的空闲区，移动代码量为600 KB；图7-8(c)中移动了P_4，移动代码量为400 KB；图7-8(d)中移动了P_3，移动代码量为200 KB。显然，方案(d)最优，不仅移动的进程个数少，移动的代码量也是最少的。

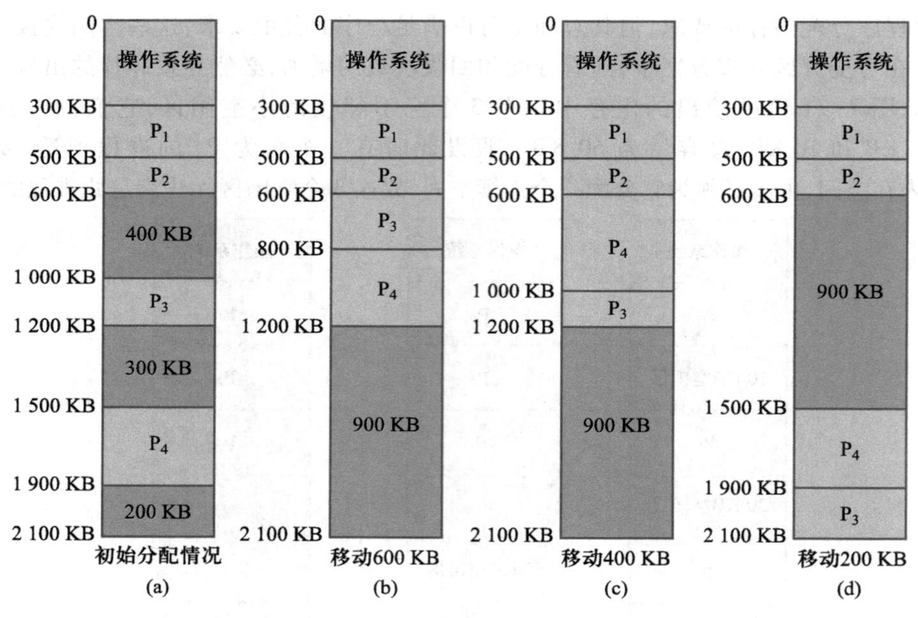

图7-8　紧缩技术方案的比较

7.2.3　分区管理的优缺点

分区管理是实现多道程序设计的一种简单易行的存储管理技术。通过分区管理，内存真正成为共享资源，有效地利用了处理器和I/O设备，从而提高了系统的吞吐量并缩短了周转时间。

固定分区的优点是内存额外开销较小，内存分配、回收算法简单，容易实现。但缺点也同样明显，即主存空间利用率不高，容易造成内部碎片。

可变分区的内存利用率比固定分区高，便于动态申请内存和共享内存，便于动态链接。缺点是实现起来比固定分区困难，而且会产生外部碎片。

分区管理不能为用户提供“虚存”，即不能实现对内存的“扩充”，每一个用户程序的存储要求仍然受到物理存储器实际存储容量的限制。分区管理要求运行程序一次全部装入内存之后，才能开始运行。这样，内存中可能包含一些实际不使用的信息。

7.3　覆盖与交换

无论内存空间有多大，程序所需要的空间往往比可用的内存空间更大。所以就有了“扩充"内存的必要，覆盖技术(Overlay)和交换技术(Swapping)就是在内外存之间通过换入与换出实现内存扩充的。其基本思想都是将暂时不用的信息放在外存，将当前需要的信息放在内存。覆盖技术与交换技术的主要区别是控制交换的方式不同，前者主要用在早期的系统中，而后者则目前主要用于小型分时系统中。

7.3.1 覆盖技术

早期的计算机内存很小，比如 IBM 推出的第一台 PC 机内存只有 16 KB。因此经常会出现内存容量不够的情况。覆盖技术用来解决"程序大小超过物理内存总和"的问题。

覆盖技术是指一道程序的若干程序段，或几道程序的某些部分共享某一个存储空间。覆盖技术的思想是：将程序分为若干个功能上相对独立的程序段(或模块)，按照其自身的逻辑结构使那些不会同时执行的程序段共享同一块内存区域。未执行的程序段先保存在外存，在需要时调入内存，覆盖前面的程序段。内存分为一个固定区和若干个覆盖区，固定区保留那些在任何时候都需要的指令和数据。覆盖区由不可能同时被访问的程序段共享，覆盖区中的程序段在运行过程中会根据需要调入和调出。

覆盖技术不需要任何来自操作系统的特殊支持，可以完全由用户实现，即覆盖技术是用户程序自己附加的控制。该技术要求程序员提供一个清楚的覆盖结构，即程序员要把一道程序划分成不同的程序段，并规定好它们的执行和覆盖顺序。操作系统则根据程序员提供的覆盖结构，完成程序段之间的覆盖。

如图 7-9 所示的覆盖示例，假设某程序 X 的程序调用由 A、B、C、D、E 和 F 共 6 个程序段组成。其中，程序段 A 只调用程序段 B 和 C，程序段 B 只调用程序段 D，而程序段 C 调用 E 和 F。如图 7-9(a)所示。若将所有代码一次性装入内存，需要 52 KB 的内存空间，但是内存空间却只有 30 KB。因程序段 B 和 C 不会同时执行，故无须同时在内存中，可以采用覆盖技术。同理，程序段 D、E、F 也不会同时执行，可以相互覆盖，但不能与 B 和 C 使用同一个覆盖区。最终形成了图 7-9(b)所示的覆盖结构，程序 X 仅需 30 KB 的内存即可实现。

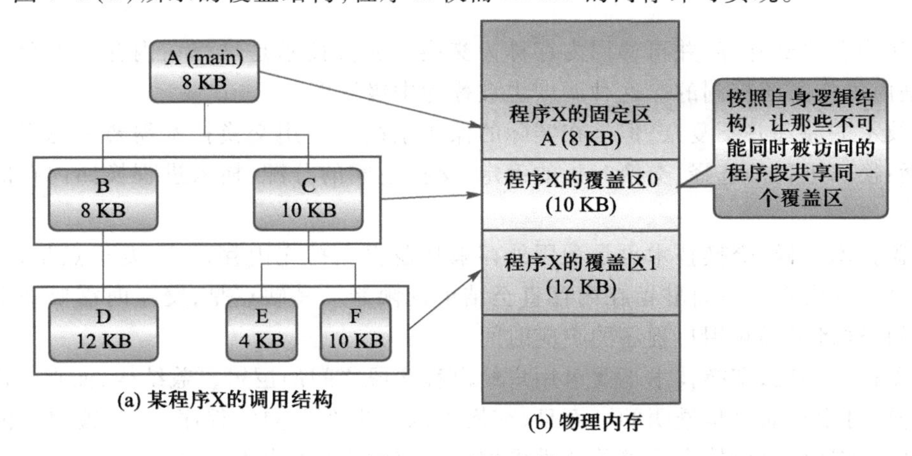

图 7-9 覆盖示例

覆盖技术打破了需要将一个程序的全部信息装入内存后程序才能运行的限制。它利用相互独立的程序段之间在内存空间的相互覆盖,在逻辑上扩充了内存空间,从而在某种程度上实现了在小容量内存上运行较大程序的功能。

覆盖技术是简单内存扩充技术,对用户不透明,且增加了用户的负担。覆盖结构的程序设计很复杂,需要程序员对程序结构、数据结构有完全的了解。而且程序段的最大长度仍受到内存容量的限制。覆盖技术只用于早期的操作系统中,现在已成为历史。

7.3.2　交换技术

交换技术也称作对换技术,是早期分时系统(如 CTSS 和 Q-32 系统)中采用的基本内存管理方式,大多数现代操作系统也都采用交换技术。其目的是让所有进程的总的物理地址空间超过真实物理地址空间,从而增加系统多道程序的并发度。

交换技术的设计思想是:当内存空间不足以容纳要求进入内存的进程时,系统将内存中暂时不能运行的进程(包括程序和数据)换出到外存上,腾出内存空间,把已具备运行条件的进程从外存换入内存。如图 7-10 所示为交换技术示意图。

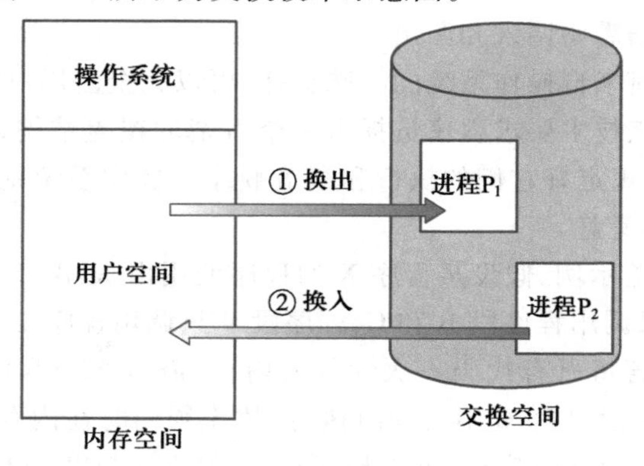

图 7-10　交换技术示意图

进程从内存移到外存,并再移回内存称为交换。交换技术是进程在内存与外存之间的动态调度,是由操作系统控制的。这种调度也被称为中级调度。

交换技术的原理并不复杂,但是在实际的操作系统中使用交换技术需要考虑很多相关的问题,包括:换出进程的选择、交换时机的确定、交换空间的分配、换入进程换回内存时位置的确定等。

同覆盖技术一样,交换技术也是利用外存来从逻辑上扩充内存,其主要优点是,打破了一个程序一旦进入内存就一直驻留在内存直至结束的限制。其缺点是,交换时需要花费大量的处理器时间,这将影响对用户程序的响应时间。

与覆盖技术相比,交换技术不要求用户给出程序段之间的逻辑覆盖结构,而直接由操作系统进行交换,对用户而言是透明的。而且,交换可以发生在不同的程序之间,覆盖只能发生在同一程序内。因此,交换技术比覆盖技术更加广泛应用于现代操作系统中。

由于上面所述的交换花费的时间比较多,不是合理的内存管理解决方案。因此,现代操作系统(包括 UNIX、Linux 和 Windows)常使用一些交换的变种。一个常用的变种是:在正常情况下,禁止交换;当空闲内存(未被操作系统或进程使用的内存)低于某个阈值时,启用交换。当空闲内存的数量增加了,就停止交换。另一变种是交换进程的一部分,而不是整个进程,以降低交换时间。这些交换的变种通常与虚拟内存一起工作。

7.4 虚拟页式存储管理方式

在进行内存分区管理时,每道程序都占用内存的一个或几个连续的存储空间,而分区管理有一个共同的特点,即需要将作业全部装入内存才能实现运行。虽然内存容量增长快速,但是各种软件的规模也在迅速膨胀。在上一小节中提到一个问题,就是面对大作业时,会面临作业无法装入而无法运行的情况。覆盖与交换技术实现了内存的扩充,解决了部分问题,但这些技术存在一定的缺陷。根本的解决方案是将内存扩充功能全部交给操作系统完成,这就产生了虚拟存储技术。虚拟存储技术从逻辑上扩大内存容量,使用户感觉到的内存容量比实际内存容量大得多。另外,如果把一个逻辑地址连续的程序分散存储到几个不连续的内存区域中,并且保证程序的正确执行,则既可充分利用内存空间,又可减少移动所花费的开销,页式存储管理就是这样一种有效的管理方式。本节将介绍虚拟存储技术的基本思想,并重点介绍虚拟存储技术与页式存储管理方式相结合的一种典型的、大多数操作系统采用的虚拟页式存储管理方案。

7.4.1 虚拟存储技术

虚拟存储技术的基本思想是利用大容量的外存来扩充内存,产生一个比有限的实际内存空间大得多的、逻辑的虚拟内存空间,简称虚存。利用虚拟存储技术的操作系统不必将程序全部读入内存,而只需将当前需要执行的部分页或段读入内存,以便能够有效地支持多道程序系统的实现和大型程序运行的需要,从而增强系统的处理能力。

虚拟存储管理是操作系统在硬件支持下,把两级存储器(内存和外存)实施统一管理,达到“扩充”内存的目的,呈现给用户的是一个远远大于内存容量的编程空间,即虚存。也就是说,把一个程序当前正在使用的部分放在内存中,而其余部分放在外存上。在这种情况下启动进程执行,操作系统根据进程执行时的要求和内存的实际使用情况,随机地对每个进程进行换入/换出。

当用户看到自己的程序能在系统中正常运行时,用户所感觉到的内存容量会比实际内存容量大得多。所谓虚拟存储器,是指具有请求调入功能和置换功能,能从逻辑上对内存容量加以扩充的一种虚拟存储空间。虚拟存储器并不是实际的内存,它使用户的逻辑存储器与物理存储器分离。

虚拟存储器的容量也是有限制的,其容量受到两方面的限制:

(1) 指令中表示地址的字长。机器指令中表示地址的二进制位数是有限的,如果地址的字长是 16 位,则可以表示的地址空间最大是 64 KB。如果地址的字长是 32 位,则可以表示的地址空间最大是 4 GB。

(2) 外存的容量。从实现角度来看,用户的程序和数据都必须完整地保存在外存(如硬盘)上。然而,外存容量、传送速度和使用频率等方面都受到物理因素的限制。也就是说,外存的容量有限,其传送速度也不是“无限快”,所以,虚拟空间不可能无限大。但总体上,虚拟存储器的运行速度接近内存速度,而每个存储位的成本却又接近外存。

与传统的存储器管理方式相比,虚拟存储器具有以下 4 个重要特征:

(1) 离散性:物理内存分配不连续,虚拟地址空间使用不连续。

(2) 多次性:作业被分成多次调入内存运行。正是由于多次性,虚拟存储器才具备了逻辑上扩大内存的功能。多次性是虚拟存储器最重要的特征,其他任何存储器都不具备这个特征。

(3) 对换性:允许在作业运行过程中进行换进、换出,以提高内存利用率。

(4) 虚拟性:允许程序从逻辑角度访问存储器,而不考虑物理内存上可用的空间容量。

虚拟存储技术同交换技术在原理上是类似的,其区别在于,在传统的交换技术中,交换到外存上的对象一般都是进程,也就是说交换技术是以进程为单位进行的,而虚拟存储一般以页为单位。也就是说,先将进程的一部分装入内存,其余的部分什么时候需要,什么时候系统装入内存。在系统装入某进程在外存中的某一部分时,如果没有足够的内存,则由操作系统选择内存中的一部分进程内容换出到外存,以腾出内存空间把当前需要装入的内容调入内存。

虚拟存储技术的优点有:①提高了内存利用率。因为虚拟存储技术允许只把进程的一部分装入内存,原则上尽量把必须或常用的部分装入内存。②提高多道程序的并发度,因为只把每个进程的一部分装入内存,所以可以在内存中装入更多的进程。③把逻辑地址空间和物理地址空间分开,使程序员不用关心物理内存的容量对编程的限制。

分页存储管理

7.4.2　虚拟页式存储管理

页式存储管理技术近年来已广泛应用于计算机系统中,支持页式存储管理的硬件部件通常称为存储管理单元(Memory Management Unit,MMU)。

虚拟页式存储管理

在页式存储管理方式中,用户程序的逻辑地址空间被划分成若干个固定大小的区域,称为“页”或“页面”(Page)。每页都有一个编号,叫作页号,页号从 0 开始依次编号。相应地,也将内存空间划分成与页面相同大小的若干个存储块,称为内存块、页框(Frame)或块(也称物理页面或物理块)。同样,它们也进行编号,块号从 0 开始依次编号。

页面或块的大小是由硬件(系统)确定的,一般选择为 2 的若干次幂。例如,IBM AS/400 规定的页面大小为 512 B,而 Intel 80386 的页面大小为 4 KB。所以,不同机器中页面大小是有区别的。典型的页面大小为 512 B~8 KB 等。

在虚拟页式存储管理中,“逻辑地址”可被称为虚拟地址。这样,就可把程序信息按页存放到内存块中。页式存储器提供给编程使用的虚拟地址由两部分组成:虚拟页号和页内地址(也称页内偏移)。其地址结构如图 7-11 所示:

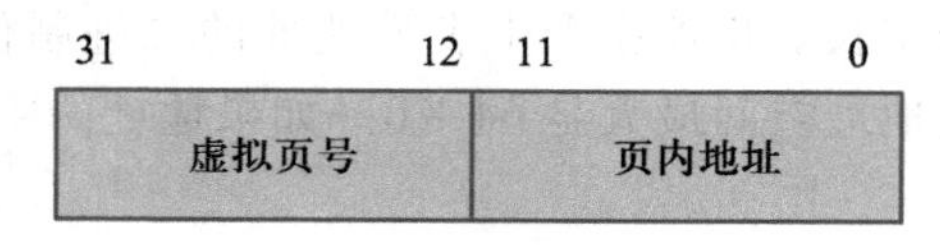

图 7-11　地址结构

在分页存储管理(页式管理)的系统中,只要确定了每个页面的大小,逻辑地址结构就确定了。因此,页式管理中地址是一维的,即只要给出一个逻辑地址,系统就可以自动地算出页号、页内偏移两个部分,并不需要显式地告诉系统在这个逻辑地址中页内偏移占多少位。

在图 7-12 所示的地址结构中,虚拟地址长度(即地址字长)为 32 位,其中 0~11 位表示页内地址,即每页的大小为 4 KB(2^{12});12~31 位表示页号,表示地址空间中最多可容纳 2^{20} 个页面。注意,不同机器的地址字长是不同的,有的是 16 位,有的是 64 位。一般来说,如果地址字长为 m 位,而页面大小为 2^n 字节,那么页号占 $m-n$ 位(高位),即最多允许有 2^{m-n} 个页面,而低 n 位表示页内地址。

对于某台具体的计算机来说,其地址结构是一定的。如果给定的逻辑地址是 A,页面大小为 L,则页号 p 和页内地址 d 可按下列式子求得:

$$p=\mathrm{INT}[A/L], \quad d=[A]\ \mathrm{MOD}\ L$$

其中,INT 是向下整除的函数,MOD 是取余函数。例如,某系统的页面大小为 1KB,$A=3456$,则 $p=\mathrm{INT}(3456/1024)=3$,$d=(3456)\mathrm{MOD}(1024)=384$,即逻辑地址 3456 对应的是第 3 号页面的第 384 个字节。

在页式存储管理系统的基础上,增加请求调页功能和页面置换功能,即形成了虚拟页式存储管理系统(也称为请求分页存储管理系统)。它允许用户程序只装入少数页面的代码及数据,即可启动运行;之后再通过调页功能及页面置换功能,陆续地把即将运行的页面调入内存,同时把暂不运行的页面换出到外存上。置换时以页面为单位。为了能实现请求调页和页面置换功能,系统必须提供必要的硬件支持和实现请求分页的软件。

主要的硬件支持有:

(1) 请求分页的页表机制,它是在纯分页的页表机制上通过增加若干项而形成的,被作为请求分页的数据结构;

(2) 缺页中断机构,即每当用户程序要访问的页面尚未调入内存时,便产生一个缺页中断,以请求操作系统将所缺的页调入内存;

(3) 地址变换机构,这同样是在纯分页地址变换机构的基础上发展形成的。

实现请求分页的软件,包括用于实现请求调页的软件和实现页面置换的软件。它们在硬件的支持下,先将正在运行的程序所需的(尚未在内存中的)页面调入内存,再将内存中暂时不用的页面从内存置换到外存上。

7.4.3 物理内存的分配与回收

页式存储管理以物理页面为单位把内存分配给各个进程,进程的每个页面对应一个内存块,一个进程的若干页面分别装入物理上不连续的内存块中。当把一个进程装入内存时,首先检查它有多少页。如果它有 n 页,则至少需要 n 个空闲块才能装入该进程。如果满足要求,则分配 n 个空闲块给该进程,把它装入,且在该进程的页表中记下各页面对应的内存块号。如果采用虚拟页式存储管理,则不需要把所有页面都装入内存,只需将部分页面装入。

具体分配物理内存时,页式存储管理需要借助内存分配表来指出哪些物理页面已经分配、哪些物理页面尚未分配,以及当前剩余的空闲物理页面数 3 种不同的标识。

1. 位示图

简单的内存分配表可以用一张“位示图”表示。位示图中利用一个二进制位来表示内存中一个物理页面的使用情况。每一位的值可以是 0 或 1,0 表示对应的物理页面为空闲,1 表示已被占用。也有的系统把 0 作为内存块已分配的标志,把 1 作为空闲标志。两种表示方法在本质上是相同的。假设内存的可分配区域被分成 256 个物理页面,则可用字长为 32 位的 8 个字作为位示图。位示图中的每一位与一个物理页面对应,在位示图中还可再增加一个字节记录当前剩余的总空闲物理页面数,如图 7-12 所示。初始化时在位示图中把操作系统占用物理页面所对应的位置 1,其余位均置 0,剩余空闲物理页面数为可分配的空闲物理页面总数。

2. 物理页面的分配

根据图 7-12 所示的位示图进行物理页面分配时,可分 3 步进行。

(1) 顺序扫描位示图,从中找出一个或一组值为“0”的二进制位(“0”表示空闲),并判断空闲物理页面数是否能满足程序的要求。

(2) 将所找到的一个或一组二进制位转换成与之相应的物理页面号。根据找到的值为“0”的二进制位所在的位示图的字号与位号,其相应的物理页面号应按下式进行计算:

物理页面号＝字号 * 字长+位号 ,

(3) 把程序装入这些物理页面中,并为该程序建立页表。修改位示图,令占用标志为 1。

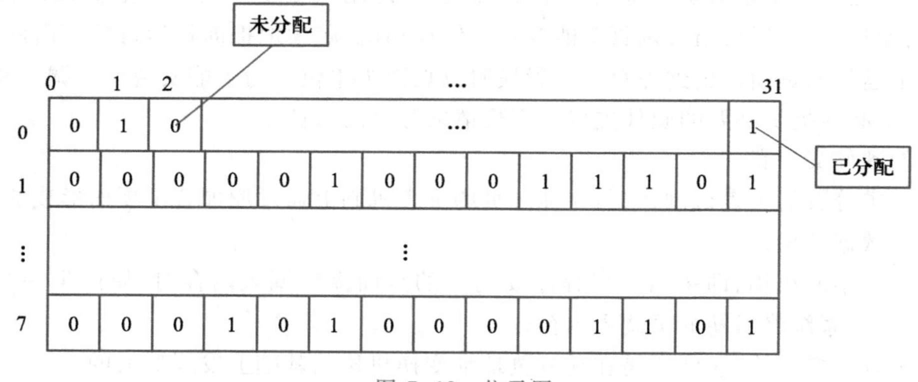

图 7-12　位示图

3. 物理页面的回收

物理页面的回收可分两步进行。

(1) 将回收物理页面的物理页面号转换成位示图中的字号(行号)和位号(列号),转换公式为:

字号＝ 物理页面号 INT 字长

位号＝ 物理页面号 MOD 字长

(2) 把回收的物理页面数加入空闲页面数中。修改位示图,令占用标志为 0。

位示图法的主要优点是,从位示图中很容易找到一个或一组相邻接的空闲盘块。例如,当需要找到 3 个相邻接的空闲盘块时,只需在位示图中找出 3 个值连续为“0”的位即可。此外,由于位示图很小,占用空间少,因此可将其保存在内存中,进而使得在每次进行盘区分配时无须先把盘区分配表读入内存,从而避免了许多磁盘的启动操作。

7.4.4　虚拟页式存储的地址转换

要实现虚拟页式存储管理需要有硬件支持，其中最重要的硬件是地址转换机构 MMU。为了能将用户地址空间中的逻辑地址转换为内存空间中的物理地址，在系统中必须设置地址转换机构。同时，每个进程都有一个装入内存的页表，将该页表所在内存的起始地址和长度作为现场信息保存在该进程的 PCB 中。一旦进程被调度到处理器上运行，这些信息作为恢复的现场信息，就被送入系统的地址转换机构的寄存器中。

1. 页表

在分页系统中，允许将进程的各个页离散地存储在内存的任一物理块中，以保证进程仍然能够正确地运行，即能在内存中找到每个页面所对应的物理块。为此，系统要为每个进程建立一张页面映像表，简称页表。如图 7-13 所示，页表中每一项都为页表项，其中记录了相应页在内存中对应的物理块号等相关信息。在配置了页表后，当进程执行时，通过查找该表即可找到每页在内存中的物理块号。由此可见，页表的作用是实现从页号到物理块号的地址映射。

在硬件上，系统要提供一对页表控制寄存器：页表基址寄存器和页表长度寄存器。页表基址寄存器用来存放正在运行进程的页表在内存中的首地址；页表长度寄存器存放正在运行进程的页表长度。另外还需要高速缓存的支持。

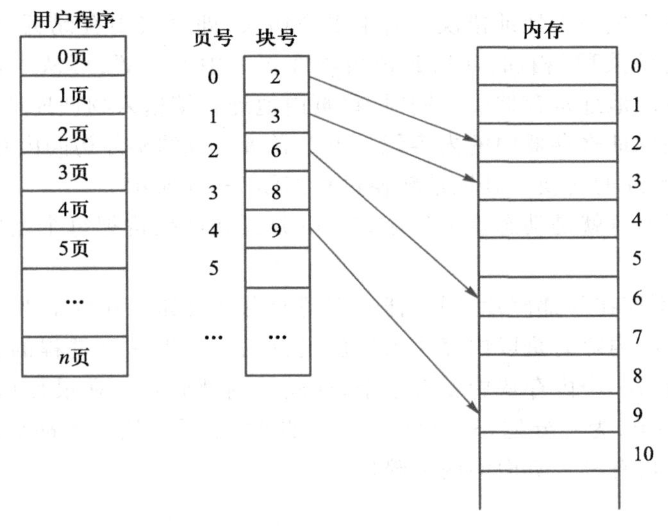

图 7-13　页表

2. 页表项

在虚拟页式存储管理中，页表项的结构如图 7-14 所示。

物理页面号	有效位	访问位	修改位	保护位

图 7-14　页表项

物理页面号：页面在内存中所对应的物理页面号。

有效位:又称驻留位、存在位,表示该页是在内存还是在磁盘。

访问位:用于记录本页在内存期间是否被访问过,可供页面置换算法(程序)在选择换出页面时参考。

修改位:标志该页在调入内存后是否被修改过。由于内存中的每一页都在外存中保留一份副本,因此在置换该页时,若未被修改,就无须再将该页写回外存中,以减少系统的开销和启动磁盘的次数;若已被修改,则必须将该页重写到外存中,以保证外存中所保留的副本始终是最新的。

保护位:权限设定是否能读/写,对物理页面进行保护。

其中,访问位和修改位可以用来决定置换哪个页面,具体由页面置换算法决定。

3. 页式存储管理系统的地址转换

进程在运行期间,需要对程序和数据的地址进行转换,即将用户地址空间中的逻辑地址转换为内存空间中的物理地址,每条指令的地址都需要进行转换,为了提高执行效率,需要利用硬件来实现。

当进程要访问某个逻辑地址中的数据时,地址转换机构(即 MMU)会自动先将有效地址(逻辑地址)分为页号和页内地址两部分,再以页号为索引去检索位于内存中的页表。查找操作由硬件执行,每执行一条指令时,按虚拟地址中的页号查页表。若页表中无此页号,这一错误将被系统发现,并产生一个地址错误。若未出现错误,即页表中有此页号,则将页表基址与"页号和页表项长度的乘积"相加,便得到该表项在页表中的位置,可从中得到该页的物理块号,然后将其装入物理地址寄存器中。同时,将页内地址直接送入物理地址寄存器的块内地址字段中。这样,物理地址寄存器中的内容就是由二者拼接成的实际访问内存的地址,从而完成从逻辑地址到物理地址的转换。其地址转换过程如图 7-15 所示。

可以看出,分页本身就是动态重定位形式。由分页硬件机构把每个逻辑地址与某个物理地址关联在一起。

采用分页技术不存在外部碎片,因为任何空闲的内存块都可分给需要的进程。当然,会存在内部碎片,因为分配内存时是以内存块为单位进行的。如果一个进程的大小没有恰好填满所分到的内存块,最后一个内存块中就有空余,这就是内部碎片。在最坏情况下,一个进程有 n 个整页面加 1 个字节,为它分配 $n+1$ 个内存块。此时,最后一块几乎都是内部碎片。在一般情况下,每个进程平均有半个页面的内部碎片。

4. 页面尺寸

页面尺寸经常是操作系统选择的一个参数。即使硬件设计只支持每页 512 B,操作系统也可以很容易地把两个连续的页(如 0 页和 1 页,2 页和 3 页等)看成 1KB 的页,为它们分配两个连续的 512 B 的内存块。

选择最佳尺寸需要在几个相互矛盾的因素之间进行折中,没有绝对最佳方案。前文提到,在分页系统中,每个进程平均有半个页面的内部碎片。从这个意义上讲,似乎页面尺寸越小越好。然而,页面越小,同一程序需要的页面数就越多,就需要用更大的页表。同时,页表寄存器的装入时间就越长;页面小,意味着程序需要的页面多,页面传送的次数就多,而每次传送一个大页面的时间与传送小页面的时间几乎相同,从而增加了总体传送时间。

商用计算机使用的页面尺寸范围为 512B～64 KB。早期的典型值为 1KB,近年来页面大

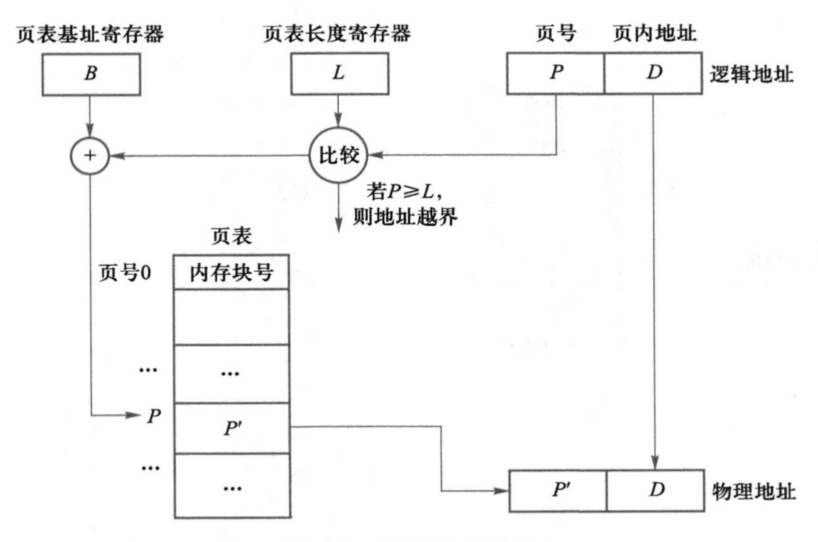

图 7-15 地址转换示意图

小更倾向于 4 KB 或 8 KB，如 Linux、Windows 系统。另外，随着内存空间越来越大，页面尺寸也会越来越大（非线性关系）。

5. 页表结构

（1）多级页表。

现代的大多数计算机系统，都支持非常大的逻辑地址空间，如 2^{32} ~ 2^{64}。在这样的环境下，只用一级页表会使页表变得非常大，且要占用相当大的内存空间。例如，对于逻辑空间用 32 位表示的系统，页面大小为 4 KB，那么每个进程的页表就有高达 1M（2^{20}）个表项，设每个表项占4 B，每个进程仅页表就要占用 4 MB 的内存空间，而且必须是连续的，这显然不现实。解决此问题的简单方法是把页表分成若干较小的片段，离散地存放在内存中，并且只将当前需要的部分表项调入内存，其余的页表项根据需要动态地调入内存。

一种方法是利用二级页表，即采用分级的方法对页表项进行索引。使每个页表的大小与内存物理块的大小相同，先为它们编号，依次编为 0 页、1 页，…，n 页，然后离散地将各个页表分别存放在不同的物理块中。同样，也要为离散分配的页表再建立一张页表，称之为二级页表（Outer Page Table）（或页目录表），在每个页表项中记录页表页面的物理块号。

例如，在 32 位机器上，页面大小为 4 KB。这样，表示逻辑地址的页号就占用 20 位，页内地址占用 12 位。把页表也分页，每个页表项占 4 B，于是页号就分为两部分：高 10 位表示页目录号，低 10 位表示页表号。二级页表地址结构及地址转换机构如图 7-16 所示。

在具有二级页表结构的系统中，地址转换的方法是：利用页目录号检索页目录表，从中找出相应页表的基址；再利用页表号作为页表的索引，找到该页面在内存中的块号；用该块号和页内偏移拼接起来，形成访问内存的物理地址。

当系统的逻辑地址空间非常大时，如 64 位的系统，那么二级页表也不够用。为此，可以把页目录表再分页，得到三级页表甚至四级页表。

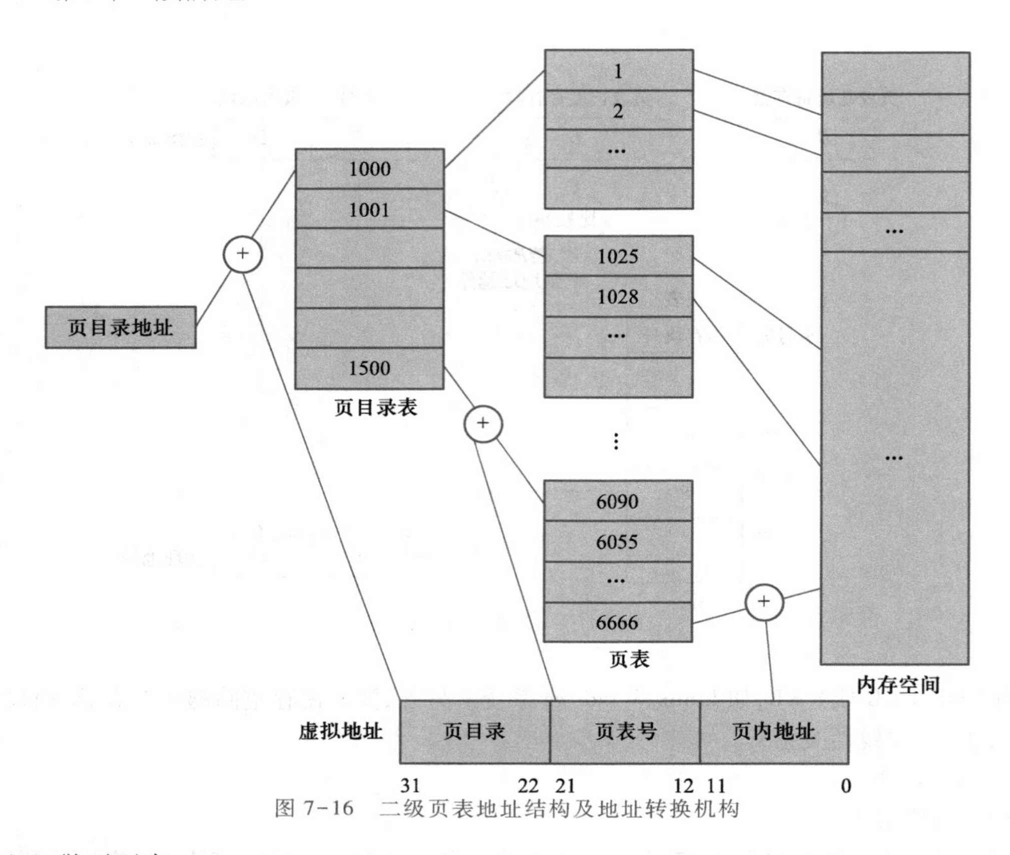

图 7-16 二级页表地址结构及地址转换机构

(2) 散列页表。

当地址空间大于32位时,一种常见的方法是使用以页号为散列值的散列页表(Hashed Page Table)。它利用散列函数(或称哈希函数),可将关键字转换为相应记录的地址。其中每个表项都包含一个链表,该链表中元素的散列值都指向同一个位置。这样,散列页表中的每个表项都包含3个字段:虚拟页号、所映射的物理块号,指向链表中下一个元素的指针。

地址转换过程是:以逻辑地址中的页号作为散列函数的参数,得到一个散列值;以它作为检索散列表的索引,把逻辑页号与相应链表的第一个元素内表示页号的字段进行比较,如果匹配,则将相应的块号与逻辑地址中的页内地址拼接起来,形成访问内存的物理地址;如果二者不匹配,就沿着链表指针向下搜索,直至找到匹配的页号。

散列页表的一个变形是集群页表(也称成簇页表),64位的大地址空间往往采用这种方式。它与散列页表相似,差别是,散列页表中的每一项不是仅对应一页,而是涉及若干页(如16页)构成的簇。这样,一个页表项就可以保存多个物理块的映射信息。对于散布于整个地址空间的不连续内存访问来说,这种集群页表非常有效。

(3) 反置页表。

通常,每个进程有一个页表。该进程使用的每一页都在页表中占一项。进程访问页面需要进行地址转换,以逻辑地址中的页号为索引去搜索页表。也就是说,页表是按虚拟地址排序的。这样,操作系统能够求出每页相应的物理地址,直接用来形成访问内存的地址。

但是,随着64位虚拟地址空间在处理器上的应用,物理地址空间显得很小。在这种情况下,如果直接以逻辑页号为索引来构造页表,则页表会大得无法想象。为了减少页表占用过多的内存空间,可以采用反置页表(Inverted Page Table)。反置页表的构造恰好与普通页表相反,它是按内存块号排序的,每个内存块占有一个表项。每个表项包括存放在该内存块中页面的虚拟页号和拥有该页面的进程的 PID。这样,系统中只有一个页表,每个内存块对应唯一的表项。在 64 位的 Ultra SPARC 和 Power PC 系统上都采用了这种技术。

反置页表的地址转换过程是:系统中每个虚拟地址由 PID、虚拟页号和页内地址 3 部分组成。当需要访问地址时,就用 PID 和页号去检索反置页表。如果找到与之匹配的表项,则该表项的序号就是该页在内存中的块号,块号与逻辑地址中的页内地址拼接起来构成访问内存的物理地址;如果搜索完整个页表都没有找到相匹配的页表项,则表示发生了非法地址访问,因为此页目前尚未调入内存。对具有请求调页功能的存储管理系统,应产生请求调页中断;若没有此功能,则表示地址有错。

使用反置页表虽然减少了内存的浪费,但是却增加了检索页表时所耗费的访问时间。由于反置页表是按照物理地址排序的,而在使用时却是按照虚拟地址查找的,因此可能为了寻找匹配的表项而遍历全表。为解决这个问题,可以结合使用散列页表,即用一个简单的散列函数将虚拟地址的页号映射到散列表,散列表项中包括指向反置页表的指针。这样,可将搜索工作限定在一个页表项或多个页表项上。

6. 快表

一般来说,页表都是存放在内存中的,当要按给定的虚拟地址进行读/写时,CPU 在每次存取一个数据都要访问内存两次。第一次是访问内存中的页表,从中找到指定页的物理块号,再将块号与页内偏移量进行拼接,以形成物理地址。第二次访问是从第一次所得物理地址中获得所需数据(或向此地址中写入数据)。可以看得出来,这样的方式极大地降低了计算机处理程序的速度。

为了解决这一问题,可在地址映射机制中增加一个联想寄存器(相联存储器),其由高速缓冲存储器组成。利用高速缓冲存储器存储当前访问最频繁的少数活动页面的页号,这个高速缓冲存储器称为“转换检测缓冲区”(Translation Lookaside Buffer, TLB),也被称为“快表”。引入快表的地址转换机构可以加速地址转换的速度,地址转换如图 7-17 所示。与此对应,内存中的页表常称为慢表。

快表每项包含页号与其所对应的块号。当把一个页号交给快表时,它同时和所有的页号进行比较和查找。如果找到该页号,该项中的值就是对应的块号,并被立即输出,以便形成物理地址。这种查找是非常快的,但硬件成本也很高。所以,快表中项数有限,只能存放页表中部分页号与块号的对应关系。

如果没有在快表中找到该页号,就必须访问页表,从中得到相应的块号,用它形成物理地址。同时,把该页号和块号更新到快表中,以便于以后使用。如果快表中没有空闲单元,则操作系统必须从快表中选择一项进行置换。置换策略有多种,如用最近最少使用算法、随机挑选等。置换时淘汰该项原有的内容,装入新的页号和块号。

实际上,查找快表和查找内存页表是并行的,一旦发现快表中有与所查页号一致的逻辑页号就停止查找内存页表,而直接利用快表中的逻辑页号。

采用快表后,地址转换的时间开销大大降低。假定访问内存的时间为 200 ms,访问快表

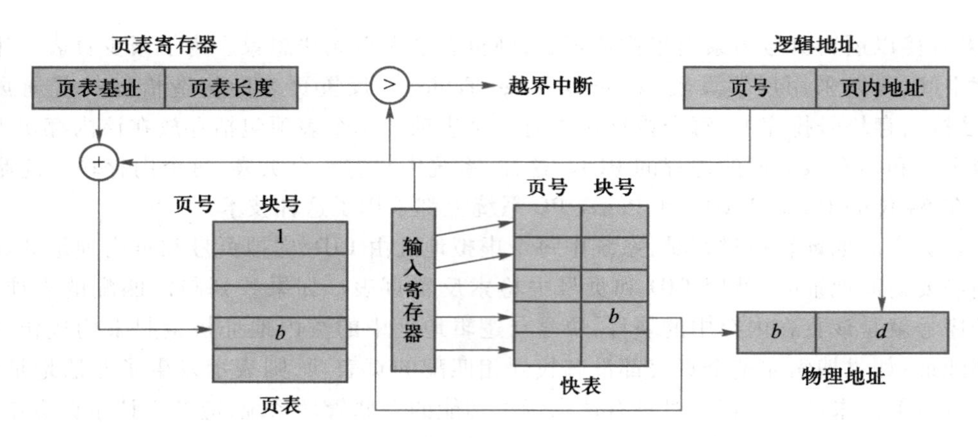

图 7-17　引入快表的地址转换机构

的时间为 40 ms,快表有 16 个高速缓冲存储单元时,查找快表的命中率为 90%。于是,进行地址转换并进行存取的平均访问时间(有效访问时间)为:

$$EAT=(200+40)\times 90\%+(200+200)\times 10\%=256\ \text{ms}$$

不使用快表需访问两次内存,访问时间:200×2=400 ms。可见,使用快表与不使用快表相比,访问时间下降了 36%。

7.4.5　缺页中断处理

在虚拟页式存储管理系统中,每当要访问的页面不在内存时,便先产生一个缺页中断信号,然后由操作系统的缺页中断处理程序处理。

缺页中断的处理过程由硬件和软件共同完成,具体步骤如图 7-18 所示。

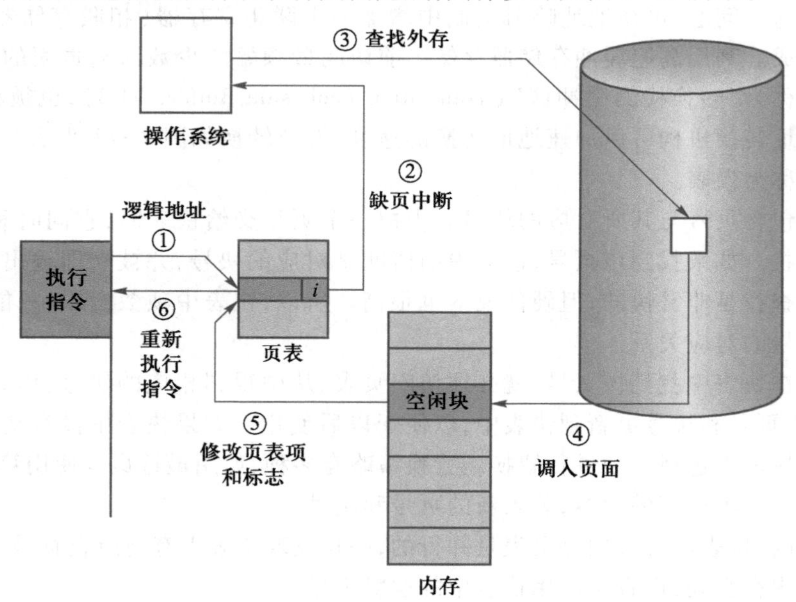

图 7-18　缺页中断处理步骤

时钟算法既是对第二次机会算法的改进,也是对 LRU 算法的近似。另外,由于该算法只用一个访问位来判断该页最近是否被使用过,对未使用的页予以置换,所以该算法又被称为最近未使用置换算法(Not Recently Used, NRU)。

7.4.8 虚拟页式存储管理的性能

虚拟页式存储管理的性能主要涉及两个方面的评价:缺页率和有效访问时间。另外,抖动也能对系统性能产生较大影响。

1. 缺页率和有效访问时间

假设一个进程的逻辑空间为 n 页,系统为其分配的内存块数为 $m(m\leqslant n)$。如果在进程运行过程中,访问页面成功(即所访问页面在内存中)的次数为 S,访问页面失败(即所访问页面不在内存中,需要从外存调入)的次数为 F,则该进程总的页面访问次数为:$A=S+F$,该进程在其运行过程中的缺页率为:

$$f=F/A$$

通常,缺页率会受到以下几个因素的影响:

(1) 页面大小:若页面划分较大,程序的页面数就少,则装入一页的信息量就大,就减少了缺页中断的次数,降低了缺页率;反之,页面小则缺页率较高。

(2) 进程所分配内存块的数目:所分配的内存块数目越多,则同时装入内存的页面数就多,故减少了缺页中断的次数,也就降低了缺页率。反之,缺页率就高。

(3) 页面置换算法:算法的优劣决定了进程执行过程中缺页中断的次数,因此缺页率是衡量页面置换算法的重要指标。页面置换算法使用不当还会出现"抖动",影响系统性能。

(4) 程序编制方法:程序本身的编制方法对缺页中断次数有影响。根据程序执行的局部性原理,程序编制的局部化程度越高,相应执行时的缺页程度就越低。一般来说,希望编制的程序能经常集中在几个页面上进行访问,以减少缺页率。

在请求分页存储管理中,内存的有效访问时间不仅要考虑访问页表和访问实际物理地址数据的时间,还要考虑缺页中断的处理时间。假设 p 表示缺页率,ma 表示内存访问时间,则有效访问时间 EAT 可表示为:

$$\text{EAT}=(1-p)*ma+p*\text{缺页处理时间}。$$

在任何情况下,缺页中断处理所花费的时间主要有以下 3 部分:

(1) 处理缺页中断的时间。

(2) 调入该页的时间。

(3) 重新启动该进程的时间。

假设平均缺页处理时间为 25 ms,内存访问时间为 100 ns,那么

$$\text{EAT}=(1-p)*100+p*25\ 000\ 000=100+24\ 999\ 900*p(\text{ns})$$

可以看出,有效访问时间与缺页率成正比。如果缺页率为 1‰,则 EAT 约为 25 μs,说明请求分页导致计算机慢了 250 倍。所以,在请求分页系统中使缺页率保持在很低水平是非常重要的。

2. 抖动

引入虚拟存储技术后,页面可能在内存和外存之间频繁地调度,有可能出现抖动或颠簸。

所谓"抖动"是指,如果刚被调出的页面又立即要用,因而又要把它装入内存,而装入不久又被选中调出,调出不久又被装入,如此反复,使调度非常频繁。当系统出现这一现象时,系统大部分时间都用在来回进行页面调度上,只有一小部分时间用于进程的实际运算,系统效率会急剧下降。

产生"抖动"的根本原因是,同时在系统中运行的进程太多,导致分配给每个进程的内存块太少,不能满足进程正常运行的基本要求,致使每个进程在运行时会频繁地出现缺页,必须请求系统将所缺页调入内存。这会使得在系统中排队等待页面换入/换出的进程数目增加。显然,对磁盘的访问时间也会随之急剧增加,造成每个进程的大部分时间都用于页面的换入/换出,而几乎不能再去做任何有效的工作,从而导致处理器的利用率急剧下降而趋于 0 的情况。我们称此时的进程处于"抖动"状态。

抖动是在进程运行中出现的严重问题,必须采取相应的措施来解决它。为此,可以采用以下方法预防抖动的发生:

(1) 采取局部置换策略。当进程发现缺页后,仅在进程自己的内存空间范围内置换页,不允许从其他进程获得新的内存块。

(2) 在 CPU 调度程序中引入工作集算法。只有当每个进程在内存中都有足够大的驻留集时,才能再从外存中调入新的作业。

(3) 挂起若干进程。为预防抖动,挂起若干进程,腾出进程占用的空间。

(4) 采用缺页率法。抖动发生时缺页率必然很高,通过控制缺页率就可预防抖动。如果缺页率太高,表明进程需要更多的内存块;如果缺页率很低,表明进程可能占用了太多的内存块。因此,可以规定一个缺页率范围,依次设置相应的上限和下限。如果实际缺页率超出上限,就为进程分配另外的内存块;如果实际缺页率低于下限,就从进程的驻留集中取走一个内存块,从而避免抖动。

对于上述第(2)点中提到的工作集(WS),是指在某段时间间隔里,进程实际要访问的页面的集合。程序在运行时对页面的访问是不均匀的,即往往在某段时间内的访问仅局限于较少的页面,而在另一段时间内,则又可能仅局限于访问另一些较少的页面。若能预知进程在某段时间间隔内要访问哪些页面,并能将它们提前调入内存,将会大大降低缺页率,从而减少置换次数,提高 CPU 的利用率。

对于给定的进程访页序列,从时刻$(t-\Delta)$到时刻 t 之间所访问页面的集合,称为该进程的工作集。其中,Δ 称为工作集窗口。工作集是随时间变化的,工作集大小与工作集窗口尺寸密切相关。例如,给定如图 7-22 所示的页面引用序列,如果窗口大小为 10 个页面引用,那么 t_1 时的工作集为$\{1,2,5,6,7\}$。到 t_2时,工作集已经变为$\{3,4\}$。

要使缺页少发生,则希望分配给进程的内存块与当前程序的工作集大小一致。在实现时,操作系统为每一个进程保持一个工作集,并为该进程提供与工作集大小相等的内存块数,这一过程可动态调整。统计工作集大小的工作一般由硬件完成,系统开销较大。

7.4.9　虚拟页式存储管理的优缺点

虚拟页式存储管理的主要优点是,虚存量大,适合多道程序运行,用户不必担心内存不够的调度操作。动态页式管理提供了内存与外存统一管理的虚存实现方式。内存利用率高,不

图 7-22 工作集模型

常用的页面尽量不留在内存。不要求作业连续存放,有效地解决了"碎片"问题。UNIX 操作系统较早采用这种方式,现代操作系统普遍采用这种管理方式。

虚拟页式存储管理的主要缺点是,存在页面空间的浪费问题。另外,要处理缺页中断,系统开销较大。有可能产生"抖动"。地址转换机构复杂,为提高速度采用硬件实现,增加了机器成本。

本章小结

存储管理在操作系统中占有重要地位。本章介绍了存储器管理的背景知识,首先介绍层次化存储体系,然后介绍存储管理的任务,接着介绍了几种常见的内存管理方案,重点介绍了分区存储管理和虚拟页式存储管理,包括这些方案的基本思想、实现算法、优缺点等。

计算机系统中的存储器很多,按照容量、存取速度,可分为高速缓存、内存和外存三级存储器。

在多道程序操作系统存储管理方法中,有最简单的分区方法,也有复杂的虚拟页式存储管理方法。在一个特定的系统中,决定采用何种策略的因素在于硬件提供的支持程度。由 CPU 生成的所有地址都必须进行合法性检查,且尽可能映射到物理地址。出于对效率的考虑,这种检查不能用软件实现,必须用硬件完成。

不同的存储管理方法在很多方面存在差异,下面列出了采用不同存储管理方法时应重点考虑的几个方面问题。

(1) 硬件支持。对分区方案,只需要一对基址/长度寄存器就足够了;而分页方式需要映射表来确定地址映射,还需要地址转换机构来实现地址映射。

(2) 性能。随着算法越来越复杂,把一个逻辑地址映射成物理地址所需的映射时间也增加了。对于简单系统,仅需要比较或加上逻辑地址,操作速度相当快。对于分页方式来说,如果映射表用联想寄存器实现,那么操作速度也很快。如果这些表在内存,那么用户访问内存就明显变慢了。TLB 可使其对性能的影响减少到可接受的水平。

(3) 碎片。在多道程序系统中,一般都有较多的进程进入内存。为此,必须减少内存的浪费或碎片。采用固定大小分配单元(如固定分区和分页)的系统会有内部碎片问题。采用可变大小分配单元(可变分区)的系统会有外部碎片。

(4) 重定位。解决外部碎片的一个办法是紧缩。紧缩就是通过移动内存中的程序或数据,使空闲区连成一片。这就要求逻辑地址在执行时是动态重定位的。如果地址仅在装入时被重定位,将无法紧缩内存。

(5) 交换。任何算法都可加上交换技术。交换由操作系统确定,通常受 CPU 调度策略的支配。进程可以定时地从内存交换到外存，之后再交换到内存。这种方式可支持多个进程运行，进程数可以超过内存能够同时容纳的数目。

(6) 共享。为了提高多道程序道数，可使不同用户共享代码和数据。一般采用分页技术，提供可以共享的页。利用共享方式，可避免同一副本占用多处内存区，从而在有限的内存中运行多个进程。

(7) 保护。如果提供了分页，那么用户程序的不同区域可以声明为只执行、只读或可读可写等权限。

虚拟存储技术实现了用户逻辑存储器与物理存储器的分离，允许把大的逻辑地址空间映射到较小的物理内存上，这样就提高了多道程序并发执行的程度，增加了 CPU 的利用率。虚拟存储器具有一系列的新特性，包括虚拟扩充、部分装入、离散分配与多次对换等。

请求分页存储管理是根据程序执行的实际顺序，动态申请内存块，并不是把所有页面都一次性放入内存。如果一道程序的第 1 次访问就将产生缺页中断，则转入操作系统进行相应处理。操作系统依据内部表格确定页面在外存上的位置，然后找一个空闲内存块，把该页面从外存读入物理页面中。同时修改页表相关项目，以反映这种变化，产生缺页中断的那条指令被重新启动执行。在这种方式下，即使一个程序的整个存储映像都没有同时在内存中，也能正确运行。只要缺页率足够低，其性能还是很好的。

请求分页用来减少分配给一个进程的内存块数，使更多进程同时执行，并且允许程序所需内存量超过可用内存量。所以，各个程序是在虚拟存储器中运行的。

当总内存的需求量超过实际内存量时，为释放内存块给新的页面，需要进行页面置换。有多种页面置换算法可供使用。FIFO 最容易实现，但性能不是很好；OPT 算法不可实现但有理论价值；LRU 是 OPT 算法的近似算法，但实现时要有硬件的支撑和软件开销。

对每个进程的页面分配如果是固定的，则可采用局部页面置换；如果是动态的，则可使用全局置换。工作集模型假定程序执行有局部化性质，工作集就是当前局部范围内页面的集合。相应地，每个进程应分到足够的内存块数，以满足当前工作集的需要。如果一个进程的内存块数不足以应付工作集的大小，它就会发生抖动。为了防止抖动发生，需要调节多道程序的道数。

习题

第 7 章习题解析

一、单项选择题

1. 由不同容量、不同成本和不同访问时间的存储设备所构成的存储系统中，容量最小、速度最快的设备是(　　)。

A. 主存储器　　B. 高速缓存　　C. 寄存器　　D. 本地磁盘

2. 关于程序装入的动态重定位方式，以下描述中错误的是(　　)。

A. 系统将进程装入内存后，进程在内存中的位置可能发生移动

B. 系统为每个进程分配一个重定位寄存器

C. 被访问单元的物理地址=逻辑地址+重定位寄存器的值

D. 逻辑地址到物理地址的映射过程在进程执行时发生

3. 关于操作系统内存管理的目标，下列叙述中错误的是（　　）。

A. 为进程分配内存　　B. 回收被占用的内存空间并进行管理

C. 提高内存空间的利用率　　D. 提高内存的物理存取速度

4. 下列关于存储管理的说法中，不正确的是（　　）。

A. 页式存储管理方式能实现虚拟存储

B. 作业的大小可由该作业的页表长度体现

C. 页式存储管理中不存在“碎片”

D. 单用户连续和固定分区存储管理都可以不需要硬件地址转换机构

5. 固定分区存储管理中完成地址重定位必备的硬件执行机构是（　　）。

A. 界限寄存器　　B. 下限寄存器

C. 基址寄存器　　D. 可以不需要

6. 分页地址变换的功能是（　　）。

A. 将用户地址空间中的物理地址变换为内存地址空间中的逻辑地址

B. 将用户地址空间中的逻辑地址变换为内存地址空间中的物理地址

C. 将程序地址空间中的物理地址变换为内存地址空间中的逻辑地址

D. 将外存地址空间中的物理地址变换为内存地址空间中的逻辑地址

7. 虚拟页式存储管理中的页表由（　　）建立。

A. 用户　　B. 编译程序　　C. 操作系统　　D. 编辑程序

8. 假定某采用页式存储管理的系统中，主存的容量为 1 MB，被分成 256 块，块号为 0、1、2…255。某作业的地址空间占用 4 页，其页号为 0、1、2、3，被分配到主存中的第 2、4、1、5 块中。则作业中页号为 2 的页在主存块中的起始地址是（　　）。

A. 1　　B. 1024　　C. 2048　　D. 4096

9. 采用二级页表的分页式存储器中，如二级页表都已在主存，则每存取一条指令或一个数据，需要访问主存（　　）。

A. 1 次　　B. 2 次　　C. 3 次　　D. 4 次

10. 选择在最近的过去最久为访问的页面予以置换的算法是（　　）。

A. ORA　　B. FIFO　　C. LRU　　D. Clock

二、填空题

1. 把逻辑地址转换成绝对地址的工作称为________。

2. 可变分区存储管理的主存分配算法中，寻找次数最少的是________。

3. 在存储器管理技术中，________能从逻辑上对内存容量加以扩充，进程无须全部装入内存，在执行过程中根据需要把内容从外存调入内存。

4. 为了减少内存中的碎片，可以采用移动技术，此时采用的地址映射方式是________。

5. 采用分页存储管理方式的系统，页大小为 1 KB，逻辑地址为 0x1A6F（十六进制），则该逻辑地址所在页号为________（用十进制表示），页内偏移为________（用十进制表示）。

三、简答题

1. 简述操作系统查找和分配空闲区的 3 种分配方法。

2. 引入虚拟存储技术的目的是什么？虚拟存储系统有哪些特征？

3. 简述虚拟存储器系统中常用的页面调度策略。

4. 分页式存储器的地址分成页号和页内地址两部分，但它仍是线性（一维）地址。为什么？

5. 采用虚拟存储管理方式的系统中，引起系统抖动的主要原因是什么？写出2种预防抖动的方法。

四、综合题

1. 现有一台16位字长的专用机，采用页式存储管理。主存储器共有4 096块（块号为0~4095），现用位示图分配主存空间。试问：

（1）该位示图占用几个字？

（2）主存块号3999对应位示图的字号和位号（均从0开始）各是多少？

（3）位示图字号199，位号9对应主存的块号是多少？

2. 假定某计算机系统配置的主存容量为1 GB，主存空间一共被划分为512K块。当采用页式虚拟存储管理时，提供给用户使用的逻辑地址空间为4 GB。试问：

（1）主存空间每块长度为多少字节？

（2）主存空间的物理地址有多少位？

（3）用户作业最多可以有多少页？

（4）画出该系统的逻辑地址结构示意图。

3. 某分页存储系统中，内存容量为64 KB，每页的大小为1 KB，对一个4页大的作业，其0、1、2、3页分别被分配到内存的2、4、6、7页框中。请简述地址转换的基本思想，然后根据上面已知条件计算出下列逻辑地址对应的物理地址是什么？（本题所有数字均为十进制表示）

（1）1023　（2）2500　（3）4500

4. 在一个虚拟页式存储系统中，分配给某进程3页内存，开始时内存为空，进程所需页面的走向为0、1、2、0、3、0、2、1、2、0、4、0，请在下列两个表中分别写出采用先进先出（FIFO）页面置换算法和最近最少使用（LRU）页面置换算法时的页面置换过程，并计算相应的缺页次数以及缺页率。

FIFO 算法

页面走向	0	1	2	0	3	0	2	1	2	0	4	0
时间短-页												
时间中-页												
时间长-页												
是否缺页												

注：FIFO算法中，“时间长-页”表示在内存时间最长的页面，“时间中-页”其次，“时间短-页”表示在内存中时间最短的页面。在“是否缺页”栏中，要求用×表示缺页，用√表示不缺页。

LRU 算法

页面走向	0	1	2	0	3	0	2	1	2	0	4	0
时间短-页												
时间中-页												
时间长-页												
是否缺页												

注：LRU算法中，“时间长-页”表示未使用时间最长的页面，“时间中-页”其次，“时间短-页”表示未使用时间最短的页面。在“是否缺页”栏中，要求用×表示缺页，用√表示不缺页。

5. 某系统采用页式虚拟存储管理，主存每块为 128 个字节，现在要把一个 128×128 的二维数组置初值为“0”。在分页时把数组中的元素每一行放在一页中，假定系统只分给用户一个物理页面。

（1）对如下程序段，执行完要产生多少次缺页中断？

```
VAR A: ARRAY[1...128,1...128] OF Integer;
FOR j: =1TO128 DO
     FORi: =1 TO 128 DO
          A[i,j]: =0;
```

（2）为减少缺页中断的次数，请改写上面的程序，使之仍能完成所要求的功能。

6. 在虚拟页式存储系统中，其页表（单级页表）存放在内存中。

（1）如果一次物理内存访问需要 200 ns，试问实现一次页面访问至少需要的存取时间是多少？

（2）如果系统有快表（TLB），快表的命中率为 80%，查询快表的时间可忽略不计，此时实现一次页面访问的平均存取时间为多少？

（3）采用快表后的平均存取时间比没有采用快表时下降了百分之几？

第8章　文件系统

本章导读

文件系统是操作系统的一个重要组成部分。由于内存通常太小且具有易失性，因此计算机系统必须提供外存来备份内存数据。现代计算机系统采用磁盘作为信息（程序与数据）的主要存储介质。系统和用户的程序与数据，甚至各种输入/输出设备都是以文件的形式存在的。文件系统专门负责管理外存中的文件，并把对文件的存取、共享和保护等手段提供给用户。这不仅方便了用户，保证了文件的安全性，还可有效地提高系统资源的利用率。本章主要讨论文件系统的相关知识，包括文件结构、文件目录、文件系统的实现及文件的安全与保密等内容。

本章知识导图如图8-1所示，读者也可以通过扫描二维码观看本章学习思路讲解视频。

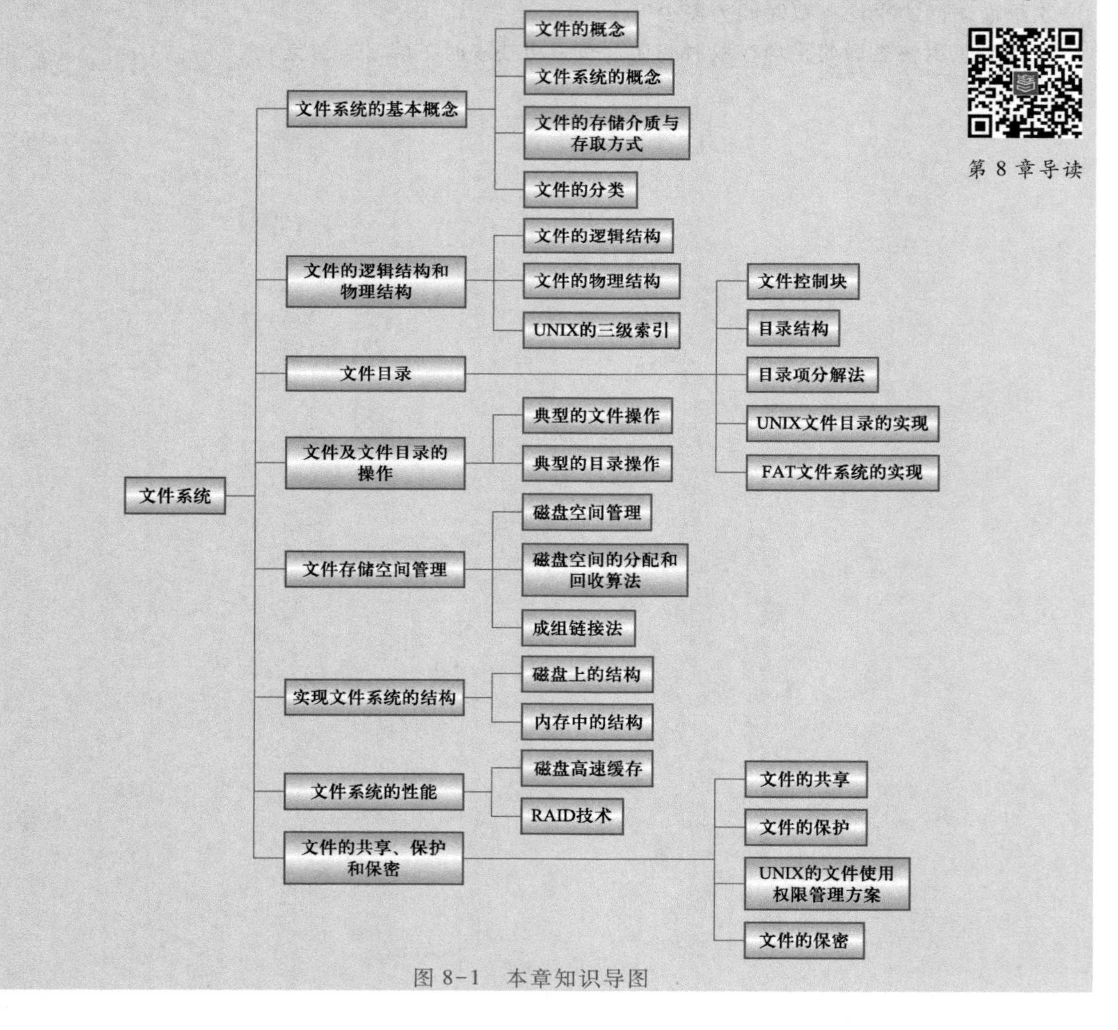

图8-1　本章知识导图

数码相机、录音笔、手机、数字电视、游戏机等电子产品中。

闪存正朝大容量、低功耗、低成本的方向发展。与传统硬盘相比,闪存的读写速度高、功耗较低,目前已经出现的闪存硬盘,也就是固态硬盘或 SSD 硬盘,其性价比进一步提升。随着制造工艺的提高、成本的降低,闪存将更多地出现在日常生活之中。

3. 文件的存取方式

用户使用文件在外存储设备上保存信息,其根本目的在于读写存储在介质上的信息。当使用文件时,必须访问这些信息,并将其读入计算机内存。文件信息可按多种方式来存取,有些系统只为文件提供一种存取方法;而有些系统支持多种存取方法。

对用户来说,文件所呈现的是其逻辑结构,这与用户使用文件的方式相关。对存储介质而言,文件呈现的是其物理结构,这与文件所使用的存储介质的特性和组织方式有关。有关文件的逻辑结构和物理结构详见本书 8.2 节。

文件的存取方式是文件的逻辑结构和物理结构之间的一种映射或转换机制。它把用户对逻辑文件的存取要求,转换为对相关文件的物理块的读写要求。

文件常用的存取方法有顺序存取和随机存取两种。选择哪一种存取方式,既取决于用户使用文件的方式,也与文件所使用的存储介质有关。例如,数据库文件适合采用随机存取方式,但如果采用磁带来存放数据库文件,则只能使用顺序存取方法。

(1) 顺序存取。

顺序存取是指对文件信息按顺序(即一个记录/字节接着一个记录/字节)加以访问。这种访问模式是目前最常见的,也是最简单的,它基于文件的磁带模型,因为磁带是需要顺序访问的。

如果是记录式文件,那么顺序存取就是按照记录的顺序依次访问。例如,当需要访问记录 R_i时,则需要从首个记录开始,一直访问到 R_{i-1},才能存取记录 R_i。当文件是流式文件时,则按照字节先后顺序访问,即如果需要访问文件的第 n 个字节,则文件指针需要从第 0 个字节开始,一直定位到第 $n-1$ 个字节,然后才能存取第 n 个字节。

使用顺序存取方式最常用的存储介质是磁带。同时,该方式不但适用于顺序存取设备,也适用于随机存取设备。

(2) 随机存取。

随机存取又称直接存取,即可以以任意顺序读取文件中的任意字节或记录。随机存取方法基于文件的磁盘模型,因为磁盘允许对任何文件块随机访问。

对于随机存取的文件,文件可作为块或记录的编号序列。因此,对于某个文件,可以先读取块 38,再读取块 6,最后再写块 25,也就是说,对随机存取文件的读取或写入没有限制。

对于大量信息的立即访问,直接存取文件极为有用。数据库通常是这种类型的,当需要查询特定主题时,先计算哪个块包含答案,然后直接读取相应块以得到期望的信息。

目前很多操作系统的文件系统都支持顺序存取和随机存取这两种方式,如类 UNIX 操作系统、Windows 操作系统、MS-DOS 等。但也有系统只允许顺序存取或只允许随机存取,甚至有的系统要求在创建文件时将其定义为顺序存取或随机存取。

综上所述,文件的存储介质和文件的物理结构(参见 8.2 节)决定了文件的存取方式,表 8-1列出了三者之间的关系。

表8-1　文件的物理结构、存取方式与存储介质之间的关系

存储介质	物理结构	存取方式
磁带	连续	顺序
磁盘	连续	顺序/随机
	链接	顺序
	索引	顺序/随机

8.1.4　文件的分类

为了便于管理和控制文件，可将文件分成若干类。由于不同的系统针对文件的管理方式不同，因此它们针对文件的分类方法也有很大差异。下面是几种常用的文件分类方法。

1. 按文件的用途分类

根据文件的性质和用途的不同，可将文件分为3类。

（1）系统文件，指由系统软件构成的文件。大多数系统文件只允许用户通过系统提供的接口来执行，不允许用户去读，更不允许用户修改；有的系统文件不直接对用户开放。

（2）用户文件，指由用户的源代码、目标文件、可执行文件或数据等所构成的文件。用户将此类文件委托给系统保管。

（3）库函数文件，这是由标准子程序及常用的应用程序等构成的文件。此类文件允许用户调用（读取、执行），但不允许用户修改，如C语言子程序库、JAVA子程序库等。

2. 按文件的组织形式和处理方式分类

根据文件的组织形式和系统对其处理方式的不同，可将文件分为3类。

（1）普通文件，是指文件的组织形式为文件系统中所规定的最一般格式的文件，一般由ASCII码或二进制码所组成。通常，用户建立的程序文件、数据文件，以及操作系统自身的代码文件、实用程序等都属于普通文件。

（2）目录文件，是指由文件目录所组成的特殊文件，通过目录文件可以对其下属文件的信息进行检索，对其可执行的文件进行与普通文件一样的操作。

（3）特殊文件，特指系统中的各类输入/输出设备。为便于统一管理，系统将所有的I/O设备都视为文件，并按文件方式提供给用户使用，如目录的检索、权限的验证等操作都与普通文件相似，只是对这些文件的读写操作将由设备驱动程序来完成。例如，在UNIX操作系统中，输入/输出设备都被看作特殊文件。

3. 其他常见的文件分类方式

文件的分类方式有多种，除了前文所述的两种外，还有以下常见的分类方式：

按文件中数据的形式可分为：源文件、目标文件、可执行文件等。

按文件的访问控制权限可分为：只读文件、读写文件、可执行文件、无保护文件等。

按信息的流向可分为：输入文件、输出文件、输入/输出文件等。

按文件的存放时限可分为：临时文件、永久文件和归档文件等。

按文件存放的介质可分为：磁盘文件、磁带文件、卡片文件、打印文件等。

还可以按照文件的组织方式或结构来分类，如逻辑文件和物理文件。逻辑文件又可分为流式文件和记录式文件，物理文件可分为顺序文件、链接文件和索引文件（详见 8.2 节）。

8.2 文件的逻辑结构和物理结构

任何一种文件都有其内在的结构，并且从不同角度看，文件的组织方式是不同的。从用户的角度看文件的组织方式，是文件的逻辑结构，这样形成的文件称为逻辑文件；从系统的角度看文件的组织方式，是文件的物理结构，这样形成的文件称为物理文件。

在进行文件系统的高层设计时，所涉及的关键点是文件的逻辑结构，即如何把文件内容组织构建成一个逻辑文件。在进行文件系统低层设计时，所涉及的关键点是文件的物理结构，即如何将一个文件存储在外存上。无论是文件的逻辑结构，还是物理结构，都会影响系统对文件的检索速度。

（1）文件的逻辑结构，是指从用户角度出发所观察到的文件组织形式，即文件是由一系列的逻辑记录组成的，是用户可以直接处理的数据及结构，它独立于文件的物理特性。

（2）文件的物理结构，又称为文件的存储结构，是指系统将文件存储在外存上所形成的一种存储组织形式，是用户所不能看见的。文件的物理结构不仅与存储介质的存储性能有关，而且与所采用的外存分配方式有关。

本节首先介绍文件的逻辑结构，然后介绍文件的物理结构，最后以 UNIX 操作系统为实例，介绍其采用的索引结构。

8.2.1 文件的逻辑结构

文件的逻辑结构是面向用户的文件的组织方式，即用户或应用程序看到的文件结构。在设计文件系统时，不仅需要满足用户需求，还需要满足一些基本原则。

文件的逻辑结构

1. 文件逻辑结构的设计要求

与文件的逻辑结构紧密关联的是用户如何访问文件。因此，在设计文件系统时，需要考虑什么样的逻辑结构才能更有利于用户对文件的访问。设计文件的逻辑结构应满足如下几点基本要求。

（1）查找快捷。文件的逻辑结构应有助于提高系统对文件的检索速度，即在将大批记录组成文件时，应采用一种有利于提高检索记录速度和效率的逻辑结构形式。

（2）修改方便。该逻辑结构应方便用户对文件进行修改，即便于用户在文件中增加、删除、修改一个或多个记录。

（3）空间紧凑。该逻辑结构能降低文件存放在外存上的存储消耗，即尽量减少文件所占用的存储空间，使其不要求系统为其提供大片的连续存储空间。

（4）易于操作。该逻辑结构提供给用户的文件操作手段应方便、易学易用。

2. 文件的逻辑结构

文件的逻辑结构是一种经过抽象的结构，所描述的是文件信息的组织形式，与文件在物理介质上的具体存储结构不同。可以按文件信息是否有结构来分，逻辑文件可分为两类：一类是有结构文件，指由一个以上的记录所构成的文件，故又称为记录式文件；另一类是无结构文件，指由字符流所构成的文件，故又称为流式文件。

（1）记录式文件。

在记录式文件中，构成文件的基本单位是记录，整个文件就是一组有序记录的集合。

记录的长度可分为定长和不定长（变长）两类，因此记录式文件也可分为定长记录文件和不定长记录文件。

① 定长记录，是指文件中所有记录的长度都是相同的，文件的长度用记录数目表示。在检索时，可以根据记录号 i 和记录长度 L 确定该记录的逻辑地址。定长记录能有效地提高检索记录的速度和效率，能方便地对文件进行处理和修改，因此其是目前较常用的一种记录格式，被广泛用于数据处理中。

② 不定长记录，是指文件中各记录的长度不同。检索时，必须采用顺序查找方式，即从第一个记录起逐个记录查找，直到找到所需记录。对不定长记录的检索速度慢，还不便于对文件进行处理和修改。但由于变长记录很适合某些场合的需要，因此其也是目前较常用的一种记录格式，被广泛用于许多商业领域。

（2）流式文件。

如果说在大量的信息管理系统和数据库系统中，广泛采用了有结构的文件形式的话，即文件是由定长或变长记录构成的，那么在系统中运行的大量源程序、可执行文件、库函数等，所采用的就是无结构的文件形式，即流式文件。UNIX 类操作系统大量采用流式文件。

流式文件是有序字符的集合，其长度是该文件所包含的字符个数，因此又称为字符流文件。对操作系统而言，字符流文件就是一个个的字节。

由于流式文件可以看成一串连续字符，在这串字符中不存在任何可以视为结构的组织形式，所以，流式文件是无结构的。对流式文件的访问，是利用读/写指针来指出下一个要访问的字符。也可以把流式文件看作记录式文件的一个特例：一个记录仅有一个字节。

对操作系统而言，对流式文件的管理简单，其内在含义由使用该文件的程序自行理解，因此灵活性很大。

8.2.2　文件的物理结构

文件的
物理结构

文件的物理结构直接与系统所采用的外存分配方式有关。研究如何在外存上存放文件，以便有效使用外存空间和快速访问文件。物理结构是文件系统设计的一个重要内容。

不同的外存组织方式，将形成文件不同的物理结构。本节以磁盘作为存储介质，说明常见的 3 种文件存储方式：连续分配、链接分配和索引分配，其对应的文件物理结构分别是顺序结构、链接结构和索引结构。

1. 连续分配

（1）分配方式。

连续分配方式是指为每个文件分配一组连续的盘块。例如，第一个盘块的地址为 b，则第二个盘块的地址为 $b+1$，第三个盘块的地址为 $b+2$，……。通常，它们都位于一条磁道上，在进行读/写操作时不必移动磁头。在采用连续分配方式时，可把逻辑文件中的记录顺序地存储到相邻接的物理盘块中，这样所形成的文件结构称为顺序结构或连续结构。

文件的连续分配使用首块的磁盘地址和连续的块数来定义。如果文件长度为 n(即占用 n 个盘块),并从位置 b(即磁盘块号为 b)开始,则该文件将占用块 $b, b+1, b+2\cdots, b+n-1$。每个文件的目录项中只需指出起始块的地址和该文件的长度即可,具体示例参见图 8-5。

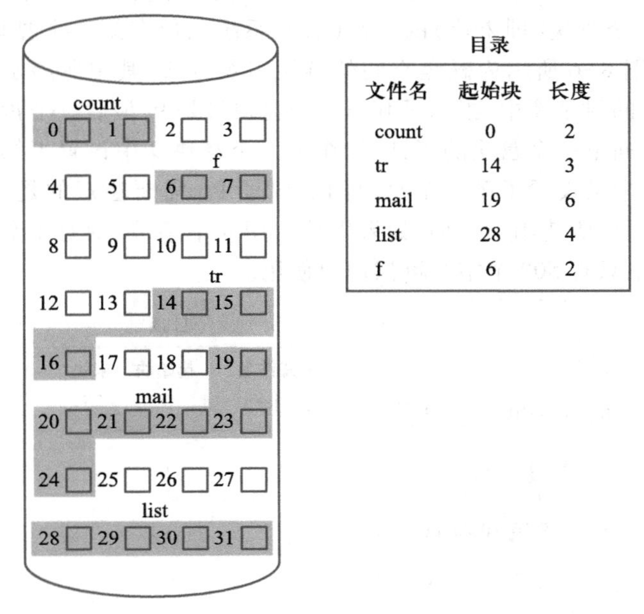

文件名	起始块	长度
count	0	2
tr	14	3
mail	19	6
list	28	4
f	6	2

图 8-5 连续分配示例

(2) 连续分配的优缺点。

连续分配的主要优点在于两个方面:① 顺序访问容易。一旦知道了文件在文件存储设备上的起始块号和文件长度,就能很快地进行存取。另外,除了顺序存取,连续分配也支持对定长记录文件的随机存取。② 访问速度快。由连续分配所装入的文件,其所占用的盘块可能位于一条或几条相邻的磁道上,磁头的移动距离最少,也就是寻道次数和寻道时间都是最少的。因此,连续分配文件的访问速度是几种外存分配方式中最快的一种。

但是,连续分配方式也有十分明显的缺点:① 不利于文件的动态增长。对于动态增长的文件,由于事先很难知道文件的最终大小,因此很难为其分配空间;即使事先知道文件的最终大小,在采用预分配存储空间方法时,也会使大量的存储空间长期空闲。② 空间利用率较低。由内存的连续分配可知,为一个文件分配连续的存储空间会产生许多外存碎片,严重地降低了外存空间的利用率。如果定期利用紧凑方法来消除碎片,则又会花费大量的机器时间。③ 不利于灵活地删除和插入记录。为保持文件的有序性,在删除和插入记录时,不仅需要对相邻的记录做物理上的移动,还需要动态地改变文件的大小。

解决连续分配方式缺点的根本办法是采取不连续分配方式,即将文件装到多个离散的盘块中。下面的两种方式都是不连续的。

2. 链接分配

(1) 分配方式。

采用链接分配时,为每个文件分配多个不连续的盘块,再通过每个盘块上的链接指针,将同属于一个文件的多个离散的盘块链接成一个链表，由此所形成的物理文件称为链接文件，该文件的结构为链接结构。

在采用链接分配方式时，在文件目录的每个目录项中，都须含有指向链接文件第一个盘块（即起始块）和最后一个盘块（即末块）的指针（有些系统只保存第一个盘块指针，而不保存最后一个盘块指针）。图 8-6 所示为磁盘空间的链接组织方式，其中所展示的链接式文件占用了 5 个盘块。在相应的目录项中，指示了其第一个盘块号是 9，最后一个盘块号是 25。而每个盘块中都含有一个指向下一个盘块的指针，如在第一个盘块 9 中设置了第二个盘块的盘块号 16；在第二个盘块 16 中又设置了第三个盘块的盘块号 1。需要注意的是，指针是需要占用磁盘空间的，且不能被用户所使用。例如，如果指针占用 4 个字节，则对于盘块大小为 512 个字节的磁盘，每个盘块中只有 508 个字节可供用户使用。

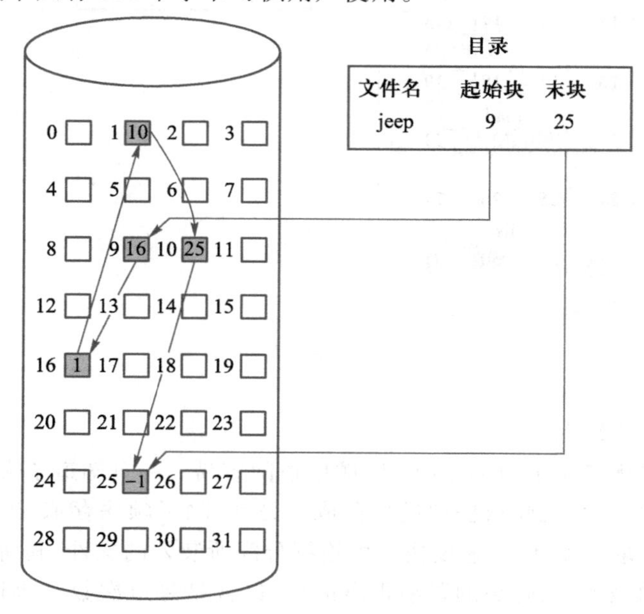

图 8-6　链接分配示例

（2）链接分配的优缺点。

链接分配方式的主要优点是：① 消除了磁盘的外部碎片，提高了外存的利用率；② 非常容易插入、删除和修改记录；③ 能适应文件的动态增长，而无须事先知道文件的大小。

链接分配方式的主要缺点在于：存取速度慢，只适用于顺序存取，不适合随机存取；磁盘的磁头移动多，效率相对较低；可靠性较差，因为其中的任何一个指针出现问题都会导致整个文件出错；另外，链接指针需要占用一定的空间。如果要访问文件所在的第 i 个盘块，则必须先读出文件的第 1 个盘块，沿着指针逐块寻找下去，直至找到第 i 个盘块。

链接分配方式可分为隐式链接和显式链接两种。隐式链接分配方式即图 8-6 所示的分配方式。显式链接分配方式是指把用于链接文件各物理盘块的指针，显式地存放在内存的一张链接表中，这张表被称为文件分配表。典型的显式链接结构是 FAT 文件系统，具体介绍参见 8.3.5 节。

3. 索引分配

(1) 分配方式。

采用索引分配方式时,为每个文件建立索引表,索引表集中存储了分配给该文件的所有盘块指针,索引表单独保存在一个磁盘块(称为索引块)中。在建立一个文件时,只需在其对应的文件目录项中填上指向该索引块的指针即可。使用索引分配方式的文件称为索引文件,这种文件的结构称为索引结构。

图 8-7 所示为磁盘空间的索引分配方式示例。当要读文件的第 i 块时,只需从该文件的索引块中读出索引表,找到索引表中的第 i 个条目就可得到文件块的地址。在初始创建索引文件时,索引表中的所有指针都置为空,如图 8-7 中第 19 块的索引表中的"-1"表示空指针。

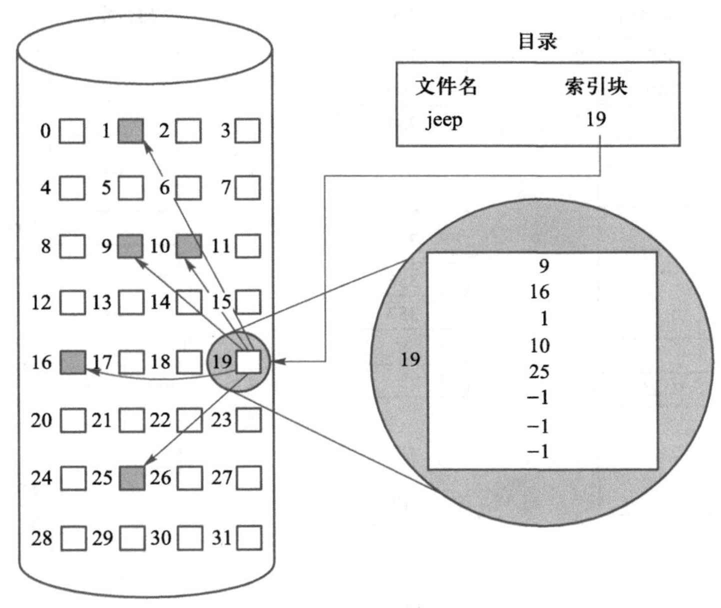

图 8-7 索引分配示例

(2) 索引分配方式的优缺点。

索引分配方式的主要优点是支持随机访问。当要读文件的第 i 个盘块时,可以方便地直接从该文件的索引表中找到第 i 个盘块的盘块号;此外索引分配方式也不会产生外部碎片。当文件较大时,索引分配方式无疑要优于链接分配方式。当然,索引结构文件也适合于顺序存取。索引文件可以满足文件动态增长的要求,也方便文件插入和删除。

索引分配方式的主要缺点是:索引表本身增加了存储空间的开销;会引起较多的寻道次数和寻道时间。另外,针对中小型文件,当采用索引分配方式时,索引块的利用率将会很低。这是因为索引文件建立时,都须为该文件分配一个索引块,而每个索引块中可存放数百个盘块号。但对于中小型文件,其本身通常只占数个到数十个盘块,甚至更少,此时该方式仍会为之分配一个索引块,索引块的利用率较低。

当文件很大时,索引表就会较大,其大小可能超过一个索引块,需要额外的索引块存放索引表，此时就必须考虑索引表的物理存放方式。可采用的方法有以下两种：

① 索引表的链接模式。一个索引块通常为一个磁盘块，该块本身能被直接读写。为了支持大文件，将索引表分散在多个索引块保存，再通过指针将各索引块按序链接起来。显然，当文件太大而索引块太多时，这种方法是低效的。

② 多级索引。为大文件的所有索引块再建立一级索引，称之为一级索引，即系统再分配一个索引块，作为一级索引的索引块，将第一块、第二块等索引块的盘块号填入该索引块中，这样便形成了两级索引分配方式。在存取文件时，操作系统通过一级索引找到二级索引表，再用这个块找到所要的数据盘块。如果文件非常大，则还可以采用三级、四级甚至更高级的索引分配方式。图 8-8 为两级索引示例。

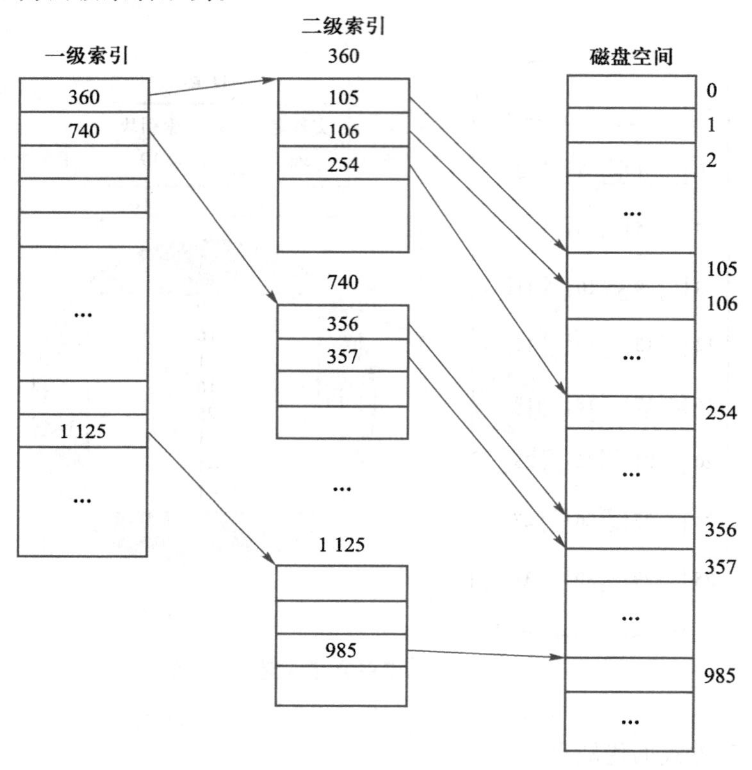

图 8-8 两级索引示例

如果每个盘块的大小为 1 KB，每个盘块号（指针）占 4 B，则在一个索引块中可存放 256 个盘块号。这样，在两级索引时，最多可包含的存放文件的盘块的盘块号总数 $N=256\times256=64$ K。由此可以得出结论：采用两级索引时，所允许的文件最大长度为 64 MB。倘若盘块的大小为 4 KB，则在采用单级索引时所允许的最大文件长度为 4 MB，而在采用两级索引时所允许的最大文件长度可达 4 GB。

8.2.3 UNIX 的三级索引

为了能较全面地照顾到小、中、大及特大型文件，可以采取多种盘块分配方式来构成文件的物理结构。如对于小文件而言，它占用的盘块数量少，为了提高访问速度，可将它们的每一个盘块地址，都直接放入文件目录中，这样就可以直接从目录项中获得该文件的盘块地址，这种寻址方式又称为直接寻址。对于中等文件，可以采用单级索引组织方式，此时为获得该文件盘块地址只需先从目录项中找到该文件的索引表，从中便可获得该文件的盘块地址，可将它称为一级间址；对于大型和特大型文件，可以采用两级和三级索引组织方式，或称为二级间址和三级间址。UNIX 操作系统就是基于这样的思想，采用了这种混合索引方式。

UNIX 操作系统的 i 结点(inode)是一种多级索引结构，是混合索引方式在 UNIX 中的具体实现。其基本思想是，给每个文件赋予一个称为 i 结点的数据结构，该数据表中列出了文件属性和文件中各数据块在磁盘上的地址，如图 8-9 所示为一个 UNIX 系统的 i 结点。

在图 8-9 中，i 结点可记录 15 个盘块地址指针，其中前 12 个指针直接指向文件数据盘块，称为直接块。如果块大小为 4 KB，则不超过 48 KB 的文件数据块可以直接访问。接下来的 3 个指针指向间接块。第 13 个指针指向一个一级索引表，该索引表指向文件数据盘块，称为一级间址；第 14 个指针指向一个二级索引表，称为二级间址，该索引表指向的索引表指向文件数据块；第 15 个指针指向一个三级索引表，称为三级间址。

使用 i 结点的文件结构，不仅适合小文件使用，也可供大型文件使用，灵活性比较强。且这种文件结构占用的系统空间比一般多级索引结构的文件要少。

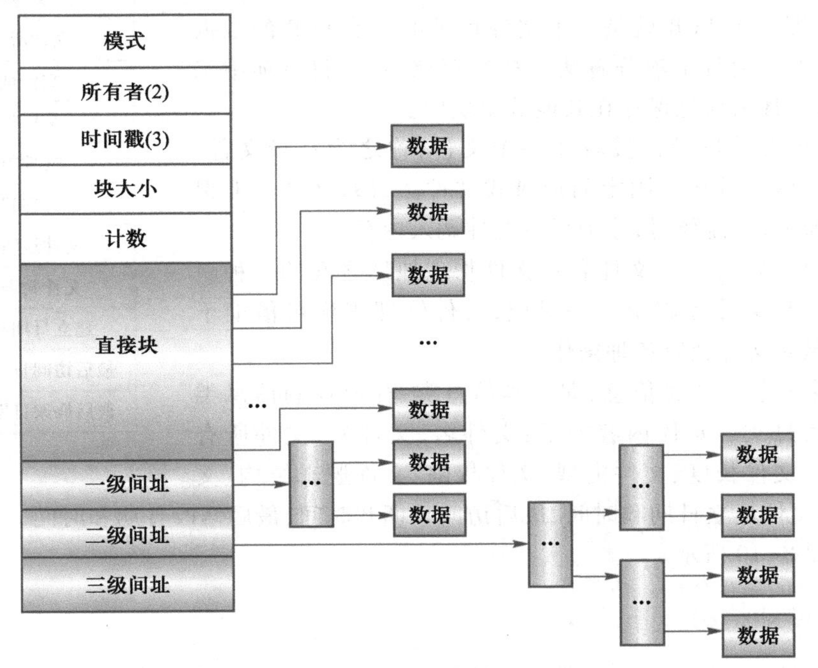

图 8-9 UNIX i 结点的结构

8.3 文件目录

文件目录

通常，一个计算机系统中要存储大量的文件。为了能对这些文件实施有效的管理，必须对它们加以妥善组织，这主要是通过文件目录实现的。文件目录是一种数据结构，用于标志系统中的文件及其物理地址，供检索时使用。

对于文件目录管理，对目录有 4 个方面的要求：① 实现“按名存取”，即用户只需向系统提供所需访问文件的符号名，便能快速准确地找到指定文件在外存上的存储位置。② 提高对目录的检索速度，通过合理地组织目录结构，可加快对目录的检索速度，从而提高对文件的存取速度。③ 文件共享，在多用户系统中，应允许多个用户共享一个文件。④ 允许文件重名，系统应允许不同用户对不同文件采用相同的名字，以便用户按照自己的习惯给文件命名和使用文件。

8.3.1 文件控制块

在操作系统中，为了能对一个文件进行正确的存取，必须为文件设置用于描述和控制文件的数据结构，称之为“文件控制块”(File Control Block，FCB)。把所有文件的 FCB 有机地组织起来，形成一个 FCB 的有序集合，称为文件目录，即一个 FCB 就是一个文件目录项。若 FCB 的数据量较大，还可以采用目录项分解法来执行存储，只在目录项中保存重要的信息，其余信息保存在其他数据块中。

通常，一个文件目录也被看作一个文件，称之为目录文件。目录文件是每项记录长度固定的记录式文件。目录文件一般保存在外存储器上，在需要时，才把目录文件调入内存。

文件目录实际上就是文件名到文件物理地址之间的一种映射机制。文件与文件控制块一一对应，文件管理程序可借助于 FCB 中的信息对文件施以各种操作。

FCB 通常应包含 3 类信息，即基本信息类、存取控制信息类及文件管理信息类。具体内容如下：文件名、文件号、文件所有者、文件地址、文件长度、文件类型、文件权限、文件逻辑结构、文件物理结构、文件建立日期和时间、最后访问日期和时间、最后修改日期和时间，等等。文件控制块示例如图 8-10 所示。

文件名
文件号
文件所有者
文件地址
文件长度
文件类型
文件权限
文件逻辑结构
文件物理结构
建立日期和时间
最后访问日期和时间
最后修改日期和时间

图 8-10　典型的文件控制块

8.3.2 目录结构

文件目录是实现按名存取文件的一种手段。当用户需要访问文件时，系统首先从文件目录中查找用户所指定的文件是否存在，并核对是否有权使用。因此一个目录的结构，关系到文件的存取速度，也关系到文件的共享性和安全性。因此，组织好文件的目录，是设计好文件系统的重要环节。

常用的文件目录结构有单级(一级)目录结构、二级目录结构和多级目录结构。

1. 单级目录结构

单级文件目录是最简单、最原始的文件目录,在整个文件系统中只建立一张线性目录表,每个文件占一个目录项,目录项中含有文件名、物理地址、文件说明,以及其他文件属性,即一个目录项就是一个文件控制块。单级文件目录结构示例如图 8-11 所示。

文件名	文件说明	物理地址
文件名1	文件说明1	→ 文件1
文件名2	文件说明2	→ 文件2
文件名3	文件说明3	→ 文件3
…	…	… → …

图 8-11 单级目录结构

目录文件通常保存在外存中的某个固定区域。在系统启动或需要时,系统将全部或部分目录调入内存。文件系统通过该目录所提供的信息,对文件进行创建、检索、读写和删除等操作。

每当要建立一个新文件时,必须先检索所有的目录项,以保证新文件名在目录中是唯一的。然后从目录中找出一个空白目录项,填入新文件的文件名及其他信息。删除文件时,先从目录中找到该文件的目录项,回收该文件所占用的存储空间,然后再删除该目录项。

单级文件目录的优点是简单,易于实现。但它只能实现目录管理中最基本的功能——按名存取,不能解决文件目录的其他问题,即查找速度慢、不允许文件重名、不便于实现文件共享。这是因为在单级目录中,各个目录项处于平等地位,目录只能按连续结构或顺序结构保存,因此,文件名必须与文件一一对应,不能重名。在检索文件时,必须对目录中的所有文件信息进行搜索,故检索效率低,平均检索时间长。

2. 二级目录结构

为了克服单级文件目录所存在的缺点,可以为每个用户再建立一个单独的用户文件目录(User File Directory,UFD),又称用户子目录。这些 UFD 具有相似的结构,它们由用户所有文件的 FCB 组成。此外,在系统中再建立一个主文件目录(Master File Directory,MFD);在 MFD 中,每个 UFD 都占有一个目录项,每个目录项中包括用户名和指向该 UFD 的指针。这样,由 MFD 和 UFD 共同形成了二级目录,如图 8-12 所示,MFD 中含有 3 个用户名,即 Wang、Zhang 和 Gao,每个用户子目录中又有各自的文件。

当用户要对一个文件进行操作(创建、删除、读写)时,首先从主文件目录 MFD 中找到对应的目录名,并从用户名查找到该用户的第二级用户目录文件 UFD,接下来的操作与单级目录的操作相同。

二级文件目录已基本能够满足系统对文件目录的 3 方面要求,即提高了检索目录的速度,解决了文件的重名问题,可以实现用户间的文件共享。二级目录的缺点是增加了系统开销。具体说明如下:

如果在 MFD 中有 n 个子目录,每个 UFD 最多含 m 个目录项,则为查找一指定的目录项,最多只需检索 $n+m$ 个目录项。但如果采用单级文件目录结构,目录表的长度为 k,一般有 $n+$

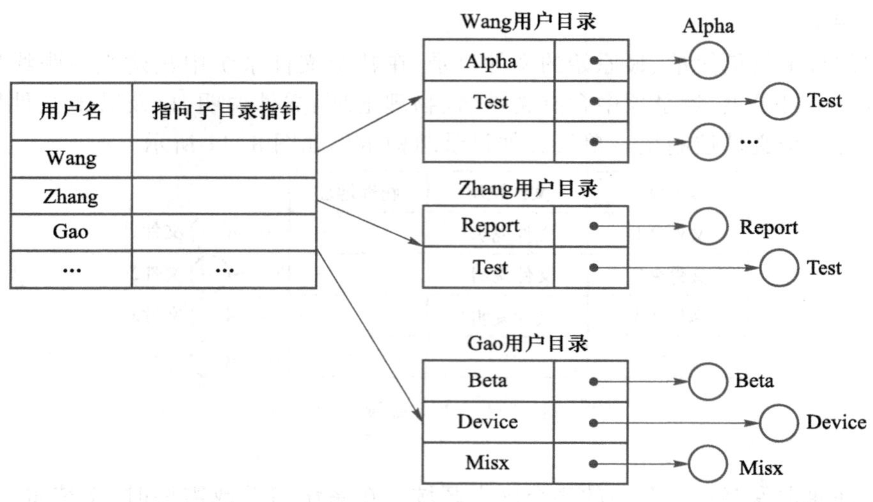

图 8-12　二级目录结构

$m \leq k$,可以看出,二级目录的检索时间要少于单级目录。

在不同的 UFD 中,可以使用相同的文件名,只要在用户自己的 UFD 中每个文件名都是唯一的即可。例如,图 8-12 中用户 Wang 可以用 Test 来命名自己的一个文件,用户 Zhang 也可用 Test 来命名自己的一个文件,该文件不同于 Wang 的 Test 文件。

不同用户还可使用不同的文件名来访问系统中的同一个共享文件。只要在被共享的文件说明信息中增加相应的共享管理信息,并把共享文件的文件说明项指向被共享文件的文件说明项即可。

3. 多级目录结构

把二级目录的层次关系加以推广,就形成了多级目录,又称为树型目录。它是现代操作系统中最通用且实用的文件目录,可以明显地提高对目录的检索速度和文件系统的性能。

在树型目录结构中,主文件目录 MFD 被称为根目录,在整个文件目录中,只能有一个根目录,每个文件和每个子目录都只能有一个父目录。把数据文件称为树叶,其他的目录均作为树的结点,或称它们为子目录,每一级目录中存储的都是下一级目录或文件的说明信息(即 FCB)。图 8-13 所示为多级目录结构,图中方框代表目录文件,圆圈代表数据文件。

从根目录开始可以查找到所有的子目录和数据文件。根目录一般可保存在内存中。从目录的根结点出发到任一个非叶结点或叶结点(文件)都有且仅有一条路径。把这一条路径上的全部目录文件名与数据文件名用“/”连接起来即可形成全路径名。

多级目录结构的优点是便于文件分类,其层次结构更加清晰,能够更加有效地进行文件的管理和保护,解决了重名问题,查询速度更快。同时,在多级文件目录中,不同性质、不同用户的文件,可以构成不同的目录子树。不同层次、不同用户的文件,分别呈现在系统目录树中的不同层次或不同子树中,可以很容易地对其赋予不同的存取权限。

多级目录结构的缺点是,查找一个文件,则须按路径名逐级访问中间结点,由于每个文件都放在外存中,这样就增加了磁盘访问次数,无疑会影响查询速度。

目前大多数操作系统,如 UNIX、Linux 和 Windows 等都采用了多级目录结构。

在 UNIX 的文件系统中,每个目录都有“.”和“..”项,这两个项分别表示当前目录和父目录(上一级目录),它们是在目录创建时同时创建的。具体来说,“.”表项中存放当前目录的 i 结点号,“..”表项中存放上一级目录的 i 结点号。这样,在查找../test/file2 时,就等同先在当前工作目录中查找“..”项,找到父目录的 i 结点号,并查询 test 目录。然后再查找 file2 文件的 i 结点号,过程同前面所述。

8.3.5 FAT 文件系统的实现

FAT 是文件分配表(File Allocation Table)的缩写,是一种简单文件系统,利用 FAT 表来记录每个文件中所有盘块之间的链接。微软公司早、中期推出的操作系统一直都是采用 FAT 系统。

FAT 文件系统总共有 3 个版本:FAT12、FAT16、FAT32。不同版本区别在于用多少个二进制位表示磁盘块地址,如 FAT16 表示用 16 个二进制位(2 个字节)表示磁盘块号(或簇号)。在 MS-DOS 中,最早使用的是 12 位的 FAT12,后来使用的是 16 位的 FAT16。在 Windows 95 和 Windows 98 系统中则升级为 32 位的 FAT32。后续的 Windows 系统将 FAT32 进一步发展为新技术文件系统(New Technology File System,NTFS)。

FAT 文件系统以簇为单位进行分配,簇是一组相邻的扇区,其在 FAT 中被视作一个虚拟扇区。簇的大小一般是 2^n(n 为整数)个盘块。在实际运用中,簇的容量可以是 1 个盘块(512 B)、2 个盘块(1 KB)、4 个盘块(2 KB)、8 个盘块(4 KB)等,FAT16 支持多达 64 个盘块。

FAT 文件系统卷(Volume)的结构如图 8-16 所示。卷的开头是引导扇区,然后是文件分配表,接着是根目录,最后是其他目录和文件。

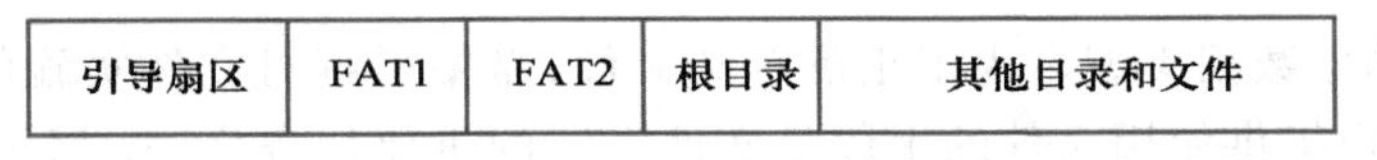

图 8-16 FAT 卷的结构

(1) 引导扇区(Boot Sector)包含了用于描述卷的各种信息,利用这些信息可以访问文件系统。在基于 x86 的计算机上,主引导扇区(Master Boot Record, MBR)使用系统分区上的引导扇区来加载操作系统的核心文件。

(2) FAT 表中记录了文件中所有盘块的链接,也就是把所有的指针集中存储,因此,这是一种显式链接的文件组织形式,如图 8-17 所示。在 FAT 的文件目录项中保存了文件的起始块(簇)号,如图中名为 test 的文件起始块号为 217,从 FAT 表中可看出,后面的块为 618、339…。文件最后一簇有特定的结束标志,如 FAT16 中为 0xFFFF。同时,为了防止文件系统遭到破坏,系统保存了两张 FAT 表,其中 FAT2 是 FAT1 的备份。

(3) 根目录。在 FAT16 中,位于根目录下的每个文件和子目录在根目录中都包含一个目录项。根目录与其他目录的唯一区别是根目录位于磁盘上的一个特殊位置且具有固定的大小,所以根目录的项数是有限制的。每个目录项的大小为 32 个字节,保存了包括文件名、扩展名、属性字节、最后一次修改时间、文件长度、起始簇号等内容。

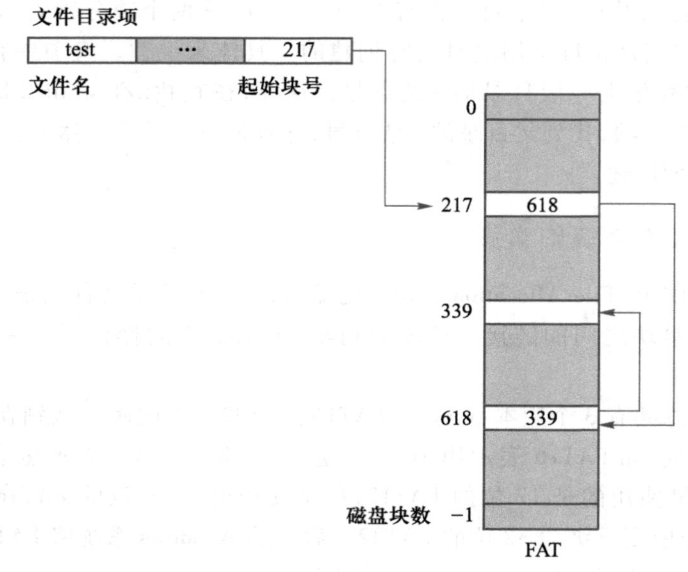

图 8-17　文件分配表示例

8.4　文件及文件目录的操作

本节介绍经典的文件和文件目录的操作。

8.4.1　典型的文件操作

文件是一种抽象数据类型。为了正确定义文件，需要了解对文件实施的操作。在文件系统的实现中，为用户提供使用文件的手段是文件系统的重要任务之一。不同的操作系统所提供的文件操作是不同的。下面介绍几个常用的有关文件操作的系统调用。

1. 创建文件 create

用户调用文件系统的“创建文件”操作时，提供所要创建文件的文件名及若干参数：用户名、文件名、存取方式、存储设备类型、记录格式、记录长度等。

系统依据用户提供的文件名及若干参数，为这一新创建的文件分配一个文件控制块，填写文件控制块中的有关项。

创建文件的实质是建立文件的文件控制块 FCB，并分配必要的存储空间，分配空的 FCB，从而建立起系统与文件的联系。同时，生成一个新的目录项，添加到相应的目录中。目录项中记载该文件的名字、文件类型、在外存上的位置、大小、建立时间等文件属性信息。

创建文件系统调用的一般格式为：create（文件名，访问权限，（最大长度））。

2. 打开文件 open

在使用文件之前，进程必须打开相应文件。打开文件的目的是把文件属性和磁盘地址表等信息装入内存，以便后续系统调用能够快速存取该文件。

打开文件系统调用的一般格式为：fd = open（文件路径名，打开方式）。

返回信息：fd（文件描述符）是一个非负整数，用于以后读写文件。

打开文件的主要过程是：

(1) 根据给定的文件路径名查找文件目录。如果找到该文件，则把相应的 FCB 调入内存的活动文件控制块区。

(2) 检查打开文件的合法性。如果用户指定的打开文件之后的操作与文件创建时规定的存取权限不符，则不能打开该文件，返回不成功标志。如果权限相符，则建立文件系统内部控制结构之间的通路联系，返回相应的文件描述符。

3. 读文件 read

从文件中读取数据。读出的数据一般来自文件的当前位置，调用者还要指明一共读取多少数据，以及把它们送到用户内存区的什么地方。

读文件系统调用的一般格式为：read(文件描述符，(文件内位置)，要读的长度，内存目的地址)。

读文件的基本操作过程是：

(1) 根据打开文件时得到的文件描述符找到相应的 FCB，确定读操作的合法性，设置工作单元初值。

(2) 把文件的逻辑块号转换为物理块号，申请缓冲区。

(3) 启动磁盘 I/O 操作，先把盘块中的信息读入缓冲区，然后传送到指定的内存区，同时修改读指针，供读写定位用。

如果文件大，读取的数据多，上述(2)和(3)会反复执行，直至读出所需数量的数据或读至文件尾。

4. 写文件 write

将数据写到文件中。通常，写操作也是从文件当前位置开始向下写入。如果当前位置是文件末尾，则文件长度增加。如果当前位置在文件中间，则现有数据被覆盖，并且永久丢失。

写文件系统调用的一般格式为：write(文件描述符，内存位置，长度)。

写文件的过程是：

(1) 根据文件描述符找到 FCB，确认写操作的合法性，设置工作单元初值。

(2) 由当前写指针值得到逻辑块号，然后申请空闲物理块，申请缓冲区。

(3) 把指定内存位置上的信息写入缓冲区，然后启动磁盘进行 I/O 操作，将缓冲区中信息写到相应盘块上。

(4) 修改写指针的值。

如果需要写入的数据很多，则(2)~(4)步会反复执行，直至把给定的数据全部写到磁盘上。

5. 关闭文件 close

若文件暂时不用，则应将其关闭。很多系统对进程同时打开文件的个数有限制，提倡用户关闭不再用的文件。另外，关闭文件也可防止对打开文件的非法操作，可起到保护作用。文件关闭后一般不能存取，若要存取，必须再次打开。

关闭文件系统调用的一般格式为：close(文件描述符)。

关闭文件的过程是：如果该文件的最后一块尚未写到磁盘上，则强行写盘，不管该块是否为满块。系统根据文件描述符依次找到相应的内部控制结构，切断彼此间的联系，释放相应的控制表格。

6. 删除文件 delete

如果不再使用某个文件,则可以删除它,以释放其所占用的磁盘空间。

删除文件系统调用的一般格式为:delete(文件名)。

系统根据用户提供的文件名或文件描述符,检查此次删除的合法性。若合法,则先在相应目录中检索该文件,找到相应的目录项后,释放该文件所占用的全部空间和FCB,以便其他文件使用,并且清除该目录项中的内容(使之成为空项)。

7. 指针定位 seek

对于随机存取文件,需要指定从何处开始读写数据。使用指针定位系统调用,可以把文件的读写指针设置为给定的地址。该调用完成后,进行读写文件操作时就从新位置开始。

指针定位的一般格式为:seek(文件描述符,新指针的位置)。

指针定位时,系统主要完成以下工作:

(1) 根据文件描述符检查用户打开文件表,找到对应的入口。

(2) 将用户打开文件表中文件读写指针位置设为新指针的位置,供后续读写命令存取该指针处文件内容。

在不同的文件系统中,文件操作的种类是不同的,文件操作的命令种类也会有所变化,调用名和参数也都不同。上述这些类型,只是文件操作中的一些典型例子。其他的文件操作有读取文件属性,设置文件属性,重新命名文件等。

8.4.2 典型的目录操作

与文件操作相似,系统中也有一组系统调用来管理目录。在不同系统中,管理目录的系统调用差别很大。为了读者能够与文件操作进行比较,下面给出的示例展示目录操作的系统调用如何工作(取自UNIX系统)。

1. 创建目录 creat

在新创建的目录中,除了目录项“.”和“..”外,目录内容是空的。而目录项“.”和“..”是系统自动放在目录中的(有时通过mkdir程序完成)。系统首先根据调用者提供的路径名进行目录检索,如果存在同名目录文件,则返回出错信息;否则,为新目录文件分配磁盘空间和控制结构,进行初始化;将新目录文件对应的目录项添加到父目录中。

2. 删除目录 delete

只有当一个目录为空时,该目录方可删除。所谓空目录是指只含目录项“.”和“..”的目录。“.”和“..”这两目录项是不能被删除的。系统首先进行目录检索,在父目录中找到该目录的目录项;验证用户权限,检查该目录是否为空目录;释放该目录所占的磁盘空间,从父目录中清除相应的目录项。

3. 打开目录 opendir

打开目录后可以读目录的内容。例如,要列出一个目录中全部文件,则在读目录之前,也要先打开该目录。这类似于在读文件之前要打开该文件。打开目录时要占用一些内部表格。

4. 关闭目录 closedir

读目录结束后,应关闭目录,以释放所占用的内部表格空间。

5. 读目录 readdir

这个系统调用返回打开目录的下一目录项。以前也利用读文件的系统调用 read 来读目录,但这个方法有一个缺点:程序员须了解和处理目录的内部结构。而 readdir 总是以标准格式返回一个目录项,并不关心所用的目录结构如何。

6. 重新命名目录 rename

文件可重新命名,目录也可重新命名。

7. 链接文件 link

链接技术允许一个文件同时出现在多个目录中。这样,可以通过多条不同的路径存取同一个文件,从而实现对文件的共享。

链接的操作过程是:根据源文件名检索目录树,找到对应的文件控制块并复制到内存中;再根据目标文件名(新名)检索目录树,如发现新名,则判出错;若未找到,则在目标文件的父目录中登记这个新目录项,增加源文件的链接计数值;这种链接也称**硬链接**(与此对应的是**符号链接**,它在目录中建立一个新的小文件,其中包含源文件的全路径名)。

8. 删除目录项 unlink

当进程不再需要对某个文件链接共享时,可以解除链接。文件解除链接与文件的删除往往使用同一个程序。如果被解除链接的文件只出现在一个目录中(通常情况),则从文件系统中删除该文件;如果它出现在多个目录中,则只删除指定路径名,依然保留其他路径名。

8.5 文件存储空间管理

文件存储空间的有效分配是所有文件系统要解决的一个重要问题,也是文件的设计者和实现者所感兴趣的。本节从设计者和实现者的角度,讨论文件系统如何在磁盘上安排文件和目录存储、如何管理磁盘空间,以及怎样使文件系统有效而可靠地工作等。

8.5.1 磁盘空间管理

在计算机系统中,存储空间是一种宝贵的资源。外存储设备中的空间容量虽然比较大,但也不是无限的,故删除文件之后而不再使用的空间,必须加以回收,然后在建立文件等操作中重新利用。

磁盘空间管理

对于只读的存储设备(如 CD-ROM 光盘),无所谓回收,也无所谓动态分配,这种存储设备在物理上就是不可重用的。

为了进行存储空间的分配与回收,必须了解文件存储空间的使用情况。例如,对于磁盘,需要了解它的哪些物理块是空闲的,哪些已分配出去,已分配的区域为哪些文件所占有等。后面两个问题由文件目录来解决,因为文件目录登记了系统中建立的所有文件的有关信息,包括文件所占有的磁盘地址。

对于外存储设备上的可分配空间,系统应设置相应的数据结构,即设置一个空闲空间登记表,用于记住可供分配的存储空间情况。此外,还应提供对盘块进行分配和回收的手段。不论哪种分配和回收方式,存储空间的基本分配单位都是磁盘块而非字节。

空闲空间登记表动态跟踪外存储设备上所有还没有分配给任何文件的空闲块的数目和块

号。该登记表虽然称为表,但不一定以一个二维表格的形式实现。从方便、高效和安全的角度考虑,通常把空闲空间登记表放在存储介质上。

对空闲空间登记表的访问与修改工作是经常发生的。在进行文件删除、文件建立、写文件等操作中都会访问和修改空闲空间登记表。

8.5.2　磁盘空间的分配和回收算法

在设计空闲空间登记表的数据结构时,一般有4种不同的方案可以考虑,下面分别介绍。

1. 位示图

位示图法的基本思想是,利用一串二进制位(bit)的值来反映磁盘空间的分配使用情况。建立一张位示图,其中每一个字的每一位都对应一个物理块。如果某个物理块为空闲,则相应的二进制位为0;如果该物理块已分配,则相应的二进制位为1,如图8-18所示。

在图8-18中,假设行号代表磁道,那么第0行中的第1位是1,第0行中的其他位都是0,说明在第0磁道中块号为1的物理块已经被占用,而第0磁道中的其他物理块都是空闲的。

	0	1	2	3	4	5	6	7	8	9	10	11	12	13	14	15
0	1	0	0	0	0	0	0	0	0	0	0	0	0	0	0	0
1	0	0	0	1	1	1	1	1	1	0	0	0	0	1	1	1
2	1	1	1	0	0	0	1	1	1	1	1	1	0	0	0	0
3																
…																
15																

图8-18　位示图

在申请磁盘物理块时,可在位示图中从头查找为0的字位,如果发现了为0的字位,则将其改为1,分配该二进制位对应的物理块号。在归还不再使用的物理块时,则在位示图中将该物理块所对应的二进制字位改为0,表示这块物理块恢复为空闲状态。

位示图对空间分配情况的描述能力强。一个二进制位就描述一个物理块的状态。另外,位示图占用空间较小,因此可以复制到内存,使查找既方便又快速。但当外存空间很大的情况下,位示图可能很大,不宜保存在内存中。因此,位示图常用于微型机和小型机的操作系统中。

使用位示图能够简单有效地在盘上找到 n 个连续的空闲块。很多计算机提供了位操作指令,使位示图的查找能够高效进行。例如,Intel x86微处理器系列就有这样的指令:返回指定寄存器的所有位中值为1的第一位。

2. 空闲块表

空闲块表是专门为空闲块建立的一张表,该表记录了外存储器上全部空闲的物理块,包括每个空闲块的第一个空闲物理块号和该空闲块中空闲物理块的个数,如表8-3所示。空闲块表方式特别适合于文件物理结构为顺序结构的文件系统。

在请求分配磁盘空间时,系统依次扫描空闲块表,直到找到一个合适的空闲块为止,即空闲块个数恰好等于所申请值,或接近于所申请值。如果有,就将该表项从空闲块表中删去,并且把所对应的一组连续的空闲物理块分配给申请者。

表 8-3 空闲块表

序号	第一个空闲块号	空闲块个数
0	15	12
1	9002	98
2	C6003	4 096
…	…	…
N	899B08	2 568
…	…	…

当删除文件时,系统收回它所占用的物理块。这时,也需顺序扫描空闲块表,并且考虑所收回的物理块是否可以与原有空闲块相邻接,以便合并成更大的空闲区域,最后修改有关空闲块表项。

这种方法仅当有少量空闲块时才有较好的效果。因为如果存储空间中有着大量的小的空闲区,则其空闲块表变得很大,因而效率大为降低。

3. 空闲块链表

记录存储空间分配情况的另一种办法是,将外存储器中所有的空闲物理块连成一个链表,用一个空闲块首指针指向第一个空闲块,随后的每个空闲块中都含有指向下一个空闲块的指针,最后一块的指针为空,表示链尾,这样就构成了一个空闲块链表,如图 8-19 所示。

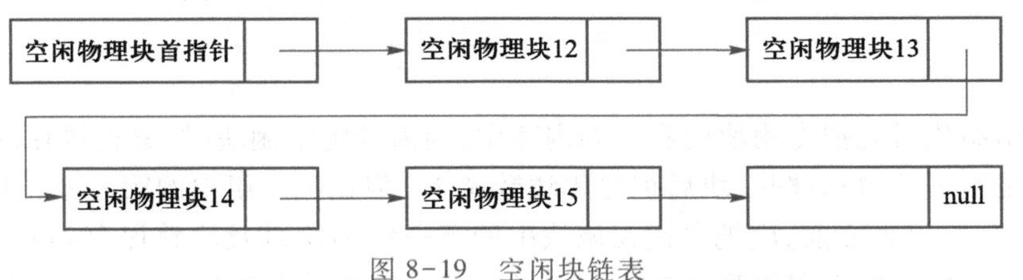

图 8-19 空闲块链表

在图 8-19 中,一个空闲物理块链表的首指针维持一个指向空闲物理块 12 的指针,该块是第一个空闲物理块。空闲物理块 12 包含一个指向空闲物理块 13 的指针,空闲物理块 13 指向空闲物理块 14,如此等等。当创建文件需要一块或几块空闲物理块时,就从链头上依次取下一块或几块;反之,当回收空间时,把这些空闲块依次接入链尾。

空闲块链表模式方法简单,节省内存但效率低。因为要遍历整张空闲块链表,必须读每一个物理块,这就需要大量的 I/O 时间。其分配和回收是以物理块为单位的,因此效率较低。

8.5.3 成组链接法

空闲块表法和空闲块链表法,都不适用于大型文件系统,因为这会使空闲块表或空闲块链表太长。在 UNIX 系统中采用的成组链接法,是将上述两种方法相结合而形成的一种空闲块管理方法,它兼备了上述两种方法的优点而克服了两种方法均有的表太长的缺点。

文件区中的所有空闲块被分成若干个组，比如，将每 100 个块作为一组。假定共有 8 000 个块，其中第 201～7999 号块用于存放文件，即作为文件区。这样，该区的第一组的块号为 201～300，第二组的块号为 301～400，倒数第二组的块号为 7801～7900，最末一组块号应为 7901～7999，如图 8-20 所示。依次类推，组与组之间形成链接关系。最后一组第 2 个单元填“0”，表示该块中指出的块号是最后一组的块号，空闲块链到此结束。在这个空闲块链中，不足 100 一组的号，通常放在内存的一个专用块中。这种方式称为成组链接。

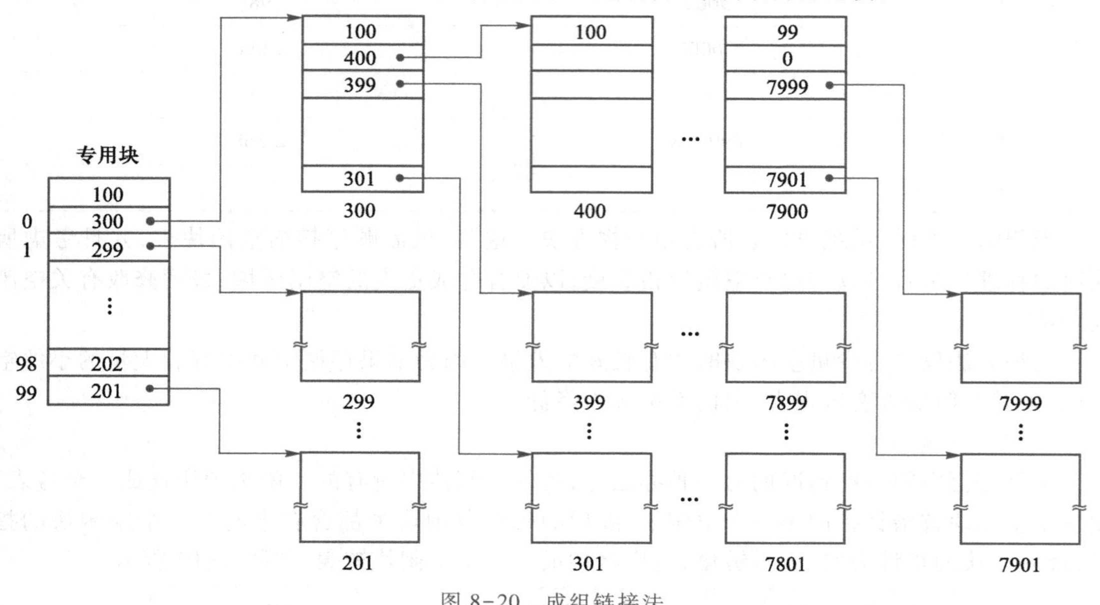

图 8-20　成组链接法

系统在初始化时先把专用块内容读到内存中，当需分配空闲块时，就直接在内存专用块中找到哪些块是空闲的，每分配一块后把空闲块数减 1。但在把一组中的第一个空闲块（保存该组空闲块数）分配出去之前，应把登记在该块中的下一组的块号及块数保存到专用块中，因为此时原专用块中所有的空闲块都已被分配。当一组空闲块被分配完毕后，再把专用块的内容读到内存中，指出另一组可供分配的空闲块。

在图 8-20 中，内存的专用块中记录了 100 个空闲块，首块号是 300 号，最后一块是 201 号。系统在分配空闲块时，先把 201 号块分配出去，然后空闲块数量减 1。

在分配编号为 300 的首块之前，先把 300 号记录的空闲块数量 100 和下一组空闲块号都写入专用块中，即 301…400，共 100 个块号。最后把第 300 号空闲块分配出去。在这一组中，共分配了 100 个空闲块。

后面的成组空闲块，也运用同样的方法分配，每一组都分配了 100 个空闲块。

但是对于最后一组，由于其第 2 个单元填“0”，所以在这个空闲块组中实际只记录了 99 个空闲块的块号，在图 8-20 中为 7901～7999 号块。

当归还一个空闲块时，只要把归还块的块号登记到当前组中，且将空闲块数加 1 即可。如果当前组已满 100 块，则把这 100 个块号写到归还的那块中，该归还块就成为新组的第一块。

采用成组链接后，分配和回收空闲块时均在内存中查找与修改，只有在一组空闲块分配完

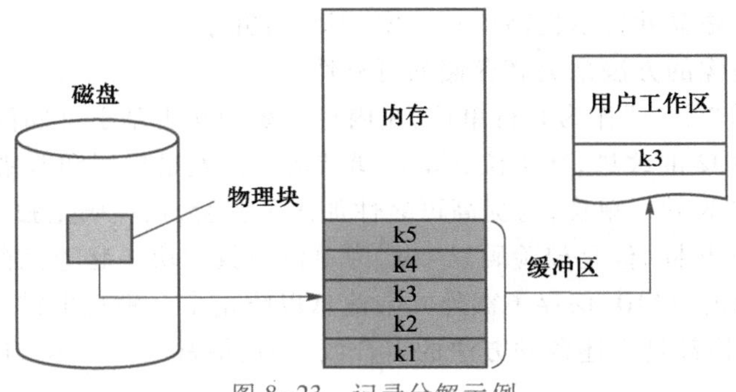

图 8-23 记录分解示例

且,也有机会改善数据存储的可靠性,因为可在多个磁盘上存储冗余信息。多种磁盘组织技术通常统称为**磁盘冗余阵列**(Redundant Arrays of Independent Disks,RAID)技术,主要用于提高性能和可靠性。

组成 RAID 的结构可以有多种,这些结构有不同的性价折中,可分成不同的等级,称为 RAID 级别。这里讨论的各种级别如图 8-24 所示。图中 P 表示差错纠正位,C 表示数据的第二副本,在描述的各种情况中,4 个磁盘用于存储数据,其他磁盘用于存储冗余信息以便从差错中恢复。

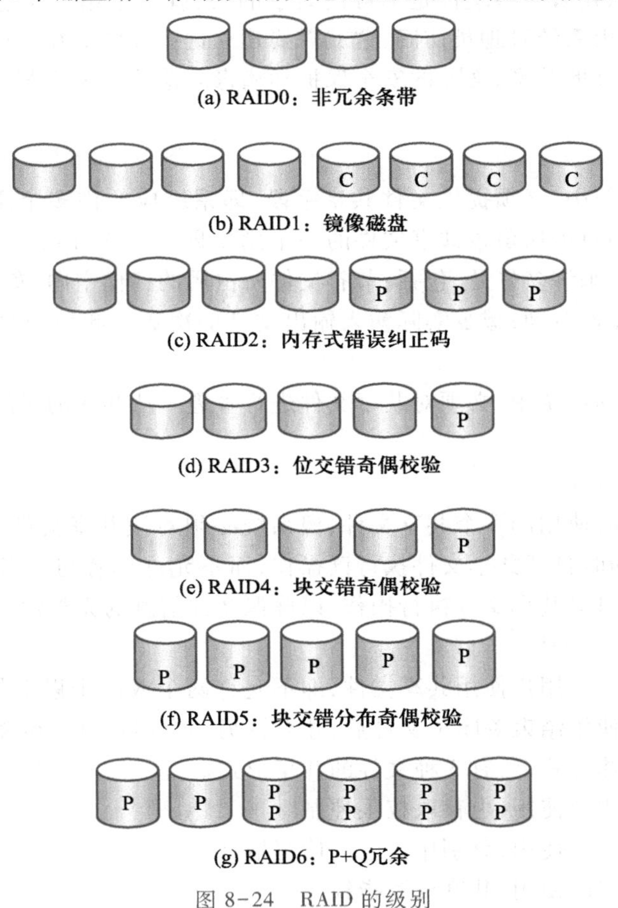

图 8-24 RAID 的级别

RAID0采用多个磁盘并行以提高读写速度,但没有冗余。

RAID1用磁盘镜像的方法来提高存储的可靠性。

RAID2以“位”或“字节”作为并行单位,在内存系统中实现基于奇偶位的错误检测。

RAID3是对RAID2的改进,基于位交错奇偶结构进行差错检测和差错纠正。

RAID4以“块”作为并行单位,为提高可靠性加入了校验,校验码是独立存储的。

RAID5与RAID4相同,但是校验码以“块”为单位与数据块一起随机存储在磁盘块中。

RAID6是强化后的RAID,保存了额外冗余信息以防止多个磁盘出错。

其他的RAID结构都是上述各种方法的组合或扩展,最常用的是RAID 0+1、RAID 1+0。

8.8 文件共享、保护和保密

现代计算机系统中存放了越来越多的信息供用户使用,这给用户带来了极大的好处和方便,但同时也有着潜在的不安全性。设法防止这些信息不被未授权使用、不被破坏,是所有文件系统的一个主要内容。

计算机系统中有各种类型的文件。有些文件是被所有用户所共享的,比如编译系统中的编译程序文件。但是,还有一些文件是不可被共享的,只有指定用户才能访问。比如,系统中的一些重要文件只能由系统管理员访问,这就需要建立这些文件的存取权限。

本节主要讨论文件的共享、文件的安全保护和病毒防范等相关问题。

8.8.1 文件的共享

在现代计算机系统中,必须提供文件共享手段,即系统应允许多个用户(进程)使用同一个文件。这样,系统中只需保留该共享文件的一个副本即可。文件共享不仅是完成共同任务所必需的,而且还能带来许多好处,包括:节省文件所占用的存储空间;免除系统复制文件的工作;减少用户大量重复性劳动;减少实际输入输出文件的次数。此外,利用文件共享可以实现进程间相互通信。

在允许文件共享的系统中,必须对共享文件进行管理。从共享的时间段上看,共享文件的使用有两种情况。

1. 文件可以同时使用

允许多个用户同时使用同一个共享文件,但系统必须对该共享文件实施同步控制。一般来说,允许多个用户同时打开共享文件执行读操作,而不允许读者与写者同时使用共享文件,也不允许多个写者同时对共享文件执行操作,以确保文件信息的完整性。

2. 文件不允许同时使用

任何时刻只允许一个用户使用共享文件,即不允许两个或两个以上的用户同时打开一个文件。要等一个用户使用结束关闭了文件后,才允许另一个用户打开该文件。

在文件共享的具体方式上,有3种文件的共享形式。

(1) 文件被多个用户使用,由存取权限控制。

(2) 文件被多个程序使用,分别用自己的读写指针。

(3) 文件被多个程序使用,共享读写指针。

文件共享的实现方法有多种，而在多级目录结构中，链接法是常用的实现文件共享的技术。对文件共享的链接法可以通过两种方式实现：一种是允许目录项链接到任一表示文件目录的结点上；另一种是只允许链接到表示普通文件的结点上，如图 8-25 所示。在图 8-25 中，矩形表示目录，圆圈表示文件。

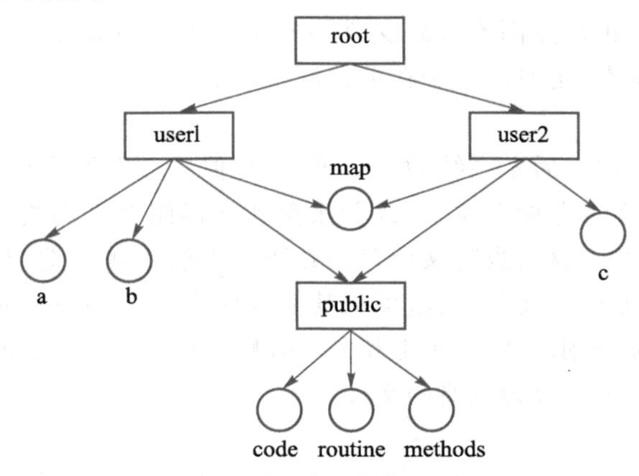

图 8-25 文件共享示例

第一种链接方式表示可共享所链接的目录及其各个子目录所包含的全部文件。采用这种方式，则可以把所有要共享的文件放在一个公共目录中，所有要共享这些文件的用户与共享目录连接。例如，user1 和 user2 这两个用户目录都连接子目录 public，则 public 目录下的 3 个文件（code、routine 和 methods）都被 user1 和 user2 所共享。每个用户还可以在共享目录中建立自己的子目录，这样做便于共享，但对控制和维护造成困难，甚至有可能因使用不当而造成环路连接，在目录管理上产生混乱。

第二种链接方式只允许对单个普通文件链接，从而可以通过不同路径访问同一个文件，即一个文件可以有几个“别名”。在图 8-25 中，/user1/map 和/user2/map 分别表示两个不同的路径名，但它们指向同一个文件 map。这种链接方式较为可靠，且易于管理。

UNIX/Linux 系统中的链接方式有两种：硬链接和符号链接。符号链接又称为软链接，它允许一个文件或子目录有多个父目录，但其中仅有一个作为主父目录，其他父目录都是通过符号链接方式与之连接。这种方式与 Windows 中的快捷方式相似，符号链接文件中并不包括实际的文件数据，而只是包括了指向文件的路径。它可以链接到任意的文件和目录，包括处于不同文件系统的文件及目录。硬链接是指通过索引结点对文件链接。在 Linux 中，硬链接就是多个文件指向同一个索引结点。硬链接只能在同一个文件系统中。

8.8.2 文件的保护

计算机系统中的文件是非常脆弱的，如果系统发生故障或用户使用不当，就有可能造成文件被破坏、受损或丢失的现象。文件保护的目的是保护文件的内容不被破坏。影响文件安全性的主要因素有以下几方面。

(1) 人为出错。人们有意或无意的行为会使文件系统中的数据破坏或丢失，如错误数据的输入、磁盘安装错误、程序运行出错、丢失磁带或磁盘。

（2）硬件或软件故障。处理器的错误操作、磁盘错误、远程通信错误、程序故障等。

（3）自然灾祸。如火灾、洪水、地震、战争、暴乱等。

为了确保文件系统的安全性，可针对上述因素而采取3方面的措施：① 通过存取控制机制，防止人为因素导致文件不安全；② 采取系统容错技术，防止系统部分的故障导致文件不安全；③ 建立后备系统，防止自然因素导致文件不安全。本节主要介绍上述第①和③方面的文件保护措施，包括建立副本、定时转储和存取控制机制。

1. 建立副本

给文件建立副本，是建立后备系统的一个手段，是保护文件不受破坏的有效方法。其做法是把同一个文件保存到多个存储介质上，或者保存到云存储上。这些存储介质可以是同类型的，也可以是不同类型的。这样，当对某个存储介质因保管不善而造成文件信息丢失时，或当某类存储设备故障暂不能读出文件时，就可用其他存储介质上的备用副本来替换。这种方法简单，但设备费用和系统开销增大。而且当文件需修改或更新时，必须改动所有的副本。因此，这种方法一般用于短小且极为重要的文件。

2. 定时转储

定时转储的含义是，每隔一定的时间就把文件转储到其他的存储介质上。当文件发生故障时，就用转储的文件来复原，把有故障的文件恢复到转储时刻文件的状态。这样，文件仅丢失了自上次转储以来新修改或增加的信息，可以从文件转储恢复后的状态开始重新执行。UNIX系统就是采用定时转储的方法保护文件，以提高文件的可靠性。

3. 存取控制机制

在一个文件系统中，可采用多种方法来规定和验证用户使用文件的存取权限，以便保证文件的安全，常用的方法有树型目录结构、存取控制表等。

（1）树型目录结构

凡能访问某级目录的用户就可访问该级目录所属的全部目录和文件的存取权限，按目录中规定的存权限使用目录或文件。

（2）存取控制表

存取控制表是将一个用户（或用户组）所要存取的文件的文件名集中存放在一张表中，其中每个表项指明了相应文件的存取权限。在该种机制中，系统对拥有权限的用户，应该允许其进行相应的操作；对于超越其操作权限者，应禁止其操作。系统同时还要防止其他用户以任何理由冒充拥有权限的用户对文件进行操作。

典型的存取权限有：① 只能执行（E）；② 只能读（R）；③ 只能写（W）；④ 只能在文件尾添加（A）；⑤ 可更新（U）；⑥ 可删除（D）。

验证用户的存取操作权限的步骤大致如下：

① 审定用户的存取权限；

② 比较用户的本次存取要求是否和用户的存取权限一致；

③ 将用户的存储要求和被访问文件的存取控制表进行比较，看是否有冲突。如果没有冲突，允许用户对有关文件进行访问；如果有冲突，处理冲突。

在上述验证用户的存取操作权限步骤中，重要的是审查用户的权限和审查本次操作的合法性，这两步构成了验证用户存取操作权限的关键。

8.8.3 UNIX的文件使用权限管理方案

对文件设置一定的存取权限是一种常用的保护文件的方法。UNIX系统对文件存取权限的设置有多种方法,如存取控制矩阵和二级存取控制等。

1. 存取控制矩阵

在存取控制矩阵(又名“访问控制矩阵”)方式中,系统以一个二维矩阵来控制对文件的访问。在这个二维矩阵中,一维代表系统中所有的用户,另一维代表系统中所有的文件。二维交叉点所对应的元素则是某一个用户对一个文件的存取控制权限,包括读、写和执行,如表8-6所示。其中,√表示允许,×表示禁止。当然,如前所述,还可以有其他的划分形式。

表8-6 存取控制矩阵

文件	用户1权限			用户2权限			用户3权限		
	R	W	E	R	W	E	R	W	E
文件A	√	×	√	√	√	√	√	√	√
文件B	√	×	√	×	×	×	×	×	√
文件C	√	√	√	√	√	√	√	√	√
文件D	√	√	√	√	√	√	√	√	√

在表8-6中,横表头表示用户权限,表中列出了用户1、用户2和用户3的权限。纵表头表示文件,表中列出了4个文件:文件A、文件B、文件C和文件D。

可以看到,用户1对文件A具有读和执行的权限,没有写的权限。而用户2和用户3对文件A则具有读、写和执行的权限。

用户1对文件B具有读和执行的权限,没有写的权限。用户2对文件B什么权限也没有。而用户3对文件B则只有执行的权限,没有读和写的权限。

而对于文件C和文件D,用户1、用户2和用户3对它们都具有全部的权限。

与存取控制矩阵相配套,系统中必须有存取控制验证模块。当用户向文件系统提出存取要求时,由文件系统中的存取控制验证模块查询存取控制矩阵,将本次存取请求和该用户对这个文件的存取权限进行比较,如果不匹配,则系统拒绝执行用户的本次存取要求。

存取控制矩阵的方法在概念上比较简单,实现起来也比较容易。

但是,当文件和用户量很大时,存取控制矩阵会变得非常庞大,同时也会十分稀疏,这导致占用了太多内存空间。而且在为使用文件而对矩阵进行扫描时,花费的时间开销也比较多。因此,在实现存取控制矩阵时往往采取某些辅助措施,以减少时间和空间的开销。

2. 二级存取控制

经过分析发现,某一文件往往只与特定的几个用户有关,而与大多数用户无关。因此可以简化存取控制矩阵,减少不必要的登记项。为此可根据不同用户类别进行存取控制,这就是文件的二级存取控制。二级存取控制方法设立两个存取级别。第一级,把用户按某种关系划分为若干用户组,进行对访问者的识别;第二级,进行对操作权限的识别。这样,所有用户组对文件权限的集合就形成了对该文件的存取控制,如表8-7所示。其中,√表示允许,×表示禁止。

表 8-7　二级存取控制

文件	系统用户组权限			开发用户组权限			远程用户组权限		
	R	W	E	R	W	E	R	W	E
文件 A	√	√	√	√	√	√	√	×	√
文件 B	√	×	√	×	×	√	×	×	×
文件 C	√	√	√	√	×	√	√	×	√
文件 D	√	√	√	√	×	√	√	×	√

在表 8-7 中,用户被划分为“系统用户组”“开发用户组”和“远程用户组”。

对于文件 A,系统用户组拥有全部的权限,开发用户组也拥有全部的权限,而远程用户组只能进行读和执行操作,不能进行写操作。

对于文件 B,系统用户组只能进行读和执行操作,不能进行写操作;开发用户组只能进行执行操作,不能进行读和写操作;远程用户组则没有任何操作权限。

对于文件 C,系统用户组拥有全部的权限;开发用户组只能进行读和执行操作,不能进行写操作;远程用户组也只能进行读和执行操作,不能进行写操作。

对于文件 D,系统用户组拥有全部的权限;开发用户只能进行读和执行操作,不能进行写操作;远程用户组也只能进行读和执行操作,不能进行写操作。

3. UNIX 中的文件存取权限

下面以 UNIX 为例,说明对文件存取控制的设计。UNIX 文件的存取权限划分为两级,即采用了二级存储控制。

第一级对访问者或用户进行分类识别。

(1) 文件主(owner)。

(2) 文件主的同组用户(group)。

(3) 其他用户(others)。

第二级对文件操作权限进行设置,根据不同的操作内容进行权利限定,把对文件的操作分成如下的类别。

(1) 读操作(r)。

(2) 写操作(w)。

(3) 执行操作(x)。

(4) 不能执行任何操作(-)。

由于对文件主、文件主的同组用户和其他用户均有上述 3 种权限设置,因此每个文件共有 9 个权限参数。在 UNIX 中,使用“ls -1”命令就能看到各个文件的权限设置,如图 8-26 所示。

从图 8-26 中可以看到,文件的权限设置在列出数据的第一列中显示。ls 输出结果第一列中的第一个位置表示类别,其中,“d”表示目录,“c”表示该文件为字符设备文件,“b”表示为块设备文件,“l”表示为一个符号链接;其余 9 个位置分别表示 3 组用户的 3 种权限设置:第 2 个到第 4 个位置表示文件主的权限分别设置为读、写和执行,第 5 个到第 7 个位置设置同组用

-rw-rw-r--	1 pbg	staff	31200	Sep 3 08:30	intro.ps
drwx-----	5 pbg	staff	512	Jul 8 09.33	private/
drwxrwxr-x	2 pbg	staff	512	Jul 8 09:35	doc/
drwxrwx---	2 pbg	student	512	Aug 3 14:13	srudent-proj/
-rw-r--r--	1 pbg	staff	9423	Feb 24 2003	program.c
-rwxr-xr-x	1 pbg	staff	20471	Feb 24 2003	program
drwx--x--x	4 pbg	faculty	512	Jul 31 10:31	lib/
drwx-----	3 pbg	staff	1024	Aug 29 06:52	mail/
drwxrwxrwx	3 pbg	staff	512	Jul 8 09:35	test/

图 8-26 UNIX 的文件存取权限

户的权限，第 8 个到第 10 个位置设置其他用户的权限。若指定位置上没有显示对应的权限，而是“-”，则表示不具有对应的权限。

例如，文件 program 的属性是-rwxr-xr-x。因此，该文件的权限设置为：对于文件主 pbg 的权限为读、写和执行，对于同组用户为读和执行权限，对于其他用户也是读和执行权限。

对于目录来讲，拥有读权限意味着用户可以列出这个目录下的文件内容，写权限表示用户可以在这个目录下增、删文件和更改文件名，执行权限保证用户可以使用命令“cd”进入这个目录。

UNIX 系统内部使用数值来表示上述的文件属性，每一个属性与文件属性中的一个二进制位相对应。如果该存取权限设置了，对应的二进制位就是 1，如果该存取权限没有设置，则对应的二进制位是 0。这样，program 的权限属性 rwxr-xr-x 用二进制来表示就是 111101101。在 UNIX 中常使用八进制的形式表示，于是 program 的这个权限是 755。

在 UNIX 中，文件主和管理员可以使用命令“chmod”来设置或改变文件的权限。chmod 有几种不同的使用方法，可以直接使用八进制的权限表示方式设置属性，也可以使用属性字母来设置或更改文件的属性。不同的使用方法要求不同的 chmod 参数，如 chmod 754 program 或者 chmod o-x program 这两个命令都可以将 program 的其他用户的权限属性设置为只读。

8.8.4 文件的保密

文件保密的目的，是防止不经文件拥有者授权而窃取文件。随着计算机网络的发展，有些人会怀着各种目的去非法获得文件内容，如入侵银行系统、窥视商业机密、窃取军事情况等。因此，为文件设计加密机制也是确保文件安全性的重要工作。常用的文件保密措施有以下几种。

1. 隐蔽文件目录

把保密文件的文件目录隐蔽起来，这些文件的文件目录不在显示器上显示，非授权的用户不知道这些文件的文件名，因而不能使用这些文件，很多操作系统中采用了这种方法，通过专用命令可以对指定的文件目录进行隐蔽和解除隐蔽。

2. 设置口令

为文件设置口令是实现文件保密的一种可行方法。用户为自己的每个文件规定一个口令，并附在用户文件目录中。只有当文件使用者提供的口令与文件目录中的口令一致时，才可按规定的使用权限使用文件。得不到文件口令的用户是无法使用该文件的。

为防止口令泄密，应采取隐蔽口令的措施，即在显示文件目录时应把口令隐藏起来。当口令泄密时，应及时更改口令。如果允许用户共享文件，可把口令通知授权用户，但当收回某个用户的使用权时必须更改口令，而更改后的口令又必须通知其他的授权用户。

3. 加密

对极少数极为重要的保密文件，可把文件信息加密，转换成密码形式保存，使用文件时再将其解密。

密码的编码方式应该只限文件主及允许使用文件的同组用户知道，这样非授权用户就窃取不到文件信息。采用密码的方法增加了文件加密和解密的工作，使系统的开销增大。

4. 病毒防范

计算机病毒是一类特殊的攻击，已经成为困扰很多计算机用户的主要问题。病毒是一段程序，它能把自己附加在合法的程序中，并不断地自我复制，然后去感染其他程序，进而借助被感染的程序和系统传播出去。

病毒通常的运行过程是：入侵—运行—潜伏—传播—激活—破坏。对病毒的防御机制也必须针对病毒的运行过程进行防范。

解决病毒侵害的理想办法是预防，即阻止病毒入侵。但要完全做到这一点是困难的，特别是对于连接到互联网上的系统，这几乎是不可能的。因此，一方面要尽力保证进入系统的任何数据源的合法性和健康性，不随便从互联网上安装软件或阅读来历不明的信息；另一方面，需要利用非常有效的反病毒软件来检测病毒，并将它们消除。

本章小结

本章首先介绍文件和文件系统的基本概念、分类及文件系统的功能。接着，介绍文件的逻辑结构和物理结构、文件目录、文件和文件目录的典型操作。然后，从实现文件系统的角度介绍了文件存储空间管理和实现文件系统的结构。最后，介绍文件系统的性能、文件的共享、保护和保密等。

文件是被命名的数据的集合体，是由操作系统定义和实施管理的抽象数据类型。任何文件都有其内在的文件结构。文件的逻辑结构是指从用户角度所看到的文件组织形式，分为记录式（有结构）文件和流式（无结构）文件两种，记录式文件又分为定长记录文件和不定长记录文件。常用的文件物理结构有顺序结构、链接结构和索引结构。顺序结构最简单，把逻辑上连续的文件信息依次存储在连续的物理块中，其优点是存取速度快，缺点在于文件不能动态增长，存在碎片问题。链接结构的实质是为每个文件构造所使用的磁盘块链表，其优点是内存利用率高，没有存储碎片问题，有利于文件动态增长和文件的插入与删除，缺点是存储速度慢，不适合于随机存储文件，效率较低，存在文件的可靠性问题。索引结构把文件的每个物理块的指针集中存储在称为索引表的数据结构中，该结构既保持了链接结构的优点，又解决了其缺点，既适合于顺序存取也适合于随机存取，缺点是较多的寻道次数和寻道时间，增加了存储空间的开销。UNIX 类系统使用 i 结点结构，它是多级索引结构文件的具体实现，其克服了索引结构的缺点。其基本思想是给每个文件赋予一个 i 结点，在 i 结点中保存了文件属性和文件在磁盘上的地址。使用 i 结点结构的文件，不仅适合小文件使用，也可供大型文件使用，灵活性较强，占用的系统空间比多级索引结构的文件要小。

在计算机系统中，外存储设备具有容量大、非易失、速度慢、成本较低等特点，文件系统通常存放在外存上。常见的外存储设备有顺序存取设备和随机存取设备两种。磁带是典型的顺序存取设备，其存储容量大，但存取速度慢。磁盘是典型的随机存取设备，允许系统直接存取磁盘上的任意物理块。磁盘地址由 3 个参数来确定：磁头号（盘面号）、柱面号（磁道号）、扇区号。

文件的存取方式是实现文件的逻辑结构和物理结构之间的映射或变换机制，把用户对逻辑文件的存取要求变换为对相关文件的物理块的读写请求。文件常用的存取方法有顺序存取和随机存取两种。文件的存取方式，既取决于用户使用文件的方式，也与文件的存储介质相关。

文件系统最重要的一个功能是"按名存取"，即用户只要给出文件名就能存取文件，而不必了解和处理文件的物理地址。每个文件都有一个描述性的数据结构：文件控制块 FCB，文件与 FCB 是一一对应的。FCB 是文件存在的标志，它记录了系统管理文件所需要的全部信息，包括文件存取控制信息、文件结构信息和文件管理信息等。

文件目录是用来管理文件的数据结构。有的系统把所有文件的 FCB 组织起来就构成了文件目录，文件目录以文件的形式保存在磁盘上，该文件被称为目录文件。常见的目录结构有一级目录、二级目录、树形结构目录等。其中树型结构是现代操作系统常用的结构，其优点在于便于文件分类、层次清楚、解决了文件重名问题、查找速度快。缺点在于，查找一个文件多次访问磁盘会影响速度、结构相对复杂。为加快目录检索，可采用目录项分解法，把目录项分为符号目录项和基本目录项。

在不同系统中，管理文件和管理目录的系统调用是不同的。常见的文件操作有建立文件、打开文件、读文件、写文件、关闭文件、撤销文件和指针定位等。常见的目录操作有创建目录、删除目录、打开目录、关闭目录、读取目录、目录改名、链接多个目录和删除目录项等。

为了进行存储空间的分配与回收，需设置空闲空间登记表，动态跟踪记录该外存设备上所有尚未分配给任何文件的空闲块的数目和块号。在设计空闲空间登记表的数据结构时，一般有 4 种不同的方案：位示图、空闲块表、空闲块链表和成组链接法。位示图法的基本思想是，用一串二进制位的值来反映磁盘空间的使用情况。位示图对分配空间情况的描述能力强，查找方便快速，适用于各种文件物理结构的文件系统。空闲块表记录外存储器全部空闲物理块的信息，包括每个空闲块的第一个空闲物理块号和数目。空闲块表法特别适合文件物理结构为顺序结构的文件系统。空闲块链表是将外存储器的每个空闲块用指针链接构成一个空闲块链表，该方法节省内存空间，但速度较慢、效率较低，特别适合文件物理结构为链接结构的文件系统。成组链接法是对空闲块链表的改进，是将 n 个空闲块组成一组空闲块，再使用指针进行链接。这种成组链接的管理方式效率高，能够迅速找到大量空闲块地址。

为实现文件系统，在磁盘上和内存中需要设置适当的数据结构。在磁盘上的结构包括引导控制块、卷控制块、目录结构和文件控制块等。在内存中的结构包括安装表、目录结构缓存、系统打开文件表和用户打开文件表等。系统打开文件表用于保存已打开文件的文件控制块，以及已打开文件的文件号、共享计数、修改标志等。每个进程有一个用户打开文件表，内容有文件描述符、打开方式、读写指针、系统打开文件表入口等。

当用户文件的逻辑记录比存储介质的物理块小时，可把若干个逻辑记录合并成一组存储于一个物理块中，即记录的成组；从一组逻辑记录中把一个目标逻辑记录分离出来的操作，称为记录的分解。记录的成组与分解技术，提高了存储空间的利用率，减少了启动设备的次数，但需要设立内存缓冲区和提供相关的操作系统功能。

为了防止浪费存储空间,系统提供文件共享功能显得尤为必要。文件的共享是指一个文件可以允许多个用户共同使用。文件共享节省了文件所占用的存储空间,可免除系统复制文件的工作,减少实际输入输出的次数,并实现进程间相互通信。在树型目录中,链接法是常用的文件共享技术。

因为文件是大多数计算机存储信息的主要机制,其如果处于不安全状态,则可能会产生难以估量的影响,所以文件系统需要进行文件保护。文件系统必须有防止各种可能的意外破坏文件的能力,为此常采用建立副本和定时转储的方法来保护文件。为了保护文件,要对用户的存取权限实施控制。常见的文件存取权限的设置方法有存取控制矩阵和二级存取控制等。文件保密的目的是防止不经文件所有者授权而窃取文件。文件保密的措施有隐藏文件目录、设置口令和使用密码等。计算机病毒是一种特殊的攻击,防范病毒最理想的方法是阻止病毒入侵,另外还应采用有效的软件进行病毒检测和消除。

习题

第8章习题解析

一、选择题

1. 使用链接结构的文件必须重视的问题是(　　)。

A. 有序性　B. 有效性　C. 可靠性　D. 稳定性

2.设计文件逻辑结构的原则不包括(　　)。

A. 易于操作　B. 修改方便　C. 查找快捷　D. 成本较低

3. 在空闲块链表模式中,对空间的申请和释放是以(　　)为单位的。

A. 记录　B. 字符　C. 块　D. 数据项

4. 下列文件被破坏的方式中,属于硬件或软件故障的是(　　)。

A. 老鼠咬坏磁盘　B. 处理器的错误操作

C. 错误数据的输入　D. 程序运行出错

5. 读文件系统调用的一般格式为(　　)。

A. read(文件名,(文件内位置),要读的长度,内存目的地址)

B. read(文件名,记录键,要读的长度,内存目的地址)

C. read(文件名,记录键,要读的长度,内存位置)

D. read(文件名,(文件内位置),要读的长度,内存位置)

6. 下列关于索引文件结构的描述,错误的是(　　)。

A. 索引文件结构保持了链接结构的优点,又解决了其缺点

B. 索引结构文件不适于顺序存取,但适于随机存取

C. 索引文件可以满足文件动态增长的要求

D. 索引文件可以充分利用外存空间

7. 最简单、最原始的文件目录结构是(　　)。

A. 一级目录结构　B. 二级目录结构

C. 树型目录结构　D. 多级目录结构

8. 下列文件中属于按照逻辑结构分类的是(　　)。

A. 连续文件　　B. 系统文件

C. 散列文件　　D. 无结构的字符流文件

9. 在记录式文件中,构成文件的基本单位是(　　)。

A. 记录　　B. 字符　　C. 物理块　　D. 数据项

10. 在 FAT16 文件系统中,每个目录项的大小为(　　)字节。

A. 8　　B. 16　　C. 32　　D. 48

二、填空题

1. 索引结构的文件把每个物理盘块的指针字集中存储在被称为＿＿＿＿＿＿的数据结构的内存索引表中。

2. 文件目录是实现用户＿＿＿＿＿＿文件的一种手段。

3. 在位示图中,每一个磁盘中物理块用一个二进制位对应,如果某个物理块为空闲,则相应的二进制位为＿＿＿＿。

4. 常用的文件物理结构有顺序结构、链接结构、＿＿＿＿＿＿。

5. 文件的逻辑结构是＿＿＿＿＿＿所看到的文件的组织形式。

三、简答题

1. 简述文件系统应具有的功能。

2. 什么是文件的逻辑结构? 有哪几种典型的文件逻辑结构?

3. 什么是文件的物理结构? 有哪几种典型的文件物理结构? 这些结构各有什么特点?

4. 简述多级目录结构的优缺点。

5. 简述验证用户的存取操作步骤。

6. 简述建立文件的步骤。

7. 简述文件保密的措施。

8. 简述当前目录的概念及引入当前目录的好处。

9. 简述常用的磁盘空间管理的方法。

10. 文件系统中"打开"和"关闭"文件操作的目的是什么? 是否必须提供这两个操作? 如果系统不提供这两个操作,应如何实现文件读写?

四、综合题

1. 假定有一个磁盘组共有 100 个柱面,编号为 0—99。每个柱面上有 8 个磁道,编号为 0—7。每个盘面被划分成 8 个扇区,编号为 0—7。现采用位示图的方法管理磁盘空间。请问:

(1) 该盘组共被划分成多少个物理块?

(2) 若采用字长为 32 位的字来组成位示图,共需多少个字?

(3) 若从位示图中查到字号为 40,位号为 24 对应的位是"0",计算其对应的空闲块所在的柱面号、磁头号和扇区号。

2. 假设用户甲要用到文件 A、B、C、E,用户乙要用到文件 A、D、E、F。已知:用户甲的文件 A 与用户乙的文件 A 实际上不是同一个文件;用户甲与用户乙又分别用文件名 C 和 F 共享同一文件;甲、乙两用户的文件 E 是同一个文件。请回答下列问题:

(1) 系统应采用怎样的目录结构才能使两用户在使用文件时不至于造成混乱?

（2）画出这个目录结构。

（3）两个用户使用了几个共享文件？写出它们的文件名。

3. 设一个文件由100个磁盘物理块组成（编号为1—100），已处于打开读写状态（即FCB在内存，如果文件采用索引分配方式，索引表在内存），主存中已有待写入文件的一个物理块的信息。对于连续分配、链接分配和单级索引分配3种存储结构，分别计算下列操作时应启动I/O的次数，并简要说明理由。（每读入或写出一个磁盘块均需要一次磁盘I/O操作，另外，假设在连续分配方式下。目前的状况是该文件尾部有空闲磁盘块，文件头部没有空闲磁盘块。）

（1）将一个物理块插在文件的开头。

（2）将一个物理块插在文件中作为第51块。

（3）在文件开始处删除一个磁盘块。

（4）删除文件的第51块。

4. 假定某文件由20个等长的逻辑记录组成，每个记录的长度为128个字节，磁盘空间的每盘块长度为512个字节，采用成组方式存取文件。试问：

（1）该文件占用多少个磁盘块？写出分析过程。

（2）若该文件以顺序结构方式存放在磁盘上第20块开始的连续区域中。现在用户要求读取该文件的第10号逻辑记录（逻辑记录从第0号开始递增编号）。假定文件已处于可读状态，请写出系统进行记录分解大致过程。

5. 某用户文件共500个逻辑记录，每个逻辑记录的长度为320个字符，现拟将该文件以顺序结构存放到磁带上。磁带的记录密度为800字符/英寸，块与块之间的间隙为0.6英寸。试问：

（1）不采用记录成组操作时磁带空间的利用率是多少？

（2）采用记录成组操作且块因子为8时，磁带空间的利用率是多少？

（3）采用记录成组操作且块因子为8时，若把第9个逻辑记录读入到用户区的1500单元开始的区域，请写出完成该要求的主要过程。

第 9 章　I/O 设备管理

本章导读

计算机的两个主要工作是计算和I/O。在很多情况下，主要工作是I/O，而计算只是附带的。例如，当编辑文档时，主要是读取或输入信息，而非计算。因此，对执行I/O的各种外部设备进行管理是操作系统的一个重要任务，也是其基本组成部分。

外部设备种类繁多，它们的特性和操作方式又有很大差别，因此，无法按照一种方式进行统一管理。在操作系统中，设备管理是比较烦琐和复杂的部分。此外，设备管理与硬件是紧密相关的。

操作系统中I/O系统的关键目标有两个：一个是提供与系统其他部分的最简单接口，方便使用，并且这种接口在可能条件下应对所有设备是相同的(即具有设备独立性)；另一个是优化I/O操作，实现最大并行性，因为设备往往是系统性能的瓶颈。

操作系统的作用就是在计算机进行I/O时，管理和控制I/O操作与I/O设备。本章首先简要介绍I/O硬件基本原理，然后介绍I/O软件的情况。通常，I/O软件都具有层次结构，每层完成自己的任务。最后介绍磁盘调度、缓冲、虚拟设备等技术。

本章知识导图如图9-1所示，读者也可以通过扫描二维码观看本章学习思路讲解视频。

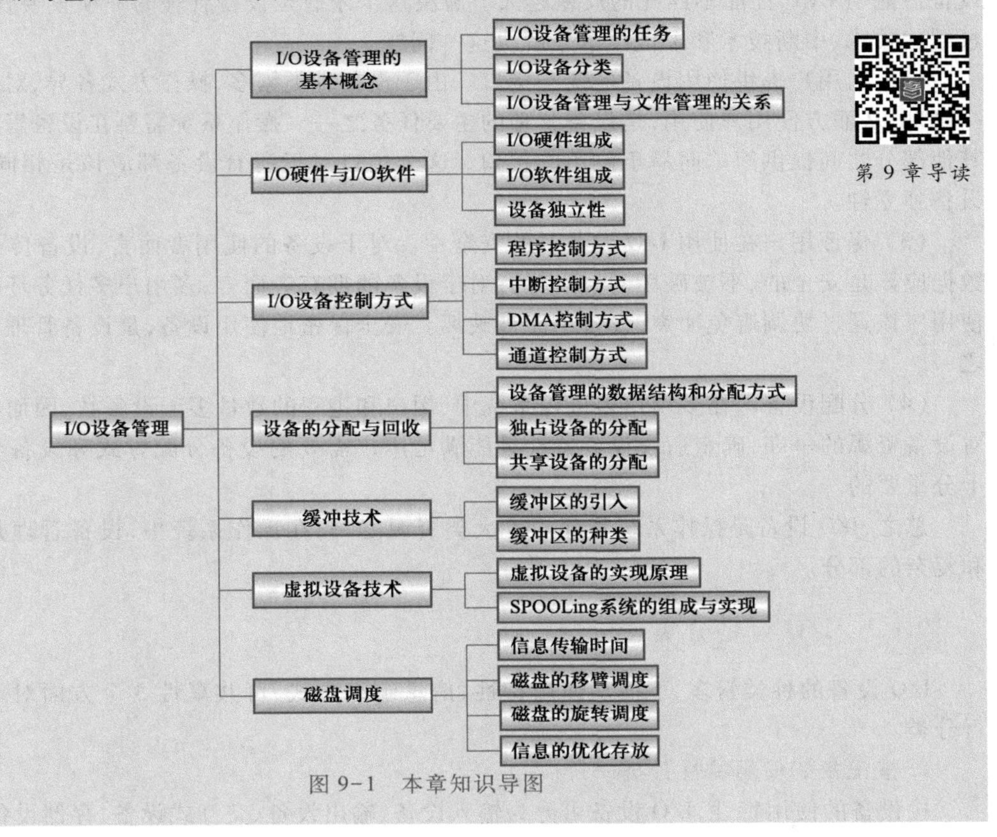

图 9-1　本章知识导图

9.1 I/O设备管理的基本概念

输入/输出设备(I/O设备)也称为外部设备,有时简称为设备或外设,包括计算机系统中除CPU和内存储器以外的所有设备和装置。I/O设备有广义和狭义之分,广义的I/O设备即上述定义,狭义的I/O设备不包括外存设备。I/O设备管理就是操作系统中负责管理所有I/O设备的功能模块,简称为设备管理。

I/O设备技术呈现两种矛盾趋势。一方面,软件和硬件的接口日益标准化。这个趋势有助于将改进设备集成到现有计算机系统中。另一方面,I/O设备的种类也日益增多。有些新设备与以前的设备差异巨大,以至于难以集成到计算机系统中。对这种矛盾的解决需要采用硬件和软件的组合技术。为了封装各种设备的细节与特点,操作系统内核采用设备驱动程序模块,为I/O系统提供了统一的设备访问接口,使用户和应用程序开发人员能够方便地使用设备。

9.1.1 I/O设备管理的任务

设备管理的主要任务有以下几个方面:

(1) 提高I/O设备的性能。I/O设备的性能通常是系统性能的瓶颈。CPU性能越强,I/O设备性能与CPU性能不匹配的反差越大。解决这个矛盾是设备管理的一项重要任务,主要通过缓冲技术、中断技术和虚拟技术来解决这一问题。

(2) 向用户提供使用设备的统一接口。由于设备种类繁多,操作方式各异,对它们进行统一管理,从而方便用户使用,是设备管理的主要任务之一。操作系统需要在设备管理和系统的其他部分之间提供简单而易于使用的接口,这个接口对于所有设备都应该是相同的,这就是设备独立性。

(3) 保证用户在使用I/O设备时的安全性。对于设备的使用者而言,设备传送或管理的数据应该是安全的、不被破坏的、保密的;对于设备的拥有者而言,多用户多任务环境中的设备使用应该通过协调避免冲突,设备不能被破坏。安全保密地使用设备,是设备管理的重要任务之一。

(4) 分配设备。在多用户多进程系统中,用户和进程的数量多于设备数,因而必然会引起对设备资源的争夺,确定适合设备特性且能满足用户需要的设备分配方式和设备分配策略是十分重要的。

总之,I/O设备是操作系统管理的4大类资源之一,在操作系统中,设备管理是比较烦琐和复杂的部分。

9.1.2 I/O设备分类

I/O设备的种类繁多,下面从使用特性、信息组织方式、可共享性3个方面对I/O设备进行分类。

1. 按设备的使用特性分类

按设备的使用特性,I/O设备可分为输入设备、输出设备、交互式设备、存储设备等。

输入设备是外部向计算机传送信息的装置。其功能是将数据、程序及其他信息,从人们熟悉的形式转换成计算机能接受的信息的形式,输入计算机内部。计算机的输入设备按功能可分为下列几类:

字符输入设备:键盘。光学阅读设备:光学标记阅读机、光学字符阅读机。图形输入设备:鼠标器、图形板、(电子游戏机中的)操纵杆,移动操纵杆是将纯粹的物理动作(手部的运动)完完全全地转换成数学形式(一连串 0 和 1 所组成的计算机语言)。

输出设备是人与计算机交互的一种部件,用于数据的输出。它把各种计算结果数据或信息以数字、字符、图像、声音等形式表示出来。输出设备的功能是将计算机内部二进制形式的信息转换成人们所需要的或其他设备能接受和识别的信息形式。常见的输出设备有打印机、显示器、绘图仪、数/模转换器、影像输出系统、语音输出系统、磁记录设备等。

交互式设备就是能够进行人机交流的设备,一般像键盘、鼠标、显示器就是交互式设备。交互式的意思是,计算机对人的操作会给出响应提示,或引导人们一步一步完成任务。交互设备的特点是,用户命令信息通过各种输入设备进入计算机系统,系统同步地在显示器上显示用户的命令信息以及执行命令后所得到的处理结果。计算机发展早期曾经使用过的非交互设备几乎已从市场上消失,最普通的取代物就是各种交互式设备。

存储设备也称外存或后备存储器、辅助存储器,是计算机用来保存信息的装置。保存这些信息的记录介质,必须具有以下特性:

(1) 可写入性。在计算机系统中的信息,可以被写入或记录到该种记录介质上。有些记录介质只能写入一次,如只能写入一次的光盘或只读存储器;也有的记录介质可以多次写入,如常见的半导体存储器。

(2) 可读出性。在记录介质上保存的信息,必须能够通过某种手段,在需要时准确、迅速、及时地取出(读出)。不能够读出的信息是没有意义的。

(3) 可保存性。在记录介质上保存的信息,必须能够持续保存一段时间。至于这段时间的长短,则取决于记录介质本身的特性。如常用的半导体动态随机存储器(DRAM)在持续供电的条件下,信息可以一直保存;但一旦掉电,被保存的信息就全部丢失。而磁介质则保存时间较长,在正常情况下可保存信息达数月,甚至数年。理论上,CD-ROM 光盘可保存信息达 100 年。

2. 按设备的信息组织方式分类

按信息组织方式来划分设备,可以把 I/O 设备划分为**字符设备**(Character Device)和**块设备**(Block Device)。键盘、打印机等以字符为单位组织和处理信息的设备被称为字符设备;磁盘、磁带等以数据块为单位组织和处理信息的设备被称为块设备。字符设备和块设备主要是依据设备记录信息的特性进行的划分,其决定了设备一次操作的数据传送单位和内部是否可寻址。

字符设备通常以字符为单位发送或者接收数据流,而不存在任何块结构。字符设备不可寻址,所以没有任何寻址操作。除磁盘以外的大多数设备,例如网络接口卡、打印机、鼠标等都可看作字符设备。

块设备的基本特性是能够随时读写其中的任何一块而与其他的块无关。外存类设备通常是块设备,因其记录长度通常为一个数据块,例如磁盘的扇区或者由若干扇区组成的簇。

然而,将设备划分成字符设备与块设备的分类方法是不严格而且不完整的,并不是所有的设备都能完全归入其中的一类,有些设备甚至根本就不进行 I/O 操作。例如,时钟既不可以按块方式访问,也不产生或接收字符串,它所做的只是按规定好的时间间隔引起中断。数字摄像头是一种外部设备,但是它接受的是一幅幅的影像,既可按字符访问,亦可按块访问。这一类设备称为混合设备。

早期很多设备以字符和中断方式传输,现在因为技术的发展,许多设备自身有高速缓存,主要以 DMA 方式与内存交换数据,例如千兆网、光纤网等,都是典型的块设备。

3. 按设备的共享属性分类

按设备的共享属性可以将设备分为共享设备、独占设备和虚拟设备。

共享设备是指能够同时让许多程序(作业、用户)使用的设备。例如,磁盘是典型的共享设备,若干个进程可以交替地从磁盘上读写信息,假设进程 A 要从磁盘上读 5 MB 的数据,读完 3 MB 数据时,进程 B 要求从磁盘读 2 MB 数据,这时磁盘调度算法有可能让进程 B 先读取它所需要的 2 MB 数据,然后再让 A 读最后的 2 MB 数据。

请注意,共享设备有两种含义。广义的共享设备是指非并发共享设备,几乎所有的设备都是广义的共享设备,可以把独占设备解释为只能顺序共享(即非并发共享)的设备。狭义的共享设备是指并发共享,即操作系统中的共享设备的真正定义。

独占设备也称为独享设备,是指在整个运行期间都必须由单个程序(作业、用户)独占直至该程序(作业、用户)完成的设备;也就是说,这类设备在任一给定的时刻只能被一个进程使用:如果要广义共享,则只能实现顺序共享即非并发共享。

例如,打印机、扫描仪等是典型的独占设备。假设打印机正在打印进程 A 的文档,那么在打印进程 A 的文档的过程中,打印机不能分配给其他进程,否则打印出来的内容就面目全非了。

独占设备的使用效率低是造成死锁的条件之一,为此引入了虚拟设备的概念。虚拟设备是指利用虚拟技术把独占设备改造成可由多个进程共享的设备。

所谓虚拟设备技术是指使用相关技术在一类设备上模拟另一类设备,被模拟的设备称为虚拟设备。通常用共享设备模拟独占设备(如用磁盘的固定区域模拟打印机),用高速设备模拟低速设备。引入虚拟设备的目的是提高设备利用率。

9.1.3 I/O 设备管理与文件管理的关系

I/O 设备管理是对计算机系统中所有 I/O 设备硬件的管理,也是对资源的管理。其本质上是为用户提供标准的接口来使用这些设备。

文件管理则针对的是外部设备中存储的数据和信息,它提供了一整套对数据信息资源的管理规则,并且以文件及其配套的概念来具体实现。也就是说,它使用统一的方法管理数据信息资源,为用户提供方便有效的文件使用和操作方法。

文件管理与设备管理之间分工明确、接口清晰,将物理的设备资源抽象为逻辑的文件资源,使得用户可以用统一、透明的方式访问物理设备和设备上的数据和信息,这两者之间的对应关系,对用户来说是透明的,用户不用关心。这相当于在图书馆里,对书架和柜子的使用是 I/O 设备管理,对图书摆放以及查找索引规则是文件管理。

可以说，文件操作是对设备操作的组织与抽象，而设备操作是对文件操作的最终实现。但在某些操作系统中，特别是 UNIX 类系统，为了便于管理，将所有的 I/O 设备都当作文件对象来管理。设备接入系统后都是以文件形式存在的，对设备的读、写和使用，就等同于对相应设备文件的读、写和运行。这实际上将设备的基本属性以及管理规则结合起来，提供给用户一个简单易用的接口平台，提高了设备利用率，降低了设备使用难度。

9.2 I/O 硬件与 I/O 软件

I/O 系统由 I/O 硬件和 I/O 软件两部分构成。I/O 硬件就是由机械和电子两部分组成的物理部件。I/O 软件则是访问、管理 I/O 硬件的软件，它涉及的面很宽，向下与硬件紧密关联，向上又与文件系统、虚拟存储系统和用户直接交互。本节主要介绍这两部分的组成及工作原理。

9.2.1 I/O 硬件组成

从硬件的角度看，I/O 硬件由物理设备和电子部件两部分组成。电子部件称作设备控制器；物理设备是设备主体，是达成 I/O 硬件功能的物质基础。对操作系统而言，其更注重的是电子部件的控制方式。

计算机系统硬件结构如图 9-2 所示。硬件系统分为主机和外部设备两个部分。主机包括处理器和内存，主机通过总线与接口部件（适配器）相连。外部设备包括输入设备、输出设备、外存设备、数据通信设备和过程控制设备几大类。每一种外部设备在它自己的设备控制器的控制下工作，而设备控制器则通过适配器和主机连接。设备控制器是一种电子部件，每个设备控制器都有若干个寄存器，用来与处理器进行通信，包括控制寄存器、状态寄存器、数据输入和数据输出寄存器。

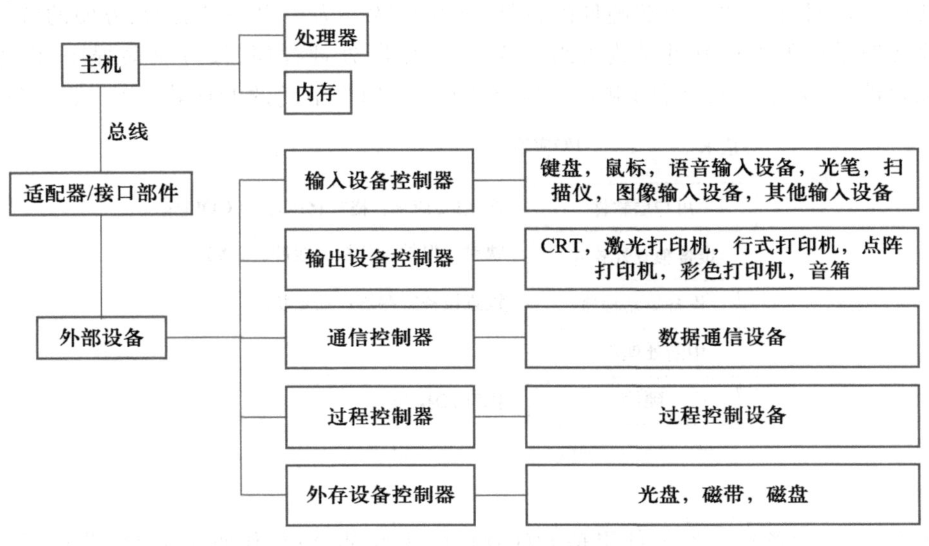

图 9-2 计算机系统硬件结构

数据输入寄存器被主机读出以获取数据。

数据输出寄存器被主机写入以发送数据。

状态寄存器包含一些主机可以读取的位,例如当前命令是否完成、数据输入寄存器中是否有数据可以读取、是否出现设备故障等。

控制寄存器可由主机写入,以便启动命令发送/接收数据等或更改设备模式。

为了使处理器能够访问设备控制器中的寄存器,必须为每个寄存器分配唯一的地址,该地址称为 I/O 端口地址或 I/O 端口号。I/O 端口地址主要有两种编址方式:I/O 独立编址和内存映射编址。

I/O 独立编址是指为每个控制寄存器分配一个 I/O 端口(一般为 8 位或 16 位整数),并设置一些专门的 I/O 指令对 I/O 端口进行操作。也就是说,该方法分配给系统中所有端口的地址空间与内存地址空间是完全独立的,通常在早期的计算机(包括大型计算机)中采用。该方法的主要缺点是,访问内存和访问设备需要两种不同的指令。

内存映射编址是把所有控制寄存器映射到内存地址空间,即处理器把设备控制器中的寄存器看作一个存储单元,分配唯一的存储器地址,且与实际内存单元的地址不冲突。对 I/O 的读写操作等同于对存储器的操作,这样的系统称为内存映射 I/O(Memory-Mapped I/O)。大部分处理器采用内存映射 I/O,该方法简化了 I/O 设备的编程。

操作系统只和设备控制器打交道,不和设备本身打交道。也就是说操作系统通过对设备控制器中的寄存器进行读写操作与设备交换数据。

输入/输出设备对设备控制器中 I/O 系统的控制方式有 4 种:程序直接控制、中断控制、DMA 控制和通道控制。

9.2.2　I/O 软件组成

构造 I/O 软件的基本思想是划分若干层次,每一层有其独立的功能,并且定义与相邻层的接口。低层软件对高层软件隐藏硬件的特性,而高层软件为用户提供清晰、方便的统一界面。

目前普遍采用的 I/O 软件结构可组织成 4 层:中断处理程序,设备驱动程序,设备独立的操作系统软件(设备独立性软件)和用户层软件(指在用户空间的 I/O 软件)。如图 9-3 所示。

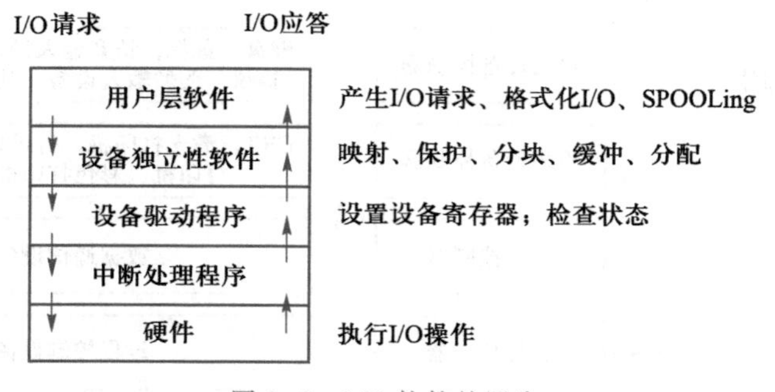

图 9-3　I/O 软件的层次

从功能上看,设备独立性软件层是 I/O 软件的主要部分;从代码量上看,设备驱动程序层是 I/O 软件的主要部分。

值得注意的是,这样的分层相对灵活并且具有一定模糊性。在不同的操作系统中各层之间的界面划分并不相同,各层之间的确切界面是依赖于系统的。

中断处理程序:负责控制 I/O 设备、内存与处理器之间的数据传送。进程在需要 I/O 设备服务时,设备控制器向 CPU 发出中断信号,CPU 接到中断请求后,进行输入/输出的操作。无论采用简单的程序中断方式、输入/输出通道方式,还是 DMA 方式,在设备的输入/输出处理结束之后,外部设备都要向处理器发出对应的中断信号以结束本次服务,而中断处理程序就是响应这些中断信号,并做出相应处理的程序。

设备驱动程序:用于执行系统对 I/O 设备发出的操作指令,换言之,是驱动 I/O 设备工作的程序。所有与设备相关的代码都放在设备驱动程序中。由于设备驱动程序与 I/O 设备的硬件结构密切相关,因此应为每一类设备配置一个驱动程序。设备驱动程序是操作系统底层中唯一知道各种输入/输出设备的控制器细节及其用途的部分。例如,在操作系统中只有打印机驱动程序才知道打印控制器有多少个寄存器,以及它们的用途。硬盘驱动程序知道使磁盘正确操作所需要的全部参数,包括扇区、磁道、柱面、磁头、磁头臂的移动、交叉系数、步进电机、磁头定位时间等。

设备独立性软件:是与设备无关的 I/O 软件,用于实现用户程序与设备驱动器的统一接口、设备命名、设备保护以及设备的分配与释放等。如果说,设备驱动和中断处理可以由对应的硬件开发工程师来编写,那么,设备独立性软件必须由操作系统的程序员来编写,它是操作系统中不能缺少的部分,起到了承上启下的作用。我们将在 9.2.3 节中做详细介绍。

用户层(I/O)软件:实现与用户交互的接口,用户可直接调用在用户层提供的、与 I/O 操作有关的库函数,对设备进行操作。一般而言,大部分的 I/O 软件都在操作系统内部,例如处理独占设备的 SPOOLing 系统。但仍有一小部分在用户层,包括与用户程序链接在一起的库函数,以及完全运行于内核之外的一些程序。用户层软件必须通过一组系统调用来获取操作系统服务。例如,C 语言的 printf( ) 函数以一个格式串和可能的一些变量作为输入,构造一个 ASCII 字符串,然后调用 write( ) 这个系统调用,输出这个串到显示适配器的显存中,通过硬件电路在屏幕上显示出来。对输入而言,类似的过程是 gets( ),它调用 read( ) 系统调用从键盘适配器的缓存中读入一行并返回一个字符串(键盘有自己的硬件扫描电路,会将按键的扫描码存入键盘适配器的缓存中)。

9.2.3 设备独立性

设备独立性

设计 I/O 软件的一个最关键的目标是设备独立性(Device Independence),也就是说,除了直接与设备打交道的底层软件之外,其他部分的软件并不依赖于硬件。这意味着用户在编制程序时所使用的设备与实际使用的设备无关。这样,用户程序的运行就不依赖于特定的设备是否完好、是否空闲,而由系统合理地进行分配,不论实际使用哪一台同类设备,程序都应正确执行。比如用户编写了一个打印文件内容的应用程序,那么这个应用程序可以向连接在系统中的不同品牌的打印机输出数据,而在编写该程序时不必考虑用户使用的打印机品牌。这其实就体现了设备的独立性。

除了一些特殊 I/O 软件与设备相关之外,大部分 I/O 软件是设备独立的。设备驱动程序与设备独立性软件之间的具体划分,不同操作系统是相异的。具体划分原则取决于系统的设计者怎样考虑系统与设备的独立性、驱动程序的运行效率等诸多因素的平衡。对于一些按照设备独立方式实现的功能，出于效率和其他方面的考虑，也可以由设备驱动程序实现。常见的设备独立性软件实现的功能包括设备命名，设备保护，提供一个与设备无关的逻辑块，缓冲，存储设备的块分配，独占设备的分配和释放，错误处理等。

设备需要的I/O功能可以在与设备独立的软件中实现。这类软件面向用户应用层并提供一个统一的接口。

1. 设备命名

文件的命名由用户给出，且不依赖于具体的计算机，这样使用名字访问文件的方式将使程序可以方便地在不同的系统上运行。在操作系统的I/O软件中，对I/O设备借用了与文件统一命名的方法，即采用文件系统路径名的方法来命名设备。设备独立性软件负责把设备的符号名映射到相应的设备驱动程序上，以此来区分具有相同命名方式的设备文件和普通文件。

例如，在Linux系统中，每一个硬件设备都对应一个文件。举例来说，查看/dev/sda1这个文件时可以使用命令：ls -l /dev/sda1。但其实/dev/sda1并不是一个普通的数据文件，而是一个设备文件，表示当前机器上的第一个SCSI接口硬盘的第一个分区。当读取这个设备文件的时候，实际情况是访问了这个硬盘分区。通常，Linux下所有的设备文件都是位于/dev目录下的。

2. 设备保护

此处的设备保护是指使用软件机制对设备进行必要的保护，防止无授权的应用或用户的非法使用。设备保护与设备命名的机制密切相关。

不同的系统防止无授权的用户访问设备的方法是不同的。一般在大型计算机系统中，用户进程对外设的直接访问是完全禁止的，而在一些简单系统（如MS-DOS）中，则根本不提供设备保护。大部分提供设备保护的系统采用访问权限模型，对每个设备，为不同的用户设置不同的权限，用户根据权限访问设备。在UNIX系统中，管理员根据需要为每个I/O设备设置访问权限，使用权限位“rwx”表示“读、写、执行”权限。

3. 提供一个与设备无关的逻辑块

不同类型设备的数据交换单位是不同的，读取和传输数据的速率也各不相同，如字符设备以单个字符（字）为单位，块设备以一个数据块为单位。即使同一类型的设备，它们的数据交换单位大小也是有差异的，如不同磁盘由于扇区大小的不同，可能会造成数据块大小的不一致。与设备无关的I/O软件应能够隐藏这些差异而使用逻辑设备，并向上层软件提供大小统一的逻辑数据块。该逻辑数据块与物理设备无关。

4. 缓冲

缓冲为数据传输提供一个临时存放地，在适当的时候将数据拷贝到最后目的地。一些常见的块设备和字符设备都有缓冲区。对于块设备，硬件每次读写均以块为单位，而用户程序则是按任意单位读写数据的。如果用户进程写半个块，操作系统将在内部保留这些数据，即保存在内部缓冲区中，直到其余数据到齐后才一次性地将这些数据写到磁盘上。对字符设备，当用户进程向系统输出数据的速度快于设备输出数据的速度时，必须使用缓冲。除了设备带有的硬件缓冲器外，系统通常在内存中也设置缓冲区。如打印机设备本身带有硬件缓冲，而操作系统也使用内存设置打印缓冲区。

5. 存储设备的块分配

在前面已经说过,I/O 软件要提供一个与设备无关的逻辑块,那么如何分配这些逻辑块,也是系统应该考虑的。以磁盘为例,在创建一个文件并向其中填入数据时,通常要在磁盘中为该文件分配新的存储块。操作系统可以设置一些数据结构,通过相应的算法来完成这一分配工作。例如,首先为每个磁盘设置一张空闲块表或位图,然后通过查找空闲块表或位图找到合适的空闲块,分配给用户。这种查找算法是与设备无关的,因此可以放在设备驱动程序上面的与设备独立的软件层中处理。

6. 独占设备的分配和释放

在系统中有两类设备:独占设备和共享设备。独占设备是指,一个进程(或线程)在使用该设备时,其他进程(或线程)是不能使用的。为了避免各进程对独占设备的争夺,必须由系统来统一分配此类设备,而不允许进程自行使用。每当进程需要使用某独占设备时,必须先提出申请。当用户进程请求使用这些独占设备时,系统必须对请求进行检查,并根据申请设备的可用状况决定是否接收该请求。例如,操作系统可通过打开这个设备的设备文件来提出请求,如果设备不可用,则进程阻塞,否则把该设备分配给请求进程。进程在关闭独占设备的同时释放该设备。

7. 错误处理

由于设备中有许多机械和电气部件,它们比主机更容易出现故障,这就导致 I/O 操作中的绝大多数错误都与设备有关。错误处理指的是对输入/输出过程中产生的数据错误进行检测与纠正,而且纠错应该在最靠近硬件的层面上进行。一般来说,错误处理是由设备驱动程序完成的,因为只有驱动程序知道应如何处理这些错误(比如重试、忽略或放弃)。但是也有一些典型的错误不是输入/输出设备造成的,例如,由于磁盘块受损而不能再读,驱动程序将尝试重读一定次数,若仍有错误,则放弃重读并通知与设备无关的软件,这样,如何处理这个错误就与设备无关了。如果在读一个用户文件时出现错误,操作系统会将错误信息报告给调用者。若在读一些关键的系统数据结构时出现错误(比如磁盘的空闲块位图),操作系统则需打印错误信息,并向系统管理员报告相应错误。

9.3 I/O 设备控制方式

I/O 设备的控制方式取决于 I/O 设备硬件与处理器和内存的连接方式,以及相应的设备驱动程序,主要方式有 4 种。早期使用程序控制方式,后来发展为使用中断控制方式。随着 DMA 控制器的出现,以字节为单位进行传输变为以数据块为单位进行传输,这大大改善了块设备的 I/O 性能。I/O 通道的出现,又使对 I/O 操作的组织和数据的传输都能独立进行,而无须 CPU 的干预。应当指出,在 I/O 控制方式的整个发展过程中,始终贯穿着这样一条宗旨,即尽量减少主机对 I/O 控制的干预,把主机从繁杂的 I/O 控制事务中解脱出来,以便其能更多地去完成数据处理任务。

9.3.1 程序控制方式

程序控制方式也称为 PIO(Programmed I/O,程控 I/O)方式,是指由用户进程直接控制处理器或内存和外部设备之间进行信息传送的方式,也称为“忙-等”方式、轮询方式或循环测试方式,这种方式的控制者是用户进程。

处理器对I/O设备的控制采取程序控制方式,即在处理器向设备控制器发出一条I/O指令启动输入设备输入数据时,要同时把状态寄存器中的忙/闲标志busy置为1,然后便不断地循环测试busy(称为轮询)。当busy=1时,表示输入设备尚未输完一个字(符),处理器应继续对该标志进行测试,直至busy=0,表明输入设备已将输入数据送入设备控制器的数据寄存器中。于是处理器将数据寄存器中的数据取出,送入内存的指定单元中,这样便完成了一个字(符)的I/O操作。接着再去读下一个数据,并置busy=1。图9-4所示为程序控制方式的流程。

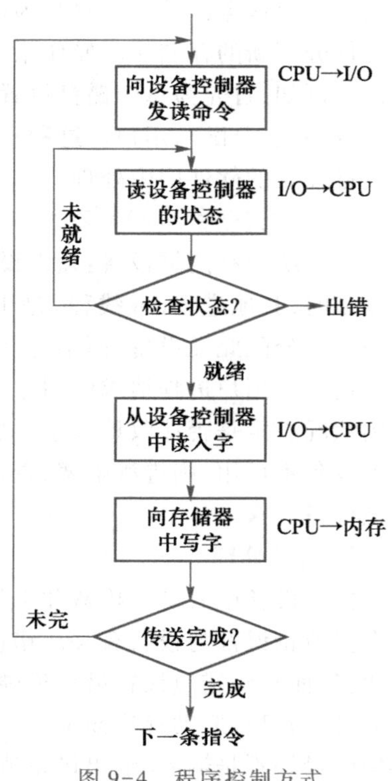

图9-4　程序控制方式

在程序控制方式中,CPU的绝大部分时间都用于等待I/O设备完成数据I/O的循环测试中,这造成了对CPU资源的极大浪费。在该方式中,CPU之所以要不断测试I/O设备的状态,是因为在CPU中无中断机构,这使I/O设备无法向CPU报告它已完成了一个字符的输入操作。

因此,程序控制方式的优点是处理器和外设操作能通过状态信息得到同步,而且硬件结构比较简单;其缺点是处理器效率低下,传输完全在处理器控制下完成,对外部出现的异常事件无实时响应能力。这种方式只适用于那些处理器执行速度较慢,而且外部设备较少的系统,如单片机系统。

9.3.2　中断控制方式

现代计算机系统广泛采用中断控制方式完成对I/O设备的控制。中断是一种在发生了一个异常事件时,调用相应处理程序(通常称为中断服务程序)进行服务的过程。中断控制方式的处理流程如图9-5所示。

当某进程要启动某个I/O设备工作时,便由CPU向相应的设备控制器发出一条I/O命令,然后立即返回继续执行原来的任务。设备控制器按照该命令的要求去控制指定的I/O设备。此时,CPU与I/O设备并行工作。例如,在输入时,当设备控制器收到CPU发来的读命令后,便去控制相应的输入设备读数据。一旦数据进入数据寄存器,设备控制器便会通过控制线,向CPU发送一个中断信号,由CPU检查在输入过程中是否出错;若无错,便向设备控制器发送取走数据的信号,然后再通过设备控制器及数据线将数据写入内存指定的单元中。

中断控制方式可使CPU与I/O设备并行工作,从而提高了整个系统的资源利用率及吞吐量。同时,中断控制方式具有实时响应能力,可适用于实时控制场合,并能够及时处理异常情况,提高计算机的可靠性。

9.3.3 DMA 控制方式

虽然中断控制方式比程序控制方式更有效,但它仍是以字(节)为单位进行 I/O 操作的。每当完成一个字(节)的 I/O 操作,设备控制器便要向 CPU 请求一次中断。换言之,采用中断控制方式时的 CPU 是以字(节)为单位进行干预的。如果将这种方式用于块设备的 I/O 操作,仍然显得速度太慢。例如,为了从磁盘中读出 1 KB 的数据块,需要中断 CPU 1 K 次。为了进一步减少 CPU 对 I/O 设备的干预,引入了 DMA 控制方式,如图 9-6 所示。

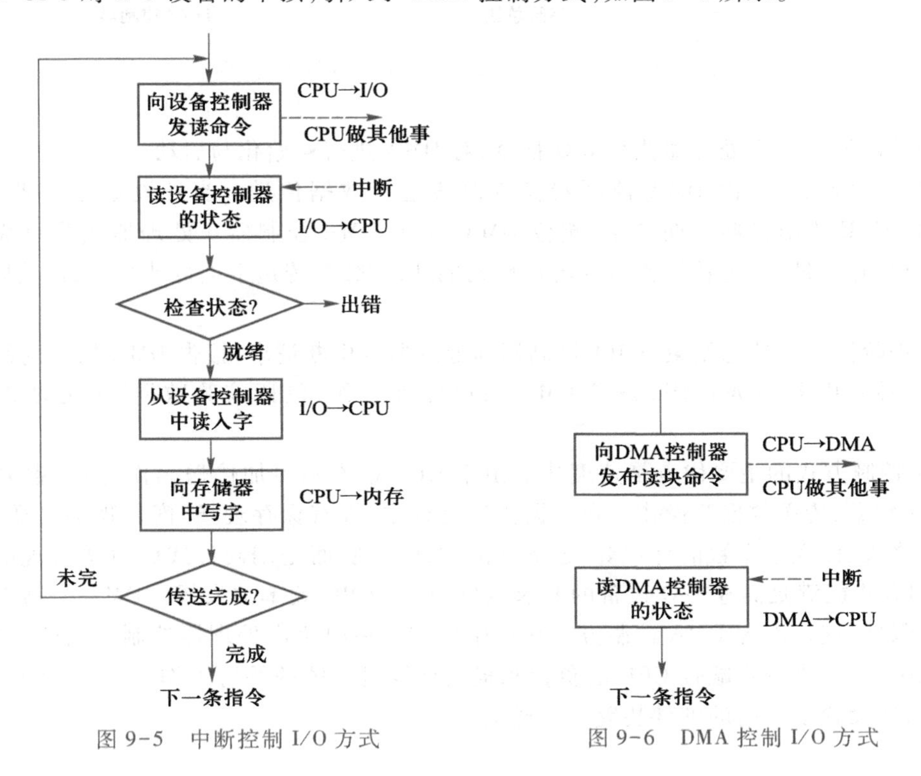

图 9-5 中断控制 I/O 方式　　图 9-6 DMA 控制 I/O 方式

该方式的特点是:① 数据传输的基本单位是数据块,即在 CPU 与 I/O 设备之间,每次至少传送一个数据块;② 所传送的数据是从 I/O 设备直接送入内存的,或者相反;③ 仅在传送一个或多个数据块的开始和结束时,才需 CPU 干预,整块数据的传送是在设备控制器的控制下完成的。可见,DMA 控制方式较中断控制方式,进一步提高了 CPU 与 I/O 设备的并行操作程度。

DMA 控制器从处理器手中完全接管对总线的控制,数据交换不经过处理器,而直接在内存和 I/O 设备之间进行。DMA 方式一般用于高速传送成组数据,DMA 控制器向内存发出地址和控制信号,修改地址,对传送字的个数计数,并且以中断方式向处理器报告传送操作的结束。DMA 控制方式的传送结构如图 9-7 所示。

DMA 控制方式的数据块传送过程可分为 3 个阶段:传送前预处理、数据传送、传送后处理。

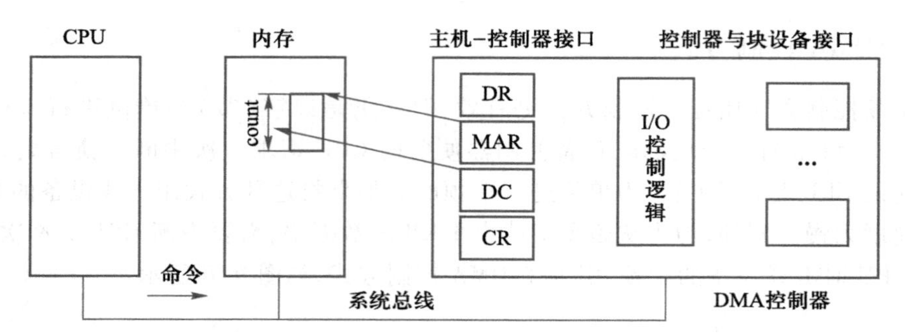

图9-7　DMA控制方式的传送结构

预处理阶段——由处理器执行I/O指令,对DMA进行初始化与启动。

数据传送阶段——由DMA控制器控制总线进行数据传送。当外设数据准备好,发出DMA请求,CPU当前机器周期结束,响应DMA请求,DMA控制器从处理器接管总线的控制权,完成对内存寻址,决定数据传送的内存单元地址,对数据传送字进行计数,执行数据传送的操作。

后处理阶段——传送结束,DMA控制器向处理器发中断请求,报告DMA操作的结束。处理器响应,转入中断服务程序,完成DMA结束处理工作,包括校验数据、决定是否结束传送等。

DMA控制方式的主要优点是速度快。由于CPU根本不参加传送操作,因此省去了CPU取指令、取数据、传送数据等操作。在数据传送过程中,没有保存现场、恢复现场之类的工作,内存地址修改、传送字个数的计数等,也不是由软件实现,而是用硬件线路直接实现的。所以DMA控制方式能满足高速I/O设备的要求,也有利于CPU效率的发挥。DMA控制方式也有一定的局限性,这是因为DMA控制方式在初始化和结束时仍由处理器控制。因此,在大型计算机系统中,为了进一步减轻CPU的负担和提高计算机系统的并行工作程度,除了设置DMA器件之外,还设置了专门的硬件装置——通道。

9.3.4　通道控制方式

在大、中型和超级小型机中,一般采用I/O通道控制I/O设备。通道(Channel)是一个具有特殊功能的处理器,它有自己的指令和程序,可以实现对外围设备的统一管理和外围设备与内存之间的数据传送。与DMA控制方式相比,通道控制方式增强了处理器与通道操作的并行能力;加强了通道之间以及同一通道内各设备之间的并行操作能力;为用户提供了灵活增加外设的可能性。

按照信息交换方式的不同,一个系统中可以设立3种类型的通道,即选择通道、数组多路通道和字节多路通道。由这3种通道组成的数据传送控制结构如图9-8所示。

选择通道又称高速通道,在物理上它可以连接多个设备,但是这些设备不能同时工作,在某一段时间内通道只能选择一个设备进行工作。选择通道在一段时间内只允许执行一个设备的通道程序,只有当这个设备的通道程序全部执行完毕后,才能执行其他设备的通道程序。选择通道主要用于连接高速外部设备,如磁盘,信息以成组方式高速传输。其优点是以数据块为

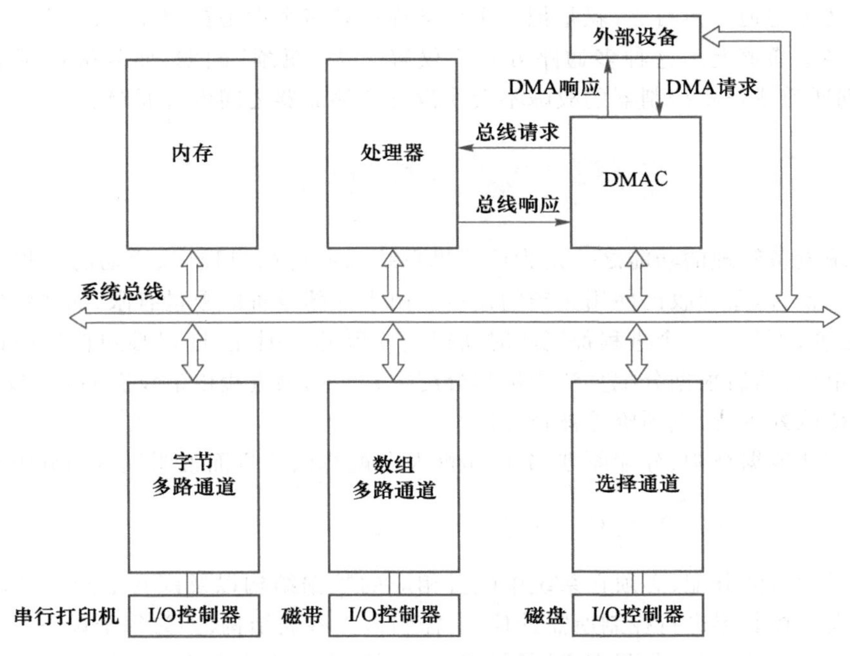

图 9-8 通道控制方式的数据传送控制结构

单位进行传输,传输速率高;缺点是通道的利用率低。

数组多路通道是对选择通道的一种改进,它以分时的方式执行几个通道程序,每执行一个通道程序的一个通道指令就转向另一个通道程序。其优点同选择通道一样,以数据块为单位进行传输,传输速率高;又具有多路并行操作的能力,通道利用率高。缺点是控制复杂。数组多路通道一般用于连接中速设备,如磁带机等。

字节多路通道是一种简单的共享通道,它以字节为单位传输信息,可以分时地执行多个通道程序,为多台低速和中速设备服务,如串行打印机等。它的主要特点是:各设备与通道之间的数据传送是以字节为单位交替进行的,各设备轮流占用一个很短的时间片;多路并行操作能力与数组多路通道相同。

通道具有的功能如下:

(1) 接受处理器的指令,按指令要求与指定的外部设备进行通信。

(2) 从内存读取属于该通道的指令,并执行通道程序,向设备控制器和设备发送各种命令。

(3) 组织外部设备和内存之间进行数据传送,并根据需要提供数据缓存的空间,以及提供数据存入内存的地址和传送的数据量。

(4) 从外部设备得到设备的状态信息,形成并保存通道本身的状态信息,根据要求将这些状态信息送到内存的指定单元,供处理器使用。

(5) 将外部设备的中断请求和通道本身的中断请求,按序及时报告处理器。

由于通道价格昂贵,机器中所设置的通道数量势必较少,这往往又会使它成为 I/O 的瓶颈,进而造成整个系统吞吐量下降。解决"瓶颈"问题最有效的方法,便是增加设备到主机间的通路而不增加通道。换言之,就是把一个设备连接到多个设备控制器上,而把一个设备控制器又连接到多个通道上。这种多通路方式不仅解决了“瓶颈”问题,而且提高了系统的可靠性,因为个别通道或设备控制器的故障不会使设备和存储器之间没有通路。

9.4　设备的分配与回收

操作系统设备管理的功能之一是为计算机系统的所有用户程序、活动的进程分配它们所需要的外部设备,以及回收已使用完毕的设备。由于外部设备的数量有限,而系统中进程数量较多,也就是说,不是每一个进程都能随时获得这些资源。因此,进程必须首先向设备管理程序提出资源申请,然后根据分配算法为进程分配设备。如果进程申请没有通过,那么该进程就进入资源等待队列等待,直到资源被释放。

本节分别从数据结构、分配原则、分配策略及分配算法等方面说明设备的分配与回收。

9.4.1　设备管理的数据结构和分配方式

为实现对设备的分配,必须在系统中配置相应的数据结构以及配套的分配算法。为了记录对设备或设备控制器进行控制所需的信息,需引入一些表结构,如为每个设备配置的设备控制表等。由于系统的管理、分配方式不同,实际采用的表结构也不相同。如通道控制表只在采用通道控制方式的系统中才有。

1. 数据结构

在设备分配算法中,常使用的数据结构主要包括 4 张表,即设备控制表、控制器控制表、通道控制表和系统设备表。

(1) 设备控制表。

系统为每个设备都配置了一张设备控制表(Device Control Table,DCT),用于记录设备的具体情况,如图 9-9 所示。

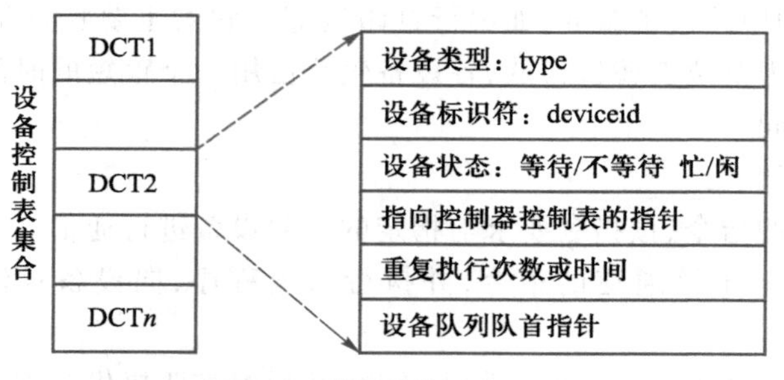

图 9-9　设备控制表(DCT)

在设备控制表中,除了有用于指示设备类型的字段 type 和设备标识符字段 deviceid 外,还应有下列字段:① 设备队列队首指针。凡因请求本设备而未得到满足的进程,应将其进程控制块 PCB 按照一定的策略排成一个设备请求队列,其队首指针指向队首 PCB。② 等待/不等待和忙/闲标志。用于表示当前设备的状态。③ 指向控制器控制表的指针。该指针指向该设备所连接的控制器控制表。④ 重复执行次数或时间。由于外部设备在传送数据时较易发生数据传送错误,因而在许多系统中,规定设备在工作中发生错误时应重复执行一定的次数或时间,在重复执行时,若能恢复正常传送,则仍认为传送成功,仅当重复执行次数或时间达到规定值而仍不成功时,才认为传送失败。

(2) 控制器控制表。

控制器控制表(Controller Control Table,COCT):系统为每个控制器都设置了用于记录控制器情况的控制器控制表,用于记录某控制器的使用分配情况及与该控制器相连的通道情况,如图 9-10(a)所示。

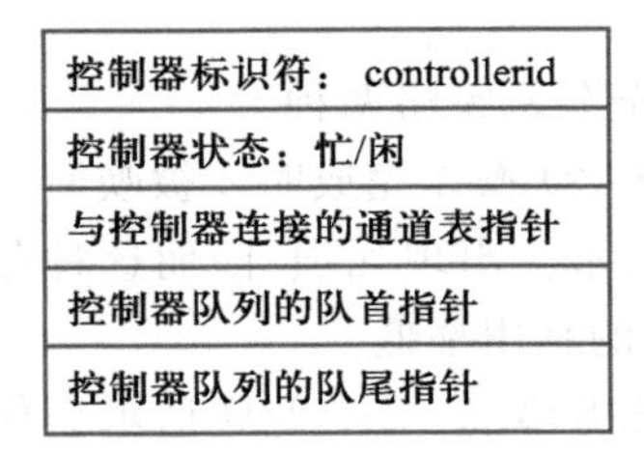

(a) 控制器控制表(COCT)

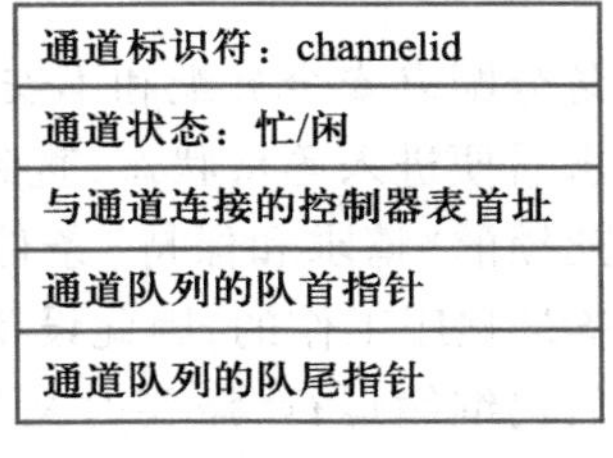

(b) 通道控制表(CHCT)

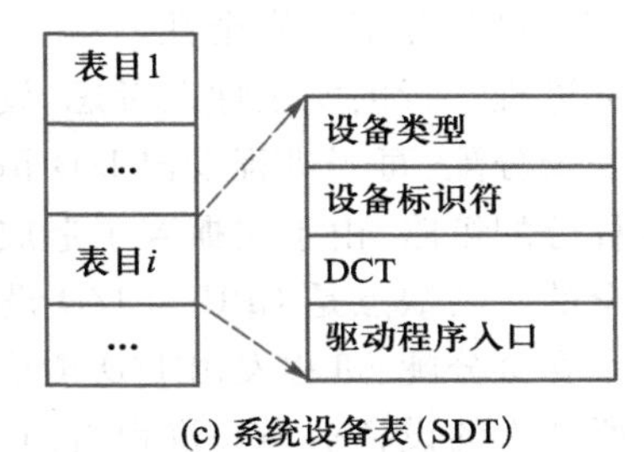

(c) 系统设备表(SDT)

图 9-10 控制器控制表、通道控制表和系统设备表

(3) 通道控制表。

通道控制表(Channel Control Table,CHCT):每个通道都有一张通道控制表,反映通道的具体情况,如图 9-10(b)所示。

(4) 系统设备表。

系统设备表(System Device Table, SDT):系统范围的数据结构,记录了系统中全部设备的情况,每个设备占用一个表目,每个表目中包括设备类型、设备标识符、设备控制表指针及设备驱动程序入口地址等信息。SDT 在整个系统中只有一张,全面反映了系统中所有外部设备资源的情况,如图 9-10(c)所示。

另外,设备的等待队列也是与设备分配有关的数据结构,由等待分配资源的进程 PCB 组成,其组织方式可以按照先来先服务(FIFO)的顺序,也可以按照优先级顺序。

2. 设备分配时应考虑的因素

由于在多道程序系统中,进程数多于资源数,会引起资源的竞争。因此要有一套合理的分配原则,设备分配的总原则是:要充分发挥设备的使用率,尽可能地让设备忙碌,但又要避免由于不合理的分配方法而造成进程死锁。在分配时主要考虑如下因素:I/O 设备的固有属性、I/O 设备的分配算法、设备分配的安全性。

(1) I/O 设备的固有属性。

在分配设备时,首先考虑与设备分配有关的设备属性。设备的固有属性可分成 3 种:第一种是独占性,指这种设备在一段时间内只允许一个进程独占。第二种是共享性,指这种设备允许多个进程同时共享。第三种是可虚拟性,指设备本身虽是独占设备,但经过某种技术处理,可以把它改造成虚拟设备。对这 3 种属性的设备应采取不同的分配策略:① 独占设备的分配策略是,将一个设备分配给某进程后,便由该进程独占,直至该进程完成或释放该设备;② 共享设备的分配策略是，共享设备可同时分配给多个进程使用，此时须注意对这些进程访问该设备的先后次序进行合理的调度；③ 虚拟设备的分配策略是，虚拟设备属于可共享设备，可以将其同时分配给多个进程使用。

（2）I/O 设备的分配算法。

与进程调度类似，设备分配通常只采用以下两种算法：① 先来先服务算法。该算法是根据各进程对某设备提出请求的先后次序，将这些进程排成一个设备请求队列，设备分配程序总是把设备首先分配给队首进程。② 优先级算法。在利用该算法形成设备队列时，将优先级高的进程排在设备队列前面，而对于优先级相同的 I/O 请求，则按先来先服务原则排队。

（3）设备分配的安全性。

从进程运行的安全性上考虑，设备分配有安全分配和不安全分配策略两种。

安全分配：每当进程发出 I/O 请求后便进入等待状态，直到 I/O 操作完成时才被唤醒。使用这种分配策略，由于它摒弃了造成死锁的“请求和保持”条件，不会出现死锁，因而这种分配是安全的。其缺点是 CPU 与 I/O 设备是顺序工作的，因此设备的利用率低。

不安全分配：进程发出 I/O 请求后仍继续运行，需要时又发出第二、三个 I/O 请求。仅当进程所请求的设备被另一进程占用时，进程才进入等待状态。这是一种不安全分配方式，因为它可能局部“请求和保持”条件，从而可能造成死锁。因此，在设备分配程序中，应对本次的设备分配是否会发生死锁进行安全性检查，仅当计算结果是安全的，才进行设备分配。其优点是，一个进程可同时操作多个设备，使进程能够迅速推进。

另外，单纯从设备的分配方法看，有静态分配和动态分配。

静态分配方式是在用户作业开始执行前，由系统一次性分配该作业所要求的全部设备。一旦分配后，这些设备、控制器（通道）就一直被该作业所占用，直到该作业结束。从安全性上考虑，这是一种安全分配方式。

动态分配方式是在进程运行过程中根据运行需要实施分配。当进程需要设备时，通过系统调用向系统提出请求，系统根据设备使用情况和分配策略实施分配，一旦 I/O 完成，就释放该设备。动态分配方式有利于提高设备的利用率，但如果分配算法使用不当，则有可能造成进程死锁。因此，这是一种不安全分配方式。

9.4.2　独占设备的分配

计算机系统中的设备大多数属于独占设备，如读卡机、打印机、磁带机、扫描仪、绘图仪等设备，这些设备在一段时间内只能由一个进程独占使用。因此，对独占设备的分配一般采用静态分配方式。

1. 独占设备的分配

当某进程提出 I/O 请求后，系统的设备分配程序可按下述步骤进行设备分配。

（1）分配设备。首先根据 I/O 请求中的逻辑设备名，查找系统设备表 SDT，从中找出一个该类设备的设备控制表 DCT，然后根据 DCT 中的设备状态字段获知该设备是否正忙。如果设备正忙，则将请求 I/O 的进程 PCB 挂在设备队列上。否则，按照一定的算法计算本次设备分配的安全性。如果不会导致系统进入不安全状态，则将设备分配给请求进程。否则，仍将其 PCB 插入设备等待队列。

（2）分配控制器。在系统把设备分配给请求 I/O 的进程后，再到其 DCT 中找出与该设备相连的控制器控制表 COCT，从 COCT 的状态字段中可知该控制器是否正忙。如果忙，则将请求进程的 PCB 挂在该控制器的等待队列中。否则，将该控制器分配给该进程。

（3）分配通道。在有通道的系统中，还需要从相应的 COCT 中找到与该控制器连接的通道控制表 CHCT，再根据 CHCT 中的状态信息获知该通道是否正忙。如果忙，则将请求进程 PCB 挂在该通道的等待队列上；否则，将该通道分配给进程。只有在设备、控制器和通道三者都分配成功时，这次的设备分配才算成功。然后，启动该 I/O 设备进行数据传送。

需要注意的是，由于在分配时使用了逻辑设备名，因而具备了设备独立性。具体查找可用设备时，不是只查找一个设备，而是查找一类（多个）设备。也就是说，在从 SDT 中查找可用设备时，是要依次查找的，即先从 SDT 中找出第一个该类设备的 DCT，若该设备忙，则查找第二个该类设备的 DCT，仅当所有该类设备都忙时，才把进程 PCB 挂在该类设备的等待队列上。而只要有一个该类设备可用，系统就可以进一步计算分配该设备的安全性。若安全，则把设备分配给进程。

2. 逻辑设备名到物理设备名的映射

为了实现与设备的无关性，当进程请求使用 I/O 设备时，应当用逻辑设备名。但系统只识别物理设备名，因此在系统中需要配置一张逻辑设备表，用于将逻辑设备名映射为物理设备名。

（1）逻辑设备表（Logical Unit Table，LUT）。

在逻辑设备表的每个表目中包含了 3 项：逻辑设备名、物理设备名和设备驱动程序入口地址，如图 9-11（a）所示。当进程用逻辑设备名请求分配 I/O 设备时，系统根据当时的具体情况，为它分配一台相应的物理设备。与此同时，在逻辑设备表上建立一个表目，填上应用程序中使用的逻辑设备名和系统分配的物理设备名，以及该设备驱动程序的入口地址。当以后进程再使用该逻辑设备名请求 I/O 操作时，系统通过查找 LUT，便可找到该逻辑设备所对应的物理设备和该设备的驱动程序。

逻辑设备名	物理设备名	驱动程序入口地址
/dev/tty	3	1024
/dev/printer	5	2046
...	...	...

(a)

逻辑设备名	系统设备表指针
/dev/tty	3
/dev/printer	5
...	...

(b)

图 9-11 逻辑设备表

（2）逻辑设备表的设置。

在系统中可采取两种方式设置逻辑设备表。

第一种方式是在整个系统中只设置一张 LUT。由于系统中所有进程的设备分配情况，都记录在同一张 LUT 中，因而不允许在 LUT 中具有相同的逻辑设备名。这就要求所有用户都使用不相同的逻辑设备名。在多用户环境下这通常是难以做到的，因而这种方式主要用于单用户系统中。

第二种方式是为每个用户设置一张LUT。每当用户登录时,系统便为该用户建立一个进程,同时也为之建立一张LUT,并将该表放入进程的PCB中。由于在多用户系统中,通常都配置了系统设备表,故此时的逻辑设备表可以采用图9-11(b)中的格式。

9.4.3　共享设备的分配

共享设备可以被多个进程所共享,一般采用动态分配方式,当然,对于每一个I/O传输的单位时间而言,该类设备仍然只由一个进程所占用。

与独占设备不同,用户使用共享设备没有明确的申请和释放动作(隐藏在使用之前或之后,自动执行);在此隐含的申请命令和隐含的释放命令之间,执行了一次I/O传输。如对于磁盘而言,是对一个磁盘数据块的读、写。

通常,共享设备的I/O请求来自文件系统、虚拟存储系统或输入/输出管理程序,因此具体设备是已经确定的。因而设备分配比较简单,即当设备空闲时分配,占用时等待。

共享设备使用的具体方法如下:

(1) 申请设备。如果设备被占用,将其PCB插入设备等待队列,否则分配设备。

(2) 启动设备。进行I/O传输。

(3) 释放设备。当设备使用结束、发出中断信号时,系统唤醒一个等待设备的进程。

可以看出,所谓共享设备是指这样的设备:对于此类设备来说,不同进程的I/O传输以块为单位,并且可以交叉进行。

由于独占设备的特性,只能按静态方式进行分配,这样不利于提高系统效率,也不利于调度。因此,“虚拟设备”的技术被提出,即把独占设备改造成共享设备,该技术称为SPOOLing(Simultaneous Peripheral Operating On Line,外围设备同时联机操作)系统。SPOOLing系统的详细描述参见本章9.6节内容。

9.5　缓冲技术

本书2.2节曾简要介绍过缓冲技术,本节将对此技术做较为深入的分析,包括缓冲区引入的原因和缓冲的类型。

缓冲与
假脱机技术

9.5.1　缓冲区的引入

中断、DMA和通道技术可以缓解CPU和I/O设备间速度不匹配的问题,但这个问题始终还是存在的,并且制约了计算机系统性能的进一步提高,限制了系统的应用范围。为了进一步解决这一矛盾,还可以引入缓冲技术。

设置缓冲区是在两种不同速度的设备之间传输信息时平滑传输过程的常用手段。缓冲区可以用缓冲器和软件缓冲区(或软缓冲)来实现。缓冲器是一种容量较小,用来暂时存放数据的存储装置,它以硬件方式来实现。由于硬件缓冲器比较贵,除了在关键的地方采用外,大都采用软件缓冲区。软件缓冲区是指在I/O操作期间用来临时存放I/O数据的一块存储区域。

缓冲区是为了解决 CPU 和 I/O 设备的速度不匹配的问题而提出来的，但它也可解决其他问题，是有效利用 CPU 的重要技术。引入缓冲区的原因有多个，它们可归结为以下几点：

1. 缓和 CPU 与 I/O 设备间速度不匹配的矛盾

实际上，凡在数据的到达速率与离去速率不同的地方，都可设置缓冲区，以缓和它们之间速率不匹配的矛盾。众所周知，CPU 的运算速率远高于 I/O 设备的速率，如果没有缓冲区，则在输出数据时，必然会由于输出设备（如打印机）的速度跟不上而使 CPU 停下来等待；然而在计算阶段，打印机又空闲无事。如果在打印机或控制器中设置一个缓冲区，用于暂存程序的输出数据，供之后打印机“慢慢地”从中取出数据打印，则可提高 CPU 的工作效率。类似地，在输入设备与 CPU 之间设置缓冲区，也可使 CPU 的工作效率得以提高。

2. 降低对 CPU 的中断频率，放宽对 CPU 中断响应时间的限制

例如，在远程通信系统中，如果从远地终端发来的数据仅用一位缓冲来接收，则必须在每收到一位数据时便中断一次 CPU，而且在下次中断到来之前，必须将缓冲寄存器中的内容取走，否则，会丢失信息。如果设置一个 16 位缓冲寄存器来接收信息，则仅当 16 位都装满时，才中断 CPU 一次，从而把中断的频率降低为原中断频率的 1/16。类似地，在磁盘控制器和磁带控制器中，都需要配置缓冲寄存器，以降低对 CPU 的中断频率，放宽对 CPU 中断响应时间的限制。随着传输速率的提高，需要配置位数更多的寄存器进行缓冲。

3. 解决数据粒度不匹配的问题

缓冲区可用于解决在类似于生产者和消费者之间交换的数据粒度（数据单元大小）不匹配的问题。例如，当生产者所生产的数据粒度比消费者消费的数据粒度小时，生产者进程可以一连生产好几个数据单元的数据，当其总和已达到消费者进程所要求的数据单元大小时，消费者便可从缓冲区中取出数据进行消费。当生产者所生产的数据粒度比消费者消费的数据粒度大时，生产者每次生产的数据，消费者可以分几次从缓冲区中取出消费。在实际的打印机中也存在类似问题，如普通针式打印机是以行为单位进行打印的，而程序输出则是以字符为单位的，因此也需配备打印缓冲区以接收输出数据，只有当满一行时才输出到打印机打印。

4. 提高 CPU 和 I/O 设备之间的并行性

缓冲区的引入可显著提高 CPU 和 I/O 设备间的并行操作程度，提高系统的吞吐量和设备的利用率。例如，在 CPU（生产者）和打印机（消费者）之间设置了缓冲区后，生产者在生产了一批数据并将其放入缓冲区后，便可立即去进行下一次的生产。与此同时，消费者可以从缓冲区中取出数据进行消费，这样便可使 CPU 与打印机处于并行工作状态。

9.5.2 缓冲区的种类

根据系统设置的缓冲区的个数，可把缓冲技术分为单缓冲、双缓冲、多缓冲，以及缓冲池等几种。

（1）单缓冲。如果数据到达速率与离去速率相差很大，则可采用单缓冲方式，例如，在 I/O 设备和处理器之间设置一个缓冲区。I/O 设备和处理器交换数据时，先把被交换数据写入缓冲区，然后，需要数据的设备或处理器从缓冲区取走数据。由于缓冲区属于临界资源，即不允许多个进程同时对一个缓冲区进行操作，因此，尽管单缓冲能匹配设备和处理器的处理速度，但是，I/O 设备之间不能通过单缓冲实现并行操作。

(2) 双缓冲。如果信息的输入和输出速率相同(或相差不大),则可利用双缓冲实现二者的并行。例如,两台打印机和终端之间的并行操作,有了两个缓冲区之后,处理器可把输出到打印机的数据放入其中一个缓冲区,让打印机慢慢打印;然后,它又可以从另一个为终端设置的缓冲区中读取所需要的输入数据。

不过,双缓冲只是一种说明设备和设备、处理器和设备并行操作的简单模型,并不能用于实际系统中的并行操作。这是因为计算机系统中的外部设备较多,而且很难匹配设备和处理器的处理速度。因此,现代计算机系统中一般使用多缓冲或缓冲池结构。

(3) 多缓冲。对于阵发性的输入/输出,双缓冲也不能满足CPU和I/O设备的并行查找要求。为了解决阵发性I/O的速度不匹配问题,可以设立多个缓冲区。多缓冲是指一种具有多个缓冲区的缓冲结构,其中一部分缓冲区专门用于输入,另一部分缓冲区专门用于输出。双缓冲是多缓冲的一种特例。多缓冲保留了双缓冲的优点,提高了处理速度,而空间消耗却增加了。

(4) 缓冲池。缓冲池是一种把多个缓冲区连接起来统一管理的缓冲结构,在缓冲池中的每个缓冲区既可用于输入,又可用于输出。例如,用n个缓冲区构成一个缓冲池,将各缓冲区顺序编号为0、1、2,…,$n-1$。输入机依次把数据读入各缓冲区,CPU也按同样顺序从中取出内容进行处理,缓冲区数量多、容量大,在一般情况下,可协调CPU和输入机的并行工作。

在UNIX系统中,无论是块设备还是字符设备,都使用了缓冲池技术,尤其是块设备,它作为文件系统的物质基础,用完整的缓冲池技术提高了文件系统的效率。

缓冲技术是得到广泛应用的技术。但如果数据实现缓冲的次数太多,性能也会受到一定的影响。例如,一个用户执行系统调用,通过网络把数据包传送给另一个用户。此时数据包要经历在内存与缓冲区间的多次复制,且都是串行的,其传输速率将明显下降。

9.6 虚拟设备技术

SPOOLing技术又称为虚拟设备技术,是多道程序系统中处理独占I/O设备的一种方法,现代操作系统大多实现了这种技术,其可以提高设备利用率并缩短单个程序的响应时间。本节介绍SPOOLing系统的工作原理、组成和实现等内容。

9.6.1 虚拟设备的实现原理

早期设备分配是脱机实现的,目的是解决高速CPU与慢速外部设备之间的匹配问题。脱机方式是这样的:用一台专用的外围计算机去执行数据输入,并把相应信息记录在磁带上。然后把磁带连接到主机上,主机可以高速地读取信息且允许多个作业同时执行。最后的输出结果记录在另一磁带上,由专门负责输出的另一台外围机输出到打印机上。

随着处理能力很强的通道和多道程序设计技术的引入,人们用常驻内存的进程去模拟一台外围机,用一台主机就可完成上述脱机技术中需要3台计算机完成的工作。SPOOLing技术就是按这种思想实现的。

SPOOLing技术也称假脱机技术,SPOOLing系统主要包括输入程序模块、输出程序模块、作业调度程序3部分。其工作原理如下:

利用 SPOOLing 系统中的输入程序模块，在作业执行前就利用慢速设备将作业预先写入输入井（如磁盘、磁鼓等后援存储器）中，称为预输入。

作业进入内存运行后，使用数据时，直接从输入井中取出。

作业执行时不必直接启动外部设备输出数据，只需将这些数据写入输出井（专门用于存储将要输出信息的磁盘、磁鼓）中，称为缓输出。

待作业全部运行完毕，再由外部设备输出全部数据和信息。

按照上述工作方式，就实现了对作业的输入、组织调度和输出管理的统一。同时，在处理器直接控制下，外部设备又能与处理器并行工作（故称为假脱机）。

9.6.2　SPOOLing 系统的组成与实现

1. SP00Ling 系统的组成

如前所述，SPOOLing 技术是对脱机输入/输出系统的模拟，相应地，如图 9-12 所示，SPOOLing 系统建立在通道技术和多道程序技术的基础上，以高速随机外存（通常为磁盘）为后援存储器。如图 9-12 所示，SPOOLing 系统主要由 4 部分构成。

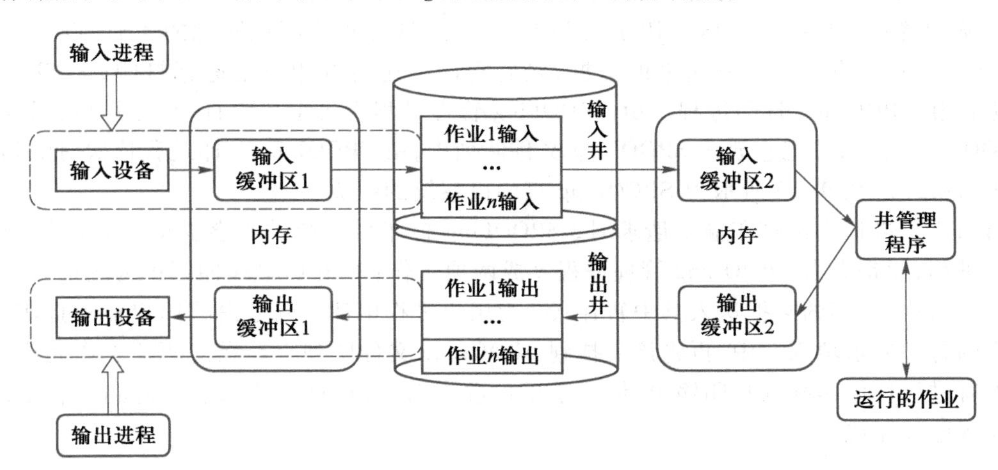

图 9-12　SPOOLing 系统

（1）输入井和输出井。这是在磁盘上开辟出来的两个存储区域。输入井模拟脱机输入时的磁盘，用于存放 I/O 设备输入的数据。输出井模拟脱机输出时的磁盘，用于收容用户程序的输出数据。输入井/输出井中的数据一般以文件的形式组织管理，我们把这些文件称为井文件。一个井文件仅存放某一个进程的输入（或者输出）数据，所有进程的数据输入（或输出）文件可链接成一个输入（或输出）队列。

（2）输入缓冲区和输出缓冲区。这是在内存中开辟的两个缓冲区，用于缓和 CPU 和磁盘之间速度不匹配的矛盾。输入缓冲区用于暂存由输入设备传送来的数据，之后再将其传送到输入井。输出缓冲区用于暂存从输出井传送来的数据，之后再将其传送到输出设备。

（3）输入进程和输出进程。输入进程，也称为预输入进程，用于模拟脱机输入时的外围控制机，将用户要求的数据从输入设备传送到输入缓冲区，再存放到输入井。当 CPU 需要输入设备时，直接从输入井读入内存。输出进程，也称为缓输出进程，用于模拟脱机输出时的外围控制机，把用户要求输出的数据从内存传送(并存放)到输出井，待输出设备空闲时，再将输出井中的数据经输出缓冲区输出至输出设备。

(4) 井管理程序。该程序用于控制作业与磁盘井之间信息的交换。当作业执行过程中向某台设备发出启动输入或输出操作请求时，操作系统调用井管理程序，由该程序控制从输入井读取信息或将信息输出至输出井。

2. SPOOLing系统的实现——打印机的值班进程

SPOOLing系统通常分为输入SPOOLing系统和输出SPOOLing系统，二者工作原理类似。下面以常见的打印机共享为例，说明输出SPOOLing系统的基本原理。

打印机是经常会被用到的输出设备，属于独占设备。利用SPOOLing技术可将它改造为一台可供多个用户共享的打印设备，从而提高它的利用率，也方便用户使用。共享打印机技术已被广泛应用于多用户系统和局域网络中。

SPOOLing打印机系统主要包含以下3部分。① 磁盘缓冲区。是在磁盘上开辟的一个存储空间，用于暂存用户程序的输出数据，在该缓冲区中可以设置几个盘块队列，如空盘块队列、满盘块队列等；② 打印缓冲区。用于缓和CPU和磁盘之间速度不匹配的矛盾，设置在内存中，用于暂存从磁盘缓冲区发送来的数据，之后会再传送给打印设备进行打印；③ SPOOLing管理进程和SPOOLing打印进程。由SPOOLing管理进程为每个要求打印的用户数据建立一个SPOOLing文件，并把它放入SPOOLing文件队列中，由SPOOLing打印进程依次对队列中的文件进行打印。图9-13所示为SPOOLing打印机系统的组成。

每当用户进程发出打印输出请求时，SPOOLing打印机系统并不会立即把打印机分配给该用户进程，而是会由SPOOLing管理进程完成两项工作：① 在磁盘缓冲区中为之申请一个空闲盘块，并将要打印的数据送入其中暂存；② 为用户进程申请一张空白的用户请求打印表，并将用户的打印要求填入其中，再将该表挂到SPOOLing文件队列上。在这两项工作完成后，虽然还没有进行任何实际的打印输出，但对于用户进程而言，其打印请求已经得到了满足，打印输出任务已经完成。

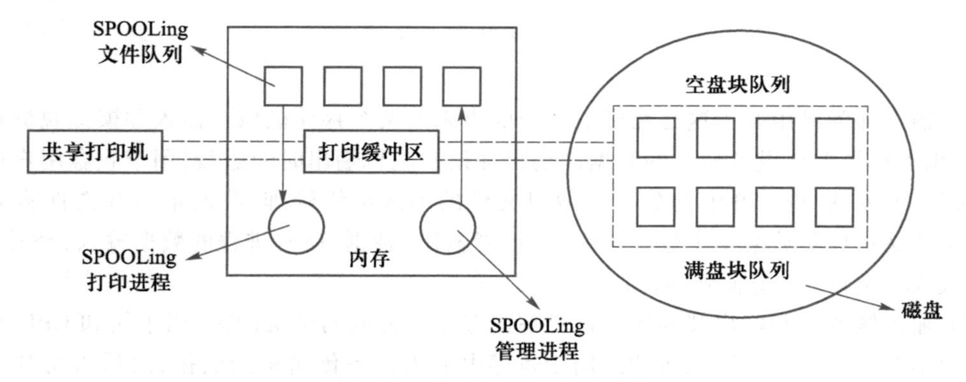

图9-13　SPOOLing打印机系统

真正的打印输出是SPOOLing打印进程负责的，当打印机空闲时，该进程首先从SPOOLing文件队列的队首摘取一张请求打印表，然后根据表中的要求将要打印的数据由输出井传送到内存缓冲区，再交付打印机进行打印。一个打印任务完成后，SPOOLing 打印进程将会再次查看 SPOOLing 文件队列，若队列非空，则重复上述工作，直至队列为空。此后，SPOOLing 打印进程将自己等待，仅当再次有打印请求时才会被重新唤醒运行。

由此可见，系统利用 SPOOLing 技术把独占设备改造成共享设备，使得每一个用户感到好像拥有独占设备一样。在这种情况下，称操作系统向用户提供了虚拟设备。

并不是所有的独占设备都能通过 SPOOLing 系统改造为共享设备的，例如摄像机等一些需要实时响应的设备就不适合这么做，所以应该实际情况实际分析。

9.7 磁盘调度

几乎所有的计算机都使用磁盘来保存信息，为了减少磁盘与内存之间信息传输的时间，系统需要对磁盘进行磁盘调度。本节讨论磁盘调度的策略，包括移臂调度和旋转调度。

磁盘调度

9.7.1 信息传输时间

有关磁盘的结构，已在本书 8.1.3 小节中简要介绍过。启动磁盘执行输入/输出操作时，要先把磁臂移动到指定的柱面，等待指定的扇区旋转到磁头位置下，然后让指定的磁头进行读写，完成信息传送。因此，执行一次输入/输出所花的时间有：

寻道时间：磁头在磁臂带动下移动到指定柱面所花的时间，该时间是启动磁臂的时间与磁头移动 n 个柱面所花费的时间之和，也被称为寻找时间。

延迟时间：将指定扇区旋转到磁头下所需的时间。不同的磁盘类型，旋转速度差别很大。

传输时间：由磁头进行读写，完成数据传送的时间。其大小与每次所读/写的字节数和旋转速度有关。

其中，传输信息所花的时间，是在硬件设计时就固定的。而寻道时间和延迟时间基本上都与所读/写数据的多少无关，而与信息在磁盘上的位置有关，并且这两个时间通常占据了访问时间中的大头。适当地集中数据在磁盘上存放的位置，可以减少磁臂移动距离，这将有利于提高传输速率。图 9-14 是访问磁盘的操作时间示意图。

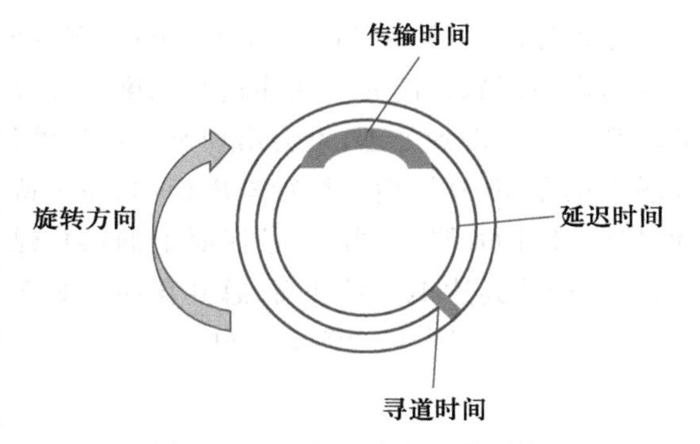

图 9-14 访问磁盘的操作时间

为了减少磁臂移动花费的时间，每个文件的信息，并非按盘面上的磁道顺序，放满一个盘面后，再放到下一个盘面上，而是按柱面存放，同一柱面上的各磁道放满信息后，再放到下一个柱面上。所以各磁盘的编号按柱面顺序（从 0 号柱面开始）排列，每个柱面按磁道顺序排列，每个磁道又按扇区顺序进行排列。

假定用 t 表示每个柱面上的磁道数，用 s 表示每个盘面上的扇区数，则第 i 柱面、j 磁头、k 扇区所对应的块 b 由如下公式确定：

$$b=k+s*(j+i*t)$$

同样地，根据块号也可确定该块在磁盘上的位置，在上述假定下，每个柱面上有 $s*t$ 个磁盘块，为了计算第 p 块在磁盘上位置，可以令：

$$d=s*t$$
$$m=[p/d]$$
$$n=p \bmod d$$

于是，第 p 块在磁盘上位置为

柱面号 $=m$

磁头号 $=[n/s]$

扇区号 $=[n \bmod s]$

9.7.2 磁盘的移臂调度

操作系统的一项职责就是有效地利用硬件。对于磁盘驱动器来说，就是尽量加快存取速度和增加磁盘带宽（即所传送的总字节数除以第一个服务请求至最后传送完成所用去的总时间）。通过调度磁盘I/O服务的顺序可以改进存取时间和带宽。对于大多数磁盘来说，寻道时间远大于延迟时间与传输时间之和。所以，减少平均寻道时间就可以显著地改善系统性能。

根据访问者指定的柱面位置来决定执行次序的调度，称为“移臂调度”。移臂调度的目的是尽可能地减少操作中的寻道时间。

在磁盘盘面上，0磁道在盘面的最外圈；号数越大，磁道越靠近盘片的中心。磁盘在关机时，磁头停放在最内圈柱面。

常用的磁盘调度算法有：先来先服务调度算法、最短寻道时间优先调度算法、电梯调度算法和单向扫描调度算法等。

1. 先来先服务调度算法

先来先服务（First Come First Service，FCFS）调度算法是最简单的磁盘调度算法。它根据进程请求访问磁盘的先后次序进行调度。此算法的优点是公平、简单、易实现，且每个进程的请求都能依次得到处理，不会出现某一进程的请求长期得不到满足的情况。例如，如果现在读写磁头正在30号柱面上执行输出操作，而等待访问者依次要访问的柱面为130、32、199、159、18、148、61、100，那么，当30号柱面上的操作结束后，移动臂将按请求的先后次序先移到130号柱面，最后到达100号柱面，总共移动了802个柱面，如图9-15所示。

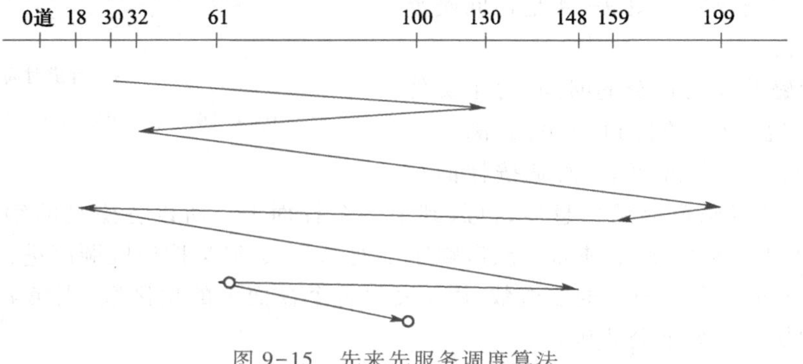

图9-15 先来先服务调度算法

从图 9-15 中可以看到，采用先来先服务调度算法决定等待访问者执行输入/输出操作的次序时，移动臂来回地移动。该算法花费的寻道时间较长，所以执行输入/输出操作的总时间也很长。

2. 最短寻道时间优先调度算法

最短寻道时间优先（Shortest Seek Time First, SSTF）调度算法总是从等待访问者中挑选距当前磁头所在位置有最短寻道时间的那个请求先执行，而不管访问者到来的先后次序。现在仍利用与上面相同的例子来讨论，当 30 号柱面的操作结束后，应该先处理 32 号柱面的请求，然后到达 18 号柱面执行操作，随后处理 61 号柱面请求，后继操作的次序应该是 100，130，148，159，199。如图 9-16 所示。

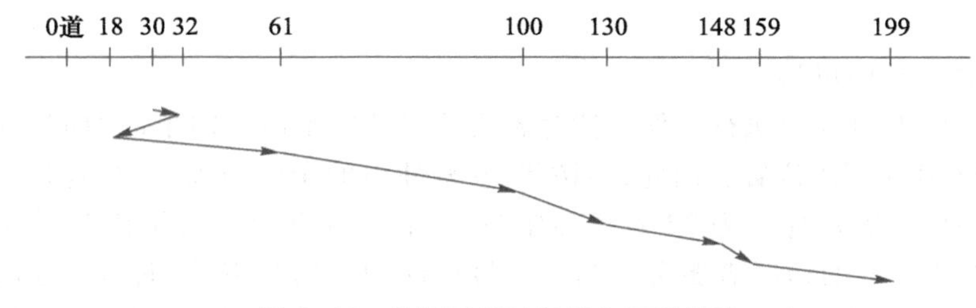

图 9-16 最短寻道时间优先调度算法

从图 9-16 中可以看到，采用最短寻道时间优先调度算法决定等待访问者执行操作的次序时，读写磁头总共移动了 197 个柱面的距离，与先来先服务调度算法比较，大幅度地减少了寻道时间。因而缩短了为各访问者请求服务的平均时间，也就提高了系统效率。其缺点是，有可能导致某些进程发生“饥饿”现象。

3. 电梯调度算法

电梯调度算法也称为扫描法（SCAN），是从磁头当前位置开始沿着磁臂的移动方向出发，向另一端移动，遇到所需的柱面时就进行服务，直至达到磁盘的另一端。在另一端上，磁头移动方向倒过来，继续下面的服务。这好比乘电梯，如果电梯已向上运动到第 3 层时，依次有 3 位乘客小红、小明、小兰在等候乘电梯。他们的要求是：小红在 2 层等待去 8 层，小明在 7 层等待去 2 层，小兰在 6 层等待去 15 层。由于电梯目前运行方向是向上，所以电梯的行程是先把乘客小兰从 6 层带到 15 层，然后电梯换成下行方向，把乘客小明从 7 层带到 2 层，电梯最后再调转方向。把乘客小红从 2 层送到 8 层。

典型的扫描算法是磁头从磁盘的一端移动到另一端。这样做比较死板，更通用的是像电梯算法这样，磁头仅移动到每个方向上有服务请求的最远的柱面上，一旦当前方向上没有请求了，则磁头移动方向就反过来，这样的算法称为寻查法（LOOK）。

我们仍用前述的同一例子来讨论采用电梯调度算法的情况。由于磁盘移动臂的初始方向有两个，而该算法与移动臂的方向有关，所以分成两种情况来讨论。

（1）移动臂由里向外移动。

开始时，磁头在 30 号柱面执行操作，磁臂移动方向是由里向外（即向柱面号减小的外圈方向），趋向 18 号柱面的位置，因此，当访问 30 号柱面的操作结束后，沿臂移动方向最近的柱面是 18 号柱面。之后，由于在向外移方向已无访问等待者，故改变移动臂的方向，由外向里依次为各访问者服务。在这种情况下,为等待访问者服务的次序是32、61、100、130、148、159、199,如图9-17所示。

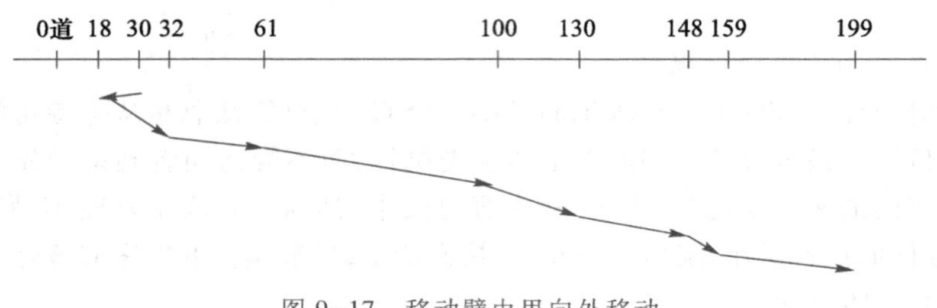

图9-17　移动臂由里向外移动

(2)移动臂由外向里移动。

开始时,正在30号柱面执行操作的读写磁头的移动臂是由外向里(即向柱面号增大的内圈方向)趋向32号柱面的位置。因此,当访问30号柱面的操作结束后,沿臂移动方向最近的柱面是32号柱面。所以,应先为32号柱面服务,然后移动臂由外向里移动,依次为61、100、130、148、159、199柱面的访问者服务。当199号柱面的操作结束后,向里移动的方向已经无访问等待者,所以改变移动臂的前进方向,由里向外为18柱面的访问者服务,如图9-18所示。

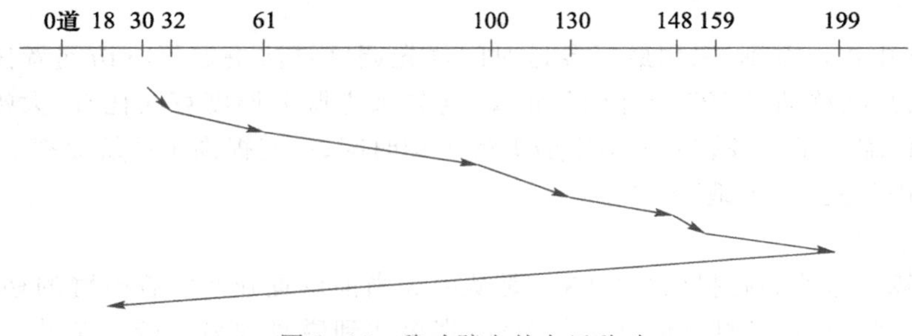

图9-18　移动臂由外向里移动

电梯调度算法与最短寻道时间优先调度算法的思想都是要尽量减少移动臂移动时所花的时间。所不同的是:最短寻道时间优先调度算法不考虑臂的移动方向,总是选择离当前读写磁头最近的那个柱面,这种选择可能导致移动臂来回改变移动方向;电梯调度算法是沿着磁臂的移动方向去选择离当前读写磁头最近的那个柱面的访问者,仅当沿移动臂的前进方向无访问等待者时,才改变移动臂的前进方向。由于移动臂改变方向是机械动作,速度相对较慢,所以,电梯调度算法是一种简单、实用且高效的调度算法。

但是,电梯调度算法在实现时,不仅要记住读写磁头的当前位置,还必须记住磁臂的当前的前进方向。

4. 单向扫描调度算法

单向扫描调度算法是电梯调度算法的变种,其基本思想是,不考虑访问者等待的先后次序,总是从0号柱面开始向里道扫描,按照各自所要访问的柱面位置的次序去选择访问者。在移动臂到达最后一个柱面后,立即快速返回到0号柱面,返回时不为任何等待的访问者服务。

在返回到 0 号柱面后，再次进行扫描。从本质上看，单向扫描调度算法将磁盘视为一个环，它的最后一道接着最初一道，所以该算法也被称为循环扫描法（C-SCAN）。

对上述相同的例子采用单向扫描调度算法的执行次序如图 9-19 所示。

在图 9-19 中，由于该例中已假定读写的当前位置在 30 号柱面，所以指示了从 30 号柱面继续向里扫描，依次为 32、61、100、130、148、159、199 各柱面的访问者服务，此时移动臂已经是最内的柱面（图中为 199 个柱面），于是立即返回到 0 号柱面，重新扫描，为 18 号柱面的访问者服务。

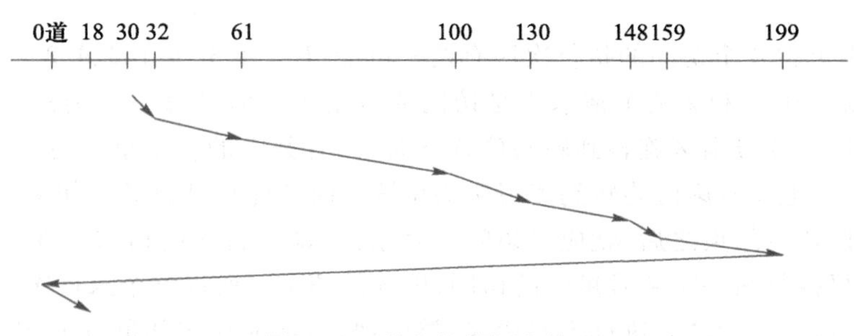

图 9-19　单向扫描调度算法

除了先来先服务调度算法外，其余 3 种调度算法都是根据欲访问的柱面位置来进行调度的。在调度过程中可能有新的请求访问者加入。在这些新的请求访问者加入时，如果读写已经超过了它们所要访问的柱面位置，则只能在以后的调度中被选择执行。

磁盘的调度算法有很多，如何从中选出一个最佳方案，与多种因素有关，包括 I/O 请求的数量和类型，文件的物理存储方式、目录和索引块的位置、旋转延迟时间等。如果在系统中磁盘负荷很重的情况下，采用电梯调度算法或单向扫描调度算法更合适。一般情况下，采用 SSTF 算法较普遍，该算法能有效地提高 I/O 性能。

9.7.3　磁盘的旋转调度

对在同一个柱面中多个访问者的读写请求，需要有调度算法用来确定为这些访问等待者服务的次序。

所谓“旋转调度”是指，在移动臂定位后有若干个访问者等待访问同一柱面的情况下，根据访问者的旋转延迟时间来决定执行次序的调度，优先选择延迟时间最短的访问者执行。

进行旋转调度时应分析下列情况：

（1）若干访问等待者请求访问同一磁道上的不同扇区。

（2）若干访问等待者请求访问不同磁道上不同编号的扇区。

（3）若干访问等待者请求访问不同磁道上的具有相同编号的扇区。

对于前两种情况，旋转调度总是为首先到达读写磁头位置下的扇区进行读写操作。对于第 3 种情况，由于这些扇区编号相同，又在同一个柱面上，所以它们同时到达读写磁头的位置下。这时旋转调度可选择任意一个读写磁头进行读写操作。

例如，有 4 个访问第 70 号柱面的请求访问者，它们的访问要求如表 9-1 所示。

表 9-1　旋转调度示例

请求次序	柱面号	磁头号	扇区号
1	70	6	2
2	70	2	4
3	70	6	4
4	70	3	8

从表 9-1 中可得 4 个访问的执行次序有两种可能:1、2、4、3,或 1、3、4、2。

在表中可以看到,3 和 2 两个请求都是访问 4 号扇区。但是每一时刻只允许一个读写磁头进行操作,所以当 4 号扇区旋转到磁头位置下时,只有其中的一个请求可执行,另一个请求必须等磁盘下一次把 4 号扇区旋转到读写磁头位置下时才能得到服务。如果按照 1、2 的执行次序,在 4 号扇区执行结束之后,就应该访问 8 号扇区,即执行 4 的请求。在这一圈执行完毕之后的下一圈,再执行另一个 4 号扇区的访问,即 3 的请求。所以整个执行次序是 1、2、4、3。

如果在 1 的请求执行之后执行 3 的请求,类似地,后面应该去访问 8 号扇区,即执行 4 的请求,而在这一圈执行完毕之后的下一圈,再执行另一个 4 号扇区的访问请求,即 2 的请求,所以整个执行次序是 1、3、4、2。

9.7.4　信息的优化存放

影响磁盘输入/输出操作时间的另一个因素是记录在磁道上的排列方式。

假设某个系统在磁盘初始化时把磁盘的盘面分成 8 个扇区,现有 8 个逻辑记录被存储在同一个磁道上的这 8 个扇区中,供处理程序使用。处理程序要求顺序处理这 8 个记录,即从 L1 到 L8。每次处理程序请求从磁盘上读出一个逻辑记录,然后程序对读出的每个记录花费 5 ms 的时间进行运算处理,接着再读出下一个记录进行类似的处理,直至这 8 个记录都处理结束。假定磁盘转速为 20 ms/周,8 个逻辑记录依次存储在磁道上,如图 9-20(a)所示。

由磁盘转速可知,读一个记录要花 2.5(20/8) ms 的时间。当花了 2.5 ms 的时间读出第 1 个记录,并花费 5 ms 时间进行处理后,第 4 个记录的位置已经转到读写磁头下面。为了顺序处理第 2 个记录,必须等待磁盘把第 2 个记录旋转到读写磁头位置下面,即要 15 ms(即旋转 3/4 周的时间)的延迟时间。于是,处理这 8 个记录所要花时间为:

$$8\times(2.5+5)+7\times20\times3/4=165(\text{ms})$$

如果我们把上述的 8 个逻辑记录在磁道上的位置重新进行优化排列,使得当读出一个记录并对之处理完毕之后,读写磁头正好处于需要读出的下一个记录位置上,于是可立即读出该记录,这样就不必花费那些延迟时间。如图 9-20(b)所示为对这 8 个逻辑记录进行的优化分布处理后的示意图。按图 9-20(b)的安排,程序处理这 8 个记录所要花费的时间为:

$$8\times(2.5+5)=60(\text{ms})$$

这是因为,每处理完一个记录后,下一个需要处理的记录正好旋转至读写磁头下,因此不需要额外的旋转延迟时间。这个结果说明,在对磁盘上信息分布进行优化之后,整个程序的处理时间从 165 ms 降低为 60 ms。可见优化分布有利于减少延迟时间,从而缩短了整个输入/输出操作的时间。所以，对于一些能预知处理要求的信息在磁盘上的记录位置，采用优化分布可以提高系统的效率。

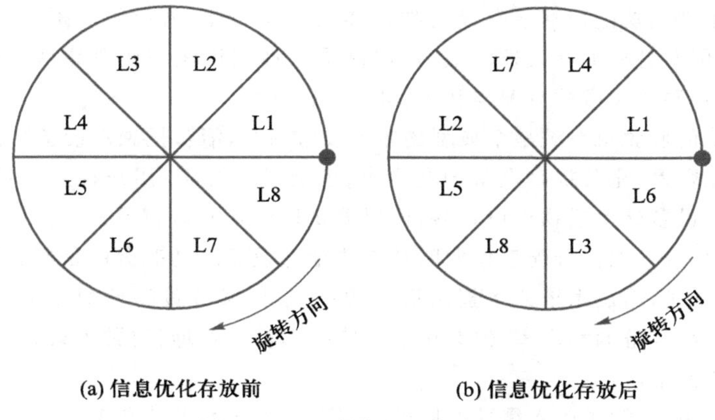

图 9-20 磁盘信息的优化分布

本章小结

I/O 设备是整个计算机系统的重要组成部分。由于 I/O 设备种类繁多，因此设备管理很复杂。任何操作系统都有很大一部分代码与 I/O 有关。

本章首先讲述了设备管理的重要性，然后叙述了 I/O 设备的分类。接着叙述了 I/O 硬件和 I/O 软件的组成，重点介绍设备独立性、I/O 设备的控制方式、缓冲技术、虚拟设备技术，最后详细介绍了磁盘调度。

I/O 设备由物理设备和电子部件两部分组成。物理设备泛指输入/输出设备中为执行所规定的操作所必须有的机械物理装置。电子部件是指接收和发送计算机与 I/O 设备之间的控制命令以及数据的电子设备，一部分是 I/O 设备控制器，另一部分是设备接口。

系统对 I/O 设备的控制方式有程序控制方式、中断控制方式、DMA 控制方式和通道控制方式。程序控制方式定时对各种设备轮流询问一遍有无处理要求，若有，则加以处理。程序控制方式占用了处理器的部分处理时间，效率较低。采用中断控制方式控制 I/O 设备可以支持多道程序和 I/O 设备的并行操作，提高整体效率。但如果发生中断的次数较多，将耗去处理器处理时间。DMA 技术是指数据在内存和 I/O 设备间直接进行成块传输，而不需要处理器的任何中间干涉。该技术提高了 I/O 效率，但是降低了处理器处理效率。I/O 通道是一个独立于处理器的、专门管理 I/O 的处理器，它控制设备与内存之间进行数据交换。通道对系统整体性能的提高起到了相当重要的作用。

I/O 软件的设计目标是提供设备的独立性以及对设备的统一命名。I/O 软件采用层次化结构，低层与硬件相关，把硬件与较高层次软件隔离，高层的软件向应用程序提供友好、清晰而统一的 I/O 设备接口。I/O 软件结构分为中断处理程序、设备驱动程序、设备独立性软件和用户层软件 4 层。

设备驱动程序直接同硬件打交道，接受来自设备无关上层软件的抽象请求，进行与I/O硬件设备相关的处理。

与设备无关软件的功能包括所有设备都需要的I/O功能，为应用层提供一个统一的接口，对设备进行保护，屏蔽各种I/O设备的细节，向高层软件提供统一的逻辑块、缓冲区，实现存储设备的块分配，进行独立设备的分配与回收，进行出错处理。

用户层软件中的假脱机系统是个典型的虚拟设备系统，能够把独占设备模拟成共享设备。

设备分配的原则是，充分提高设备的利用率，但要避免死锁；用户程序使用逻辑设备，分配程序在系统把逻辑设备转换成物理设备后，再根据物理设备号进行分配。静态分配方式是用户程序在执行前，由系统一次性分配该作业所要求的全部设备。动态分配是根据运行需要进行分配，当进程需要设备时，通过系统命令提出请求，系统按照某种策略分配设备，用完之后立即释放。动态分配可提高设备的利用率，但有可能造成死锁。一般地，对独占设备使用静态分配，对共享设备使用动态分配。

在缓冲区管理中，介绍了引入缓冲的原因和缓冲区的各种组成方式。

在磁盘调度中，首先概述了磁盘的性能，并在此基础上，详细介绍了磁盘驱动调度。磁盘驱动调度包括“移臂调度”和“旋转调度”两部分。常用的移臂调度算法有FCFS调度算法、SSTF调度算法和电梯调度算法、C-SCAN调度算法。旋转调度应该选择延迟时间最短的访问者执行。记录在磁道上的排列方式会影响磁盘的操作时间，优化分布有利于减少延迟时间，缩短I/O时间。

习题

第9章习题解析

一、单项选择题

1. 为了对计算机系统中配置的各种不同类型的外部设备进行管理，系统为每一台设备确定一个编号，以便区分和识别，这个编号称为设备的(　　)。

A. 绝对号　　B. 相对号　　C. 设备号　　D. 类型号

2. 采用缓冲技术最根本的原因是(　　)。

A. 改善处理器处理数据的速度和设备传输速度不相匹配的情况

B. 节省内存

C. 提高CPU的利用率

D. 提高I/O设备的效率

3. 为了减少磁盘和内存之间传输信息时的寻找时间，可以采用(　　)。

A. 移臂调度　　B. 旋转调度

C. 优化信息在盘面上的分布　　D. 缓冲技术

4. 假设：计算机系统上有2个用户程序A和B正在运行，且分别在加工着视频文件X和Y；计算机系统上连接着1号和2号两台磁带机。被加工的文件由A和B分别逐段地进行加工，加工结果逐段送到磁带上存储，此时(　　)。

A. 每个程序都只提出要求磁带机作为自己的输出设备，由操作系统决定它将独占哪台磁带机

B. 预先把 1 号磁带机分配给程序 A 独占，2 号分配给 B 独占

C. 先要求输出的程序必定占用 1 号磁带机作为独占设备，后要求输出的程序独占 2 号磁带机

D. 把两台磁带机都作为可共享设备使用

5. 磁盘的 I/O 控制方式是(　　)。

A. 轮询　　B. 中断　　C. DMA　　D. SPOOLing

6. 下列不是 I/O 设备的是(　　)。

A. 磁盘　　B. 键盘　　C. 鼠标　　D. 显示器

7. 操作系统中采用 SPOOLing 技术的目的是(　　)。

A. 提高主机效率　　B. 提高程序的运行速度

C. 实现虚拟设备　　D. 减轻用户编程负担

8. 假设读写磁头正在 55 号柱面上操作，现有依次请求访问的柱面号为 100、185、39、124、16。当 55 号柱面操作完成后，若采用先来先服务的调度算法，为完成这些请求，磁头需要移动的柱面距离数是(　　)。

A. 439　　B. 469　　C. 459　　D. 479

9. 存储容量大但存取速度慢，且只能进行顺序存取的存储介质是(　　)。

A. 磁盘　　B. 磁带　　C. 光盘　　D. 闪存

10. SPOOLing 系统主要由三部分组成，即输入程序模块、输出程序模块和(　　)。

A. 中断处理程序　　B. 缓冲处理程序

C. 数据传送程序　　D. 作业调度程序

二、填空题

1. 若以系统中信息组织方式来划分设备，可把 I/O 设备划分为________和块设备。

2. 虚拟设备技术又称为________。

3. 外存储设备通常由驱动部分和________两部分组成。

4. A 和 B 两道用户程序的执行过程十分相似，都是逐段从磁盘调出信息进行处理，处理后把对该段的处理结果送到磁带上存储。如果 A 程序读盘和 B 程序写磁带正在同时进行，一旦 A 的读盘操作完成，依靠________；操作系统及时得知和处理后，会使 A 马上继续向下运行。

5. 操作系统的 I/O 软件中，采用________的方法来命名设备。

三、简答题

1. 简述 I/O 设备的分类。

2. 简述 SPOOLing 系统的组成。

3. 简述设备独立层软件的功能。

4. 简述常用的 I/O 控制方式及其特点。

5. 什么是中断？如果同一中断级中的多个设备接口中同时都有中断请求时，如何处理？

6. 一般的 I/O 软件结构分为 4 层，即中断处理程序、设备驱动程序、设备独立层软件和用户级软件。简要回答以下 4 项工作分别是在 I/O 软件的哪一层完成的。

(1) 为一个磁盘的读操作计算磁道、扇区、磁头。

(2) 向设备寄存器写命令。

(3) 检查用户是否允许使用设备。

（4）将二进制整数转换成ASCII码以便打印。

7. I/O设备的中断控制方式与DMA控制方式的区别是什么？

8. 简述使用共享设备的方法。

9. 简述一般的I/O软件结构。

10. 简述SPOOLing技术的基本思想。

四、综合题

1. 设操作系统中的设备管理程序在主存中设置了一个缓冲池，专门用于磁盘读写。若该池中共有4个缓冲区，缓冲区大小跟磁盘块大小相同，每个缓冲区可以存放某文件的一个记录。如果该文件被打开后，以如下次序进行记录的读写（这里的“读 n”和“写 m”分别代表读第 n 号记录和写第 m 号），如下图所示，然后关闭此文件。

读0	写10	写5	读7	读10	读5	写5	写7	读0	读5	写7	读0

设该文件被打开时，缓冲池的内容是空的。下表中指出了对记录的各次读写所对应的启动磁盘读写的次数。请填写下表，并说明理由。

启动磁盘读写次数

操作	读0	写10	写5	读7	读10	读5	写5	写7	读0	读5	写7	读0	关闭文件	总计
读盘次数														
写盘次数														

2. 若磁盘共有8个柱面(0~7)，磁盘的移动臂每移动一个柱面的距离需要20ms，每次访问磁盘的旋转延迟时间和信息传送时间之和大于11ms，但小于15ms。采用电梯调度算法进行移臂调度。设有两个进程A和B同时请求运行，进程A有较高优先级。进程A运行了5ms后提出了访问柱面2和柱面6上各一个扇面的要求，且此时磁盘的移动臂正好处于柱面2的位置；接着，进程B运行了30ms后提出访问柱面3、5和7上各一个扇面的要求。请给出移动臂访问以上柱面的次序。

3. 设一个移动头磁盘系统共有200个磁道，编号为0－199。如果磁头当前正在143磁道处服务，向磁道号加方向访问，则对于请求队列：86，147，91，177，94，150，102，175，130，求在下列磁盘调度算法下的服务顺序、磁头平均寻道长度。

（1）最短寻道时间优先（SSTF）。

（2）扫描算法（SCAN）。

4. 假定请求者要访问的磁盘柱面号按请求到达的先后次序为：95、180、35、120、10、122、64、68，磁盘的磁头当前所处的柱面号为30。请分别计算用先来先服务算法和最短寻找时间优先算法进行移臂调度时，计算对上述柱面访问所走过的柱面距离。

5. 假定某磁盘的旋转速度是每圈48 ms，格式化后每个扇面被分成8个扇区，现有8个逻辑记录存储在同一磁道上，安排如下表所示。

扇区对应的逻辑记录

扇区号	逻辑记录
1	A
2	B
3	C
4	D
5	E
6	F
7	G
8	H

处理程序要顺序处理以上记录，每读出一个记录后要花 12 ms 进行处理，然后顺序读下一个记录并进行处理。请问：

(1) 顺序处理完这 8 个记录总共花费了多少时间?

(2) 现对记录进行优化分布，使处理程序能在最短时间内处理完这 8 个记录。请给出记录优化分布的示意图，并计算优化分布时需要花费的时间。

郑重声明

读者意见反馈

为收集对教材的意见建议，进一步完善教材编写并做好服务工作，读者可将对本教材的意见建议通过如下渠道反馈至我社。

咨询电话　400-810-0598

反馈邮箱　gjdzfwb@pub.hep.cn

通信地址　北京市朝阳区惠新东街4号富盛大厦1座

高等教育出版社总编辑办公室

邮政编码　100029

防伪查询说明

用户购书后刮开封底防伪涂层，使用手机微信等软件扫描二维码，会跳转至防伪查询网页，获得所购图书详细信息。

防伪客服电话　(010)58582300